"十二五"职业教育国家规划教材
经全国职业教育教材审定委员会审定

机床电气线路安装与维修

主　编　杨杰忠　邹火军
副主编　马明骏　李仁芝　蒋智忠
参　编　孔　华　覃承艺　潘协龙　陈毓惠
　　　　吴云艳　黄　波　赵月辉　吴　昭
　　　　潘　鑫
主　审　屈远增

U0258135

机械工业出版社
CHINA MACHINE PRESS

本书是经全国职业教育教材审定委员会审定的"十二五"职业教育国家规划教材，是根据教育部于2014年公布的《中等职业学校机电技术应用专业教学标准》，同时参考《维修电工——国家职业技能标准》编写的。

本书以任务驱动教学法为主线，以应用为目的，以具体的项目任务为载体，介绍了三相异步电动机基本控制线路的安装与维修和典型机床电气控制线路的安装与维修。

本书可作为中等职业学校机电技术应用专业教材，也可作为相关专业的参考用书和岗位培训教材。

为便于教学，本书配有助教课件等教学资源，选择本书作为教材的教师可来电（010-88379195）索取，或登录 www.cmpedu.com 网站注册下载。

图书在版编目（CIP）数据

机床电气线路安装与维修/杨杰忠，邹火军主编. —北京：机械工业出版社，2016.5（2024.8重印）

"十二五"职业教育国家规划教材

ISBN 978-7-111-53580-5

Ⅰ.①机… Ⅱ.①杨… ②邹… Ⅲ.①机床-电气设备-设备安装-中等专业学校-教材②机床-电气设备-维修-中等专业学校-教材
Ⅳ.①TG502.34

中国版本图书馆 CIP 数据核字（2016）第 080338 号

机械工业出版社（北京市百万庄大街 22 号　邮政编码 100037）
策划编辑：赵红梅　责任编辑：赵红梅　责任校对：肖　琳
封面设计：张　静　责任印制：单爱军
北京虎彩文化传播有限公司印刷
2024 年 8 月第 1 版第 9 次印刷
184mm×260mm・15.25 印张・370 千字
标准书号：ISBN 978-7-111-53580-5
定价：39.80 元

电话服务　　　　　　　　　网络服务
客服电话：010-88361066　　机　工　官　网：www.cmpbook.com
　　　　　010-88379833　　机　工　官　博：weibo.com/cmp1952
　　　　　010-68326294　　金　书　网：www.golden-book.com
封底无防伪标均为盗版　机工教育服务网：www.cmpedu.com

前　言

本书是根据教育部《关于中等职业教育专业技能课教材选题立项的函》（教职成司〔2012〕95号），由全国机械职业教育教学指导委员会和机械工业出版社联合组织编写的"十二五"职业教育国家规划教材，是根据教育部于2014年公布的《中等职业学校机电技术应用专业教学标准》，同时参考《维修电工——国家职业技能标准》编写的。

本书着重于培养学生科学的思维方式、综合的职业能力及对新技术的探究能力，编写过程中力求体现以下的特色。

（1）执行新标准　本书中相关技术内容及符号等都采用最新国家标准。

（2）新的编写模式　本书将全部内容分为两个模块：三相异步电动机基本控制线路的安装与维修和典型机床电气控制线路的安装与维修。这种编写模式将机床电气控制线路中的基本控制线路剥离出来，一方面避免了单个任务过大、内容过多的现象，同时能够详细地讲解电气线路的安装与维修，另一方面能够全面地讲解典型机床电气控制线路。

（3）新的线路安装表现方式　在讲解电气控制线路的时候，本书并没有采取实物连接图的方式，而是采用了电路原理图，元器件布置图、安装接线图和最终接线的效果示意图相配合的方式。各图之间相互呼应，能够清晰地指导学生学习具体的操作方法，书中的线路安装表现方式更具有实用意义。

对本书的使用有以下几点说明：①教学过程中倡导采用一体化教学，以学生为主体，营造真实的工作情境，以培养学生的综合职业能力和职业素养为目标；②教学实施过程中要注重强调安装操作的重要性，如通电调试和故障维修时要有专人监护；③教学实施过程中要让学生养成注重环境保护的习惯；④要增加专项技能训练，反复强化基础技能，如万用表、绝缘电阻表等的基本操作；⑤本书建议学时为102，学时分配建议见下表。

模　块	项目	名　称	建议学时
模块一　三相异步电动机基本控制线路的安装与维修	项目一	三相异步电动机正转控制线路的安装与维修	6
	项目二	三相异步电动机正反转控制线路的安装与维修	8
	项目三	位置控制与自动往返循环控制线路的安装与维修	10
	项目四	三相异步电动机减压起动控制线路的安装与维修	12
	项目五	三相异步电动机制动控制线路的安装与维修	10
模块二　典型机床电气控制线路的安装与维修	项目六	CA6140型普通车床电气控制线路的安装与维修	12
	项目七	M7130型平面磨床电气控制线路的安装与维修	10
	项目八	Z3040型摇臂钻床电气控制线路的安装与维修	10
	项目九	X62W型万能铣床电气控制线路的安装与维修	12
	项目十	T68型卧式镗床电气控制线路的安装与维修	12
总学时			102

全书共分为 2 大模块，包括 10 个项目 28 个任务，由广西机械高级技工学校杨杰忠、邹火军主编，屈远增主审。具体编写分工如下：广西电子高级技工学校马明骏编写模块一的项目一，柳州九鼎机电有限公司潘鑫编写模块一的项目二，广西商业学校孔华编写模块一的项目三，广西机电技师学院蒋智忠编写模块一的项目四，陈毓惠编写模块一的项目五，杨杰忠、黄波编写模块二的项目六，邹火军编写模块二的项目七，李仁芝编写模块二的项目八，潘协龙、赵月辉编写模块二的项目九，吴云艳、吴昭、覃承艺编写模块二的项目十。

本书经全国职业教育教材审定委员会审定。评审专家对本书提出了宝贵的建议，在此对他们表示衷心的感谢！编写过程中，编者参阅了国内外出版的有关教材和资料，在此一并表示衷心的感谢！

由于编者水平有限，书中不妥之处在所难免，恳请读者批评指正。

编　者

目　录

模块一

三相异步电动机基本控制线路的安装与维修

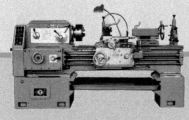

项目一
三相异步电动机正转控制线路的安装与维修

知识目标： 1. 掌握低压开关、低压断路器和熔断器等低压电器的结构、用途、工作原理和选用原则。

2. 正确理解三相异步电动机手动正转控制线路的工作原理。

3. 能正确识读手动正转控制线路的原理图、接线图和布置图。

能力目标： 1. 会按照工艺要求正确安装三相异步电动机手动正转控制线路。

2. 初步掌握三相异步电动机手动正转控制线路中运用的低压电器选用方法与检修。

3. 能根据故障现象，检修三相异步电动机手动正转控制线路。

素质目标： 养成独立思考和动手操作的习惯，培养小组协调能力和互相学习的精神。

【工作任务】

　　本次工作任务的主要内容是，通过学习，掌握低压开关、低压断路器和熔断器等低压电器的结构、用途、工作原理和选用原则，同时掌握三相异步电动机手动正转控制线路的安装与维修。如图 1-1 所示是三相异步电动机的手动正转控制线路实物图。

【相关理论】

一、常用的低压电器

　　根据工作电压的高低，电器可分为高压电器和低压

a) 开启式负荷开关控制

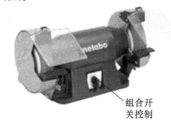

组合开关控制

b) 组合开关控制

图 1-1　三相异步电动机的手动正转控制线路实物图

电器。通常把工作在交流额定电压1200V及以下、直流电压1500V及以下的电器称为低压电器。低压电器作为一种基本器件,广泛应用于输配电系统和电力拖动系统中,在实际生产中起着非常重要的作用。

1. 低压电器的分类

低压电器的种类繁多,分类方法也很多,常见的分类方法见表1-1。

表1-1　低压电器常见的分类方法

分类方法	类别	说明及用途
按用途和控制对象分	低压配电电器	包括低压开关、低压熔断器等,主要用于低压配电系统及动力设备中
	低压控制电器	包括接触器、继电器、电磁铁等,主要用于电力拖动及自动控制系统中
按动作方式分	自动切换电器	依靠电器本身参数的变化或外来信号的作用,自动完成接通或分断等动作的电器,如接触器、继电器等
	非自动切换电器	主要依靠外力(如手控)直接操作来进行切换的电器,如按钮、低压开关等
按执行机构分	有触点电器	具有可分离的动触点和静触点,主要利用触点的接触和分离来实现电路的接通和断开控制的电器,如接触器、继电器等
	无触点电器	没有可分离的触点,主要利用半导体器件的开关效应来实现电路的通断控制的电器,如接近开关、固态继电器等

2. 低压电器的常用术语

低压电器的常用术语及含义见表1-2。

表1-2　低压电器的常用术语及含义

常用术语	常用术语的含义
通断时间	从电流开始在开关电器的一个极流过的瞬间起,到所有极的电弧最终熄灭的瞬间为止的时间间隔
燃弧时间	电器分断过程中,从触点断开(或熔体熔断)出现电弧的瞬间开始,至电弧完全熄灭为止的时间间隔
分断能力	开关电器在规定的条件下,能在给定的电压下分断的预期分断电流值
接通能力	开关电器在规定的条件下,能在给定的电压下接通的预期接通电流值
通断能力	开关电器在规定的条件下,能在给定的电压下接通和分断的预期电流值
短路接通能力	在规定的条件下,包括开关电器的出线端短路在内的接通能力
短路分断能力	在规定的条件下,包括开关电器的出线端短路在内的分断能力
操作频率	开关电器在每小时内可能实现的最高循环操作次数
通电持续率	开关电器的有载时间和工作周期之比,常以百分数表示
电寿命	在规定的正常工作条件下,机械开关电器不需要修理或更换的负载操作循环次数

二、低压开关

低压开关主要做隔离、转换及接通和分断电路用,多数用作机床电路的电源开关和局部照明电路的开关,有时也可用来直接控制小容量电动机的起动、停止和正反转。低压开关一般为非自动切换电器，常用的有开启式负荷开关、封闭式负荷开关、组合开关和低压断路器。

1. 开启式负荷开关

开启式负荷开关又称为瓷底胶盖刀开关，简称刀开关。生产中常用的是 HK 系列开启式负荷开关，适用于交流频率 50Hz、额定电压单相 220V 或三相 380V、额定电流 10～100A 的照明，电热设备及小容量电动机控制线路中，供手动和不频繁接通和分断电路，并起短路保护作用。

（1）结构及符号　HK 系列负荷开关由刀开关和熔断器组合而成，其外形、结构及符号如图 1-2 所示。

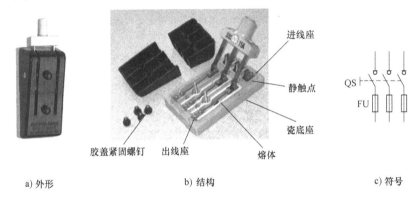

进线座
静触点
瓷底座
熔体
胶盖紧固螺钉　出线座

QS
FU

a) 外形　　　　　　　　b) 结构　　　　　　　　c) 符号

图 1-2　HK 系列负荷开关

（2）型号及含义　开启式负荷开关的型号及含义如下：

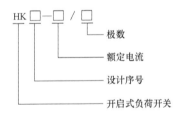

HK □—□／□
极数
额定电流
设计序号
开启式负荷开关

>> **提示**　　HK 系列开启式负荷开关用于一般的照明电路和功率小于 5.5kW 的电动机控制线路中，但这种开关没有专门的灭弧装置，其动触刀和静夹座易被电弧灼伤引起接触不良，因此不宜用于操作频繁的电路。

2. 封闭式负荷开关

封闭式负荷开关是在开启式负荷开关的基础上改进设计的一种开关，其灭弧性能、操作性能、通断能力、安全防护性能等都优于刀开关。HH3 系列封闭式负荷开关如图 1-3 所示。

（1）结构及符号　封闭式负荷开关主要由触点系统（包括动触刀和静夹座）、操作机构（包括手柄、转轴、速断弹簧）、熔断器、灭弧装置和外壳构成。封闭式负荷开关的结构及符号如图 1-4 所示。

HH 系列封闭式负荷开关的触点和灭弧有两种形式，一种是双断点楔形转动式触点，其

图 1-3　HH3 系列封闭式负荷开关

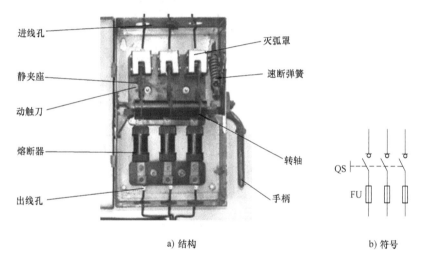

a) 结构　　　　　　　　　　　b) 符号

图 1-4　封闭式负荷开关

　　动触刀为固定在方形绝缘转轴上的 U 形双刀片，静夹座固定在瓷质 E 形灭弧室上，两断口间还隔有瓷板；另一种是单断点楔形触头，其结构与一般刀开关相仿，灭弧室是由钢纸板夹上去的离子栅片构成的。

　　（2）型号及含义　封闭式负荷开关的型号及含义如下：

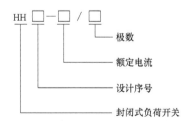

> **>> 提示**　　目前，由于封闭式负荷开关的体积大，操作费力，使用范围有逐步减少的趋势，取而代之的是大量使用的低压断路器。

3. 组合开关

组合开关又称转换开关，它的操作手柄沿着平行于其安装面的平面内顺时针或逆时针转动，它具有多触点、多位置、体积小、性能可靠、操作方便、安装灵活等特点，适用于交流频率50Hz、额定电压380V以下或直流电压220V及以下的电气电路中，用于手动不频繁地接通和分断电路、换接电源和负载，或控制5kW以下小容量电动机的直接起动、停止和正反转。组合开关的种类很多，常用的有HZ5、HZ10、HZ15等系列。

（1）结构及符号　转换开关按操作机构可分为无限位型和有限位型两种，其结构略有不同。如图1-5所示是HZ10—10/3型组合开关的结构及符号。

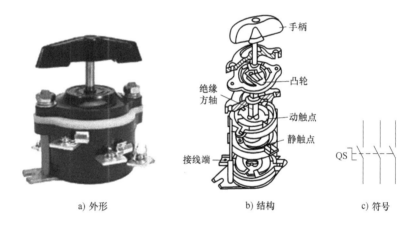

a) 外形　　　　　　　　b) 结构　　　　　　　　c) 符号

图1-5　HZ10—10/3型组合开关

（2）型号及含义　组合开关的型号及含义如下：

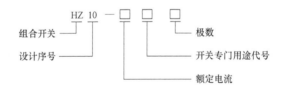

4. 低压断路器

低压断路器旧称自动空气开关或自动空气断路器，简称断路器。它集控制和多种保护功能于一体，在电路工作正常时，它作为电源开关不频繁地接通和分断电路；当电路中发生短路、过载和失压等故障时，它能自动跳闸切断故障电路，保护电路和电气设备。

低压断路器具有操作安全、安装使用方便、工作可靠、动作值可调、分断能力较高、兼作多种保护、动作后不需要更换元器件等优点，因此得到广泛应用。如图1-6所示是几种常见的低压断路器。

（1）结构及符号　低压断路器主要由触点、灭弧装置、操作机构、热脱扣器、电磁脱扣器及绝缘外壳等部分组成。如图1-7所示为DZ5系列低压断路器的结构及符号。

（2）低压断路器的工作原理　在电力拖动系统中常用的是DZ系列塑壳式低压断路器，下面以DZ5—20型低压断路器为例介绍低压断路器的工作原理。如图1-8所示是低压断路器工作原理示意图。

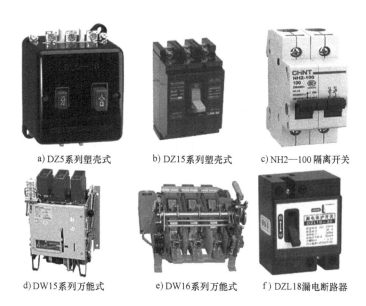

a) DZ5系列塑壳式　　　b) DZ15系列塑壳式　　　c) NH2—100隔离开关

d) DW15系列万能式　　　e) DW16系列万能式　　　f) DZL18漏电断路器

图 1-6　常见的低压断路器

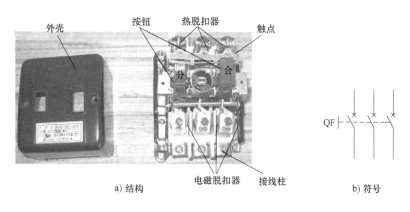

a) 结构　　　　　　　　　　　b) 符号

图 1-7　DZ5 系列低压断路器

　　按下绿色"合"按钮时，外力使锁扣克服反作用弹簧的力，将固定在锁扣上面的静触点与动触点闭合，并由锁扣锁住搭扣使静触点与动触点保持闭合，开关处于接通状态。

　　当电路发生过载时，过载电流流过热元器件，电流的热效应使双金属片受热向上弯曲，通过杠杆推动搭扣与锁扣脱扣，在弹簧力的作用下，动、静触点分断，切断电路，完成过流保护。

　　当电路发生短路故障时，短路电流使电磁脱扣器产生很大的磁力吸引衔铁，衔铁撞击杠杆推动搭扣与锁扣脱扣，切断电路，完成短路保护。一般电磁脱扣的整定电流，在低压断路器出厂时定为 $10I_N$（I_N 为断路器的额定电流）。

　　当电路欠电压时，欠电压脱扣器上产生的电磁力小于拉力弹簧上的力，在弹簧力的作用下，衔铁松脱，衔铁撞击杠杆推动搭扣与锁扣脱扣，切断电路，完成欠电压保护。

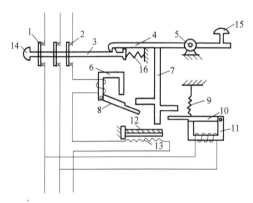

图 1-8　低压断路器工作原理示意图

1—动触点　2—静触点　3—锁扣　4—搭钩　5—转轴座　6—电磁脱扣器　7—杠杆　8—电磁脱扣器衔铁

9—拉力弹簧　10—欠电压脱扣器衔铁　11—欠电压脱扣器　12—双金属片　13—热元器件

14—接通按钮　15—停止按钮　16—压力弹簧

（3）型号及含义　低压断路器的型号及含义如下：

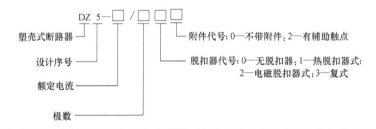

> **>> 提示**　DZ5 系列低压断路器适用于交流频率 50Hz、额定电压 380V、额定电流 50A 以下的电路中，保护电动机用断路器用于电动机的短路和过载保护；配电用断路器在配电网络中用来分配电能和作为电路及电源设备的短路和过载保护使用；也可分别作为电动机不频繁起动及电路的不频繁转换使用。

三、低压熔断器

低压熔断器是低压配电系统和电力拖动系统中的保护电器。如图 1-9 所示是几种常用的低压熔断器外形。在使用时，熔断器串接在所保护的电路中，当该电路发生过载或短路故障时，通过熔断器的电流达到或超过了某一规定值，以其自身产生的热量使熔体熔断而自动切断电路，起到保护作用。电气设备的电流保护有过载延时保护和短路瞬时保护两种主要形式。

1. 结构及符号

熔断器主要由熔体、安装熔体的熔管和熔座三部分组成。熔体是熔断器的核心，常做成丝状、片状或栅状，制作熔体的材料一般有铅锡合金、锌、铜、银等，根据受保护的要求而定。熔管是熔体的保护外壳，用耐热绝缘材料制成，在熔体熔断时兼有灭弧作用。熔座是熔断器的底座，作用是固定熔管和外接引线。如图 1-10 所示为 RL6 系列螺旋式低压断路器的结构及符号。

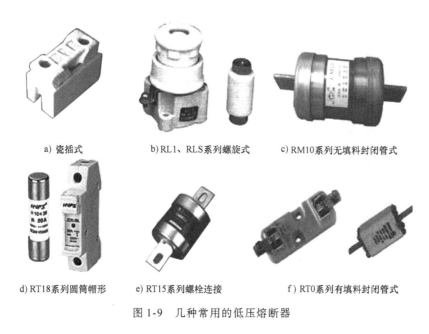

a) 瓷插式　　　　b) RL1、RLS系列螺旋式　　　c) RM10系列无填料封闭管式

d) RT18系列圆筒帽形　　　e) RT15系列螺栓连接　　　f) RT0系列有填料封闭管式

图 1-9　几种常用的低压熔断器

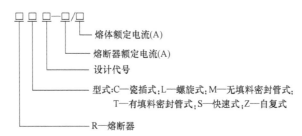

熔管,内装熔体

熔座

FU

a) 结构　　　　　　　　　b) 符号

图 1-10　RL6 系列螺旋式低压断路器

2. 型号及含义

熔断器型号及含义如下：

熔体额定电流(A)

熔断器额定电流(A)

设计代号

型式:C—瓷插式;L—螺旋式;M—无填料密封管式;
T—有填料密封管式;S—快速式;Z—自复式

R—熔断器

如型号 RC1A—15/10 中，R 表示熔断器，C 表示瓷插式，设计代号为 1A，熔断器的额定电流为 15A，熔体的额定电流为 10A。

3. 熔断器的主要技术参数

（1）额定电压　熔断器长期工作所能承受的电压。如果熔断器的实际工作电压大于其额定电压，熔体熔断时可能会发生电弧不能熄灭的危险。

（2）额定电流　保证熔断器能长期正常工作的电流，是由熔断器各部分长期工作时的允许温升决定的。

（3）分断能力　在规定的使用和性能条件下，在规定电压下熔断器能分断的预期分断电流值。常用极限分断电流值来表示。

（4）时间-电流特性　也称为安-秒特性或保护特性，是指在规定的条件下，表征流过熔体的电流与熔体熔断时间的关系曲线。

四、三相异步电动机手动正转控制线路的工作原理

如图 1-11 所示的三相交流异步电动机手动正转控制线路是由三相电源 L1、L2、L3，开启式负荷开关（或封闭式负荷开关、组合开关、低压断路器）、熔断器和三相交流异步电动机构成的。当开启式负荷开关 QS（或 QF）闭合，三相电源经开启式负荷开关（或封闭式负荷开关、组合开关、低压断路器）、熔断器流入电动机，电动机运转；断开 QS（或 QF），三相电源断开，电动机停转。

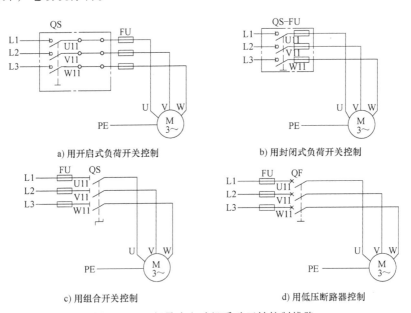

a) 用开启式负荷开关控制　　　b) 用封闭式负荷开关控制

c) 用组合开关控制　　　d) 用低压断路器控制

图 1-11　三相异步电动机手动正转控制线路

【任务准备】

实施本任务教学所使用的实训设备及工具材料可参考表 1-3。

表 1-3　实训设备及工具材料

序号	名称	型号规格	数量	单位	备注
1	电工常用工具		1	套	
2	万用表	MF47 型	1	块	
3	三相四线电源	AC3 × 380/220V，20A	1	处	
4	三相异步电动机	Y112M-4，4kW，380V，丫联结；或自定	1	台	
5	配线板	500mm × 600mm × 20mm	1	块	
6	开启式负荷开关	HK1-30/3，380V，30A，熔体直连	1	只	

（续）

序号	名称	型号规格	数量	单位	备注
7	组合开关	HZ10-25/3	1	只	
8	封闭式负荷开关	HH4-30/3,380V,30A,配20A熔体	1	只	
9	低压断路器	DZ5-20/330,复式脱扣器,380V,20A,整定10A	1	只	
10	螺旋式熔断器	RL-60/20,380V,60A,配20A熔体	3	只	
11	木螺钉	$\phi3mm \times 20mm$;$\phi3mm \times 15mm$	30	个	
12	平垫圈	$\phi4mm$	30	个	
13	线号笔	自定	1	支	
14	主电路导线	BVR-1.5,$1.5mm^2$($7 \times 0.52mm$)(黑色)	若干	m	
15	控制线路导线	BV-1.0,$1.0mm^2$($7 \times 0.43mm$)	若干	m	
16	按钮线	BV-0.75,$0.75mm^2$	若干	m	
17	接地线	BVR-1.5,$1.5mm^2$(黄绿双色)	若干	m	
18	劳保用品	绝缘鞋、工作服等	1	套	
19	接线端子排	JX2-1015,500V,10A,15节或配套自定	1	条	

【任务实施】

一、低压熔断器的识别

在教师的指导下，仔细观察各种不同系列、规格的低压熔断器，并熟悉它们的外形、型号规格及技术参数的意义、结构。

教师事先用胶布将要识别的5只低压熔断器的型号规格盖住，由学生根据实物写出各低压断路器的系列名称、型号、文字符号，并画出图形符号，填入表1-4中。

表1-4　低压熔断器的识别

序号	系列名称	型号规格	文字符号	图形符号	主要结构
1					
2					
3					
4					
5					

二、手动正转控制线路的安装与调试

1. 绘制元器件布置图

元器件布置图是根据电器元件在控制板上的实际安装位置，采用简化的外形符号（如正方形、矩形、圆形等）绘制的一种简图。它不表达各电器的具体结构、作用、接线情况以及工作原理，主要用于电器元件的布置和安装。图中各电器的文字符号必须与电路图和接线图的标注相一致。如图1-12所示是4种三相交流异步电动机手动控制正转线路的元器件

布置图。

2. 绘制接线图

接线图是根据电气设备和电器元件的实际位置和安装情况绘制的，只用来表示电气设备和电器元件的位置、配线方式和接线方式，而不明显表示电气动作原理，主要用于安装接线、线路的检查维修和故障处理。绘制、识读接线图应遵循以下原则：

1）接线图中一般示出如下内容：电气设备和电器元件的相对位置、文字符号、端子号、导线号、导线类型、导线截面积、屏蔽和导线绞合等。

2）所有的电气设备和电器元件都按其所在的实际位置绘制在图样上，

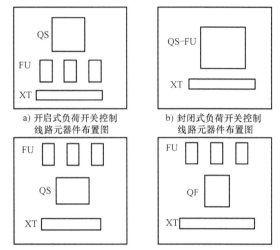

a) 开启式负荷开关控制线路元器件布置图 b) 封闭式负荷开关控制线路元器件布置图

c) 组合开关控制线路元器件布置图 d) 低压断路器控制线路元器件布置图

图 1-12 三相交流异步电动机手动正转控制线路的元器件布置图

且同一电器的各元器件根据其实际结构，使用与电路图相同的图形符号画在一起，并用点画线框上，其文字符号以及接线端子的编号应与电路图中的标注一致，以便对照检查接线。

3）接线图中的导线有单根导线、导线组（或线扎）、电缆等之分，可用连续线和中断线来表示。凡导线走向相同的可以合并，用线束来表示，到达接线端子板或电器元件的连接点时再分别画出。在用线束来表示导线组、电缆等时可用加粗的线条表示，在不引起误解的情况下也可采用部分加粗。另外，导线及管子的型号、根数和规格应标注清楚。

根据绘制接线图的原则可绘制出 4 种三相交流异步电动机手动控制正转线路的接线图，如图 1-13 所示。

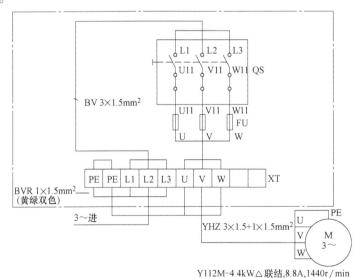

a) 开启式负荷开关控制线路接线图

图 1-13 三相交流异步电动机手动正转控制线路的接线图

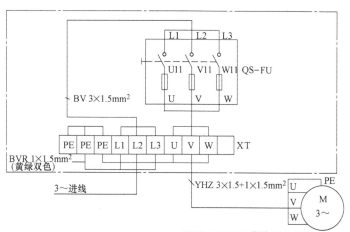

b) 封闭式负荷开关控制线路接线图

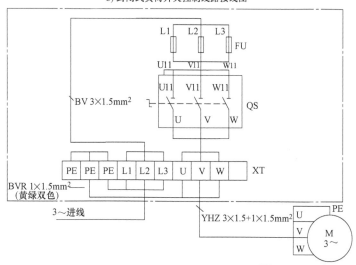

c) 组合开关控制线路接线图

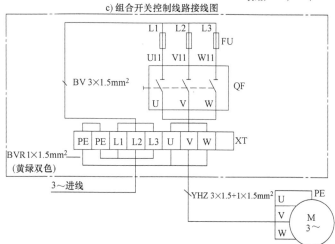

d) 低压断路器控制线路接线图

图1-13 三相交流异步电动机手动正转控制线路的接线图（续）

3. 根据元器件布置图和接线图进行控制线路的安装和调试

（1）开启式负荷开关控制线路的安装与调试

1）根据元器件布置图和元器件外形尺寸在控制板上画线，确定安装位置。

2）开启式负荷开关固定安装，如图1-14所示。

开启式负荷开关必须垂直安装在控制屏或开关板上（见图1-14），且合闸状态时手柄应朝上。不允许横装，更不允许倒装，以防发生误合闸事故。

3）熔断器和接线端子排的固定安装。根据元器件布置图安装完毕后，开启式负荷开关控制线路元器件的配电盘如图1-15所示。

4）根据电气原理图和安装接线图进行板前配线。板前明线布线必须符合工艺要求。

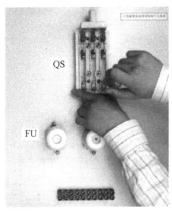

图1-14 开启式负荷开关固定安装

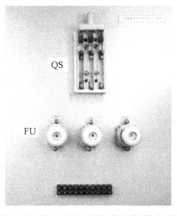

图1-15 开启式负荷开关控制线路元器件安装后的配电盘

>> **操作提示**

①用于安装使用的熔断器应完整无损，并标有额定电压、额定电流值。

②熔断器安装时应保证熔体与夹头、夹头与夹座接触良好。瓷插式熔断器应垂直安装。螺旋式熔断器接线时，电源线应接在下接线座上，以保证能安全地更换熔管。

③熔断器内要安装合格的熔体，不能用多根小规格的熔体并联代替一根大规格的熔体。多级保护时，上一级熔断器的额定电流等级以大于下一级熔断器的额定电流等级两级为宜。

④更换熔体或熔管时，必须切断电源，尤其不允许带负荷操作，以免发生电弧灼伤。管式熔断器的熔体应用专用的绝缘插拔器进行更换。

⑤熔断器兼作隔离器件使用时，应安装在控制开关的电源进线端；若仅做短路保护，应装在控制开关的出线端。

资料卡片——板前明线布线工艺要求

1）布线通道要尽可能少，同路并行导线按主、控电路分类集中，单层密排，紧贴安装面布线。

2）同一平面的导线应高低一致或前后一致，不能交叉。不能避免交叉时，该根导线应在接线端子引出时就水平架空跨越，但必须走线合理。

3）布线应横平竖直，分布均匀。变换走向时应垂直转向。

4）布线时严禁损伤线芯和导线绝缘。

5）布线顺序一般以接触器为中心，由里向外，由低至高，先控制线路后主电路的顺序进行，以不妨碍后续布线为原则。

6）在每根剥去绝缘层导线的两端套上编码套管。所有从一个接线端子（或接线桩）到另一个接线端子（或接线桩）的导线必须连续，中间无接头。

7）导线与接线端子或接线桩连接时，不得压绝缘层、不反圈及不露铜过长。

8）同一元器件、同一回路的不同接点的导线间距离应保持一致。

9）一个电器元件接线端子上的连接导线不得多于两根，每节接线端子板上的连接导线一般只允许连接一根。

按照板前布线的工艺要求，根据图1-13a所示接线图在图1-15所示的配电盘上进行布线，同时将剥去绝缘层的两端线头上套上与电路图一致编号的编码套管，板前布线如图1-16所示。

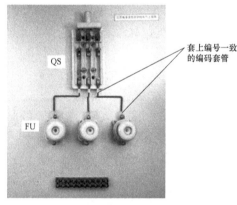

图1-16 板前布线

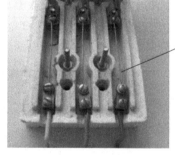

图1-17 开启式负荷开关铜导线的直连

>> **操作提示**

① 在进行开启式负荷开关的接线时，应把电源进线接在静触点一边的进线座，负载接在动触点一边的出线座。

② 开启式负荷开关用作电动机的控制开关时，应将开关的熔体部分用铜导线直连，并在出线端另外加装熔断器做短路保护，如图1-17所示。

5）连接电动机和保护接地线。首先连接电动机的电源线，然后连接电动机和所有电器元件金属外壳的保护接地线，安装方式如图1-18所示。

>> **操作提示**

① 接至电动机的导线，必须穿在导线通道内加以保护，或采用坚韧的四芯橡皮线或塑料护套线进行临时通电校验。

② 接地线一般采用截面不小于 $1.5mm^2$ 的铜芯线（BVR黄绿双色）。

6）自检。当线路安装完毕，必须检查所安装的电路是否正确可靠。检查方法及步骤如下：

① 按电路图或接线图从电源端开始，逐段核对接线及接线端子处线号是否正确，有无漏接、错接之处。检查导线接点是否符合要求，压接是否牢固。同时注意接点接触应良好，以避免带负载运转时产生闪弧现象。

② 用万用表检查线路的通断情况。检查时，应选用倍率适当的电阻档，并进行校零，以防发生短路故障。对电路的检查，可将表棒分别依次搭在 U、L1，V、L2，W、L3 线端上，读数应为"0"。

③ 将电动机接线盒内的中性点的连接片断开，用绝缘电阻表检查接入电动机定子绕组的三相电源线路的绝缘电阻的阻值应不小于 $2M\Omega$，如图1-19所示。

图 1-18　电动机电源线和保护接地线的安装

7）通电试车。自检无误后，在教师指导和监护下通电试车。通电试车的操作步骤如下：

① 接通三相电源 L1、L2、L3 并合上控制配电盘外的总电源开关，然后用验电笔逐相进行验电。

② 合上开启式负荷开关后，观察电动机运行情况，当电动机运转平稳后，用钳形电流表测量三相电流是否平衡，如图1-20所示。

③ 通电试车完毕后，应切断电源，然后先拆除三相电源线，再拆除电动机线。

图 1-19　用绝缘电阻表测量绝缘电阻

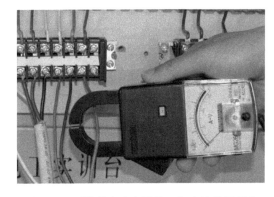

图 1-20　用钳形电流表测量三相电流是否平衡

>> **操作提示**　　在通电试车操作过程中，若发现有异常现象，应立即停车，待排除故障后方可重新通电试车。

（2）组合开关控制线路的安装与调试　组合开关控制线路的安装与调试可参照前述的操作步骤进行，在此仅介绍组合开关的安装与使用要求。

1）HZ10 系列组合开关应安装在控制箱（或壳体）内，其操作手柄最好伸出在控制箱的前面或侧面。开关为断开状态时应使手柄在水平旋转位置。倒顺开关外壳上的接地螺钉应可靠接地。

2）若需在箱内操作，开关最好装在箱内右上方，并且在它的上方不要安装其他电器，否则应采取隔离或绝缘措施。

3）组合开关的通断能力较低，不能用来分断故障电流。

4）当操作频率过高或负载功率因数较低时，应降低开关的容量使用，以延长其使用寿命。

（3）封闭式负荷开关控制线路的安装与调试　封闭式负荷开关控制线路的安装与调试可参照前述的操作步骤进行，在此仅介绍封闭式负荷开关的安装与使用要求。

1）封闭式负荷开关必须垂直安装于无强烈振动和冲击的场合，安装高度一般离地不低于 1.3 ~ 1.5m，外壳必须可靠接地，并以操作方便和安全为原则。

2）接线时，应将电源进线接在静夹座一边的接线端子上，负载引线接在熔断器一边的接线端子上，且进出线都必须穿过开关的进出线孔。

3）在进行分合闸操作时，要站在开关的手柄侧，不准面对开关，以免因意外故障电流使开关爆炸，铁壳飞出伤人。

三、故障维修

手动正转控制线路常见故障及处理方法见表1-5。

表1-5　手动正转控制线路常见故障及处理方法

故障现象	可能原因	处理方法
送电后,电动机不能起动	1. 熔体电流等级选择过小 2. 负载侧短路或接地 3. 熔体安装时受机械损伤	1. 更换熔体 2. 排除负载故障 3. 更换熔体
熔体未熔断,但电路不通	熔体或接线座接触不良	重新连接

【检查评议】

对任务实施的完成情况进行检查，并将结果填入表1-6。

表1-6　任务测评表

序号	主要内容	考核要求	评分标准	配分	扣分	得分
1	元器件的识别	根据任务,写出相应低压电器的型号、文字符号、图形符号和主要结构	1. 写错或漏写型号,每只扣2分 2. 图形符号和文字符号,每错一个扣2分 3. 主要结构错误,酌情扣分	20		
2	线路安装与调试	根据任务,按照电动机基本控制线路的安装步骤和工艺要求,进行线路的安装与调试	1. 按照电路图接线,不按电路图接线扣10分 2. 元器件安装正确、整齐、牢固,否则一个扣2分 3. 配线整齐美观,横平竖直、高低平齐,转角90°,否则每处扣2分 4. 线头长短合适,线耳方向正确,无松动,否则每处扣1分 5. 配线齐全,否则一根扣5分 6. 编码套管安装正确,否则每处扣1分 7. 通电试车功能齐全,否则扣40分	50		
3	线路故障检修	人为设置隐蔽故障2个,根据故障现象,正确分析故障原因及故障范围,采用正确的故障维修,排除线路故障	1. 不能根据故障现象画出最小故障范围扣5分 2. 故障检修错误扣5 ~ 10分 3. 故障排除后,未能在电路图中用"×"标出故障点,扣10分 4. 故障排除完全。只能排除1个故障扣15分,2个故障都未能排除扣20分	20		
4	安全文明生产	劳动保护用品穿戴整齐;电工工具佩带齐全;遵守操作规程;尊重老师,讲文明礼貌;考试结束要清理现场	1. 操作中,违反安全文明生产考核要求的任何一项扣2分,扣完为止 2. 当发现学生有重大事故隐患时,要立即予以制止,并每次扣安全文明生产总分5分	10		
合　计						
开始时间:			结束时间:			

【问题及防治】

在学生进行任务实施实训过程中，时常会遇到如下的问题。

问题：在进行开启式负荷开关控制线路的安装时，容易将瓷底胶盖刀开关横装或倒装。

后果及原因：在进行开启式负荷开关控制线路的安装时，如果将瓷底胶盖刀开关横装或倒装，容易造成误合闸，造成触电事故。

预防措施：开启式负荷开关必须垂直安装在控制屏或开关板上（见图1-14），且合闸状态时手柄应朝上。

【知识拓展】

电气图形符号的标准

我国采用的是国家标准 GB/T 4728《电气简图用图形符号》中所规定的图形符号，文字符号标准建议暂时沿用 GB/T 7159—1987《电气技术中的文字符号制定通则》中所规定的文字符号。这些符号是电气工程技术的通用技术语言。

国家标准对图形符号的绘制尺寸没有作统一的规定，实际绘图时可按实际情况便于理解的尺寸进行绘制，图形符号的布置一般为水平或垂直位置。

在电气图中，导线、电缆线、信号通路及元器件、设备引线均称为连接线。绘制电气图时，连接线一般应采用实线，无线电信号通路采用虚线，并且应尽量减少不必要的连接，避免线条交叉和弯折。对有直接电联系的交叉导线的连接点，应用小黑圆点表示，如图 1-21a 所示；无直接电联系的交叉跨越导线则不画小黑圆点，如图 1-21b 所示。

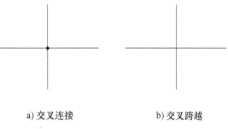

a) 交叉连接　　　　b) 交叉跨越

图 1-21　连接线的交叉连接与交叉跨越

任务二　　三相异步电动机点动正转控制线路的安装与维修

知识目标： 1. 掌握按钮的结构、图形符号、文字符号及按钮颜色的意义
　　　　　　 2. 掌握交流接触器的结构、用途及工作原理和选用原则
　　　　　　 3. 正确理解三相异步电动机点动正转控制线路的工作原理
　　　　　　 4. 能正确识读点动正转控制线路的原理图、接线图和布置图

能力目标： 1. 掌握交流接触器的拆装方法及常见故障维修
　　　　　　 2. 会按照工艺要求正确安装三相异步电动机点动正转控制线路
　　　　　　 3. 能根据故障现象，维修三相异步电动机点动正转控制线路

素质目标： 养成独立思考和动手操作的习惯，培养小组协调能力和互相学习的精神。

【工作任务】

生产机械中常常需要频繁通断和远距离的自动控制，如电动葫芦中的起重电动机控制、车床溜板箱快速移动电动机控制等。按下按钮电动机就得电运转，松开按钮电动机就失电停转的控制方法，称为点动控制。如图1-22所示就是能实现频繁通断和远距离控制的点动控制线路。本次任务的主要内容是：完成对三相异步电动机点动正转控制线路的安装与维修。

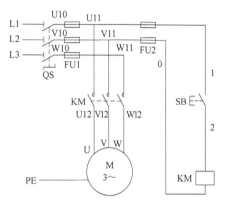

【相关理论】

一、识读电路图

电路图是根据生产机械运动形式对电气控制系 图 1-22　三相异步电动机点动正转控制线路
统的要求，采用国家统一规定的电气图形符号和文字符号，按照电气设备和电器的工作顺序排列，详细表示电路、设备或成套装置的全部基本组成和连接关系的一种简图，它不涉及电器元件的结构尺寸、材料选用、安装位置和实际配线方法。

1. 电路图的特点

电路图能充分表达电气设备和电器的用途、作用及电路的工作原理，是电气电路安装、调试和维修的理论依据。

2. 绘制和识读电路图的原则

电路图一般分为电源电路、主电路和辅助电路三部分。在绘制和识读电路图时，应遵循以下原则：

（1）电源电路　电源电路一般画成水平线，三相交流电源相序 L1、L2、L3 自上而下依次画出，中性线 N 和保护地线 PE 则应画在相线之下。直流电源的"＋"端画在上边，"－"端在下边画出。电源开关要水平画出，如图1-22所示，电路中用组合开关 QS 作为电源的隔离开关。

（2）主电路　主电路是指受电的动力装置及控制、保护电器的支路等。它是电源向负载提供电能的电路，它主要由主熔断器、接触器的主触点、热继电器的热元器件以及电动机等组成。如图1-23所示就是点动正转控制线路的主电路，它由熔断器 FU1、接触器主触点 KM 和电动机 M 组成。线号用大写字母表示，如 U、V、W、U11 等。

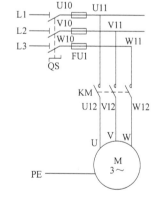

图 1-23　点动正转控制线路的主电路

> **》》 提示**　主电路通过的是电动机的工作电流，电流比较大，因此一般在图样上用粗实线垂直于电源电路绘制于电路图的左侧。

（3）辅助电路　一般包括控制主电路工作状态的控制线路、显示主电路工作状态的指示电路和提供机床设备局部照明的照明电路等，一般由主令电器的触点、接触器（继电器）线圈和辅助触点、仪表、指示灯及照明灯等组成。

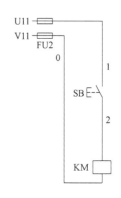

辅助电路要跨接在两相电源之间，一般按照控制线路、指示电路和照明电路的顺序，用细实线依次画在电路图的右侧，并且耗能元器件（如接触器和继电器的线圈、指示灯、照明灯等）要画在电路图的下方，与下边电源线相连，而电器的触点要画在耗能元器件与上边电源线之间。为了读图方便，

图 1-24　点动正转控制线路的控制线路

一般应按照从上到下、从左到右的排列来表示操作顺序。如图 1-24 所示就是点动正转控制线路的辅助电路中的控制线路，该控制线路由熔断器 FU2、按钮 SB 和接触器线圈 KM 组成。线号用数字表示，如 1、2 等。

> **提示**　通常辅助电路通过的电流较小，一般不超过5A。

（4）电器元件的符号　在电路图中，电器元件是不画实际的外形图的，而是用国家统一规定的电气图形符号表示。另外，同一电器的各元器件不按它们的实际位置画在一起，而是按其在电路中所起的作用分别画在不同的电路中，但它们的动作是相互关联的，所以必须用同一文字符号进行标注。若同一电路图中，相同的电器较多时，需要在电器元件文字符号后面加注不同的数字以示区别。

> **提示**　在电路图中，各电器的触点位置都按电路未通电或电器未受外力作用时的常态位置画出，分析原理时应从触点的常态位置触发。

（5）电路图中的标号　电路图采用电路编号法，即对电路中的各个接点用字母或数字编号。

1）主电路的编号。主电路在电源开关的出线端按相序依次编号为 U11、V11、W11；然后按从上到下、从左到右的顺序，每经过一个电器元件后，编号依次递增，如 U12、V12、W12，U13、V13、W13……单台三相交流电动机（或设备）的三根引出线，按相序依次编号为 U、V、W，详见图 1-23。

> **提示**　对于多台电动机引出线的编号，为了不致于引起误解和混淆，可在字母前用不同的数字加以区别，如 1U、1V、1W，2U、2V、2W……

2）辅助电路的编号。辅助电路的编号按"等电位"原则，按照从上到下、从左到右的顺序，用数字依次编号，每经过一个电器元件后，编号要依次递增。控制线路的编号一般是从"0"或"1"开始，其他辅助电路编号的起始数字依次递增100，如照明电路的编号从101开始；指示电路的编号从201开始等。

二、按钮

按钮是一种手动操作接通或分断小电流控制线路的主令电器。一般情况下按钮不直接控制主电路的通断，主要利用按钮开关远距离发出手动指令或信号去控制接触器、继电器等电磁装置，实现主电路的分合、功能转换或电气联锁。如图1-25所示为几款按钮的外形。

| a) LA18系列　　b) LA19系列　　c) LA13系列　　d) BS系列　　e) COB系列 |

图1-25　几款按钮的外形图

1. 按钮的结构及符号

按钮开关一般都是由按钮帽、复位弹簧、桥式动触点、外壳及支柱连杆等组成。按钮开关按静态时触点分合状况，可分为常开按钮（起动按钮）、常闭按钮（停止按钮）及复合按钮（常开、常闭组合为一体的按钮）。各种按钮的结构及符号如表1-7所示。

表1-7　各种按钮的结构及符号

名称	停止按钮（常闭按钮）	起动按钮（常开按钮）	复合按钮
结构			按钮 复位按钮 支柱连杆 常闭静触点 桥式动触点 常开静触点 外壳
符号	E-7 SB	E-7 SB	E-7 SB

2. 按钮的动作原理

对起动按钮而言，按下按钮帽时触点闭合，松开后触点自动断开复位；停止按钮则相反，按下按钮帽时触点分断，松开后触点自动闭合复位；复合按钮是当按下按钮帽时，桥式动触点向下运动，使常闭触点先断开后常开触点才闭合；当松开按钮帽时，则常开触点先分断复位后常闭触点再闭合复位。

3. 按钮颜色的含义

为了便于识别各个按钮的作用，避免误操作，通常用不同的颜色和符号标志来区分按钮的作用。按钮颜色的含义见表1-8。

表 1-8 按钮颜色的含义

颜色	含 义	说 明	应用举例
红色	紧急	危险或紧急情况时操作	急停
黄色	异常	异常情况时操作	干预、制止异常情况,干预、重新起动中断了的自动循环
绿色	安全	安全情况或为正常情况准备时操作	起动/接通
蓝色	强制性的	要求强制动作情况下的操作	复位功能
白色	未赋予特定含义	除急停以外的一般功能的起动(也见注)	起动/接通(优先) 停止/断开
灰色			起动/接通 停止/断开
黑色			起动/接通 停止/断开(优先)

注: 如果用代码的辅助手段(如标记、形状、位置)来识别按钮操作件,则同一颜色(如白、灰或黑)可用于标注各种不同功能(如白色用于标注起动/接通和停止/断开)。

4. 按钮的型号及含义

按钮的型号及含义如下:

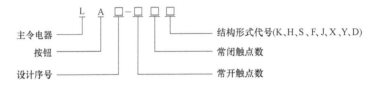

其中结构形式代号的含义如下:

K——开启式,适用于嵌装在操作面板上;

H——保护式,带保护外壳,可防止内部零件受机械损伤或人偶然触及带电部分;

S——防水式,具有密封外壳,可防止雨水侵入;

F——防腐式,能防止腐蚀性气体进入;

J——紧急式,带有红色大蘑菇钮头(突出在外),作紧急切断电源用;

X——旋钮式,用旋钮旋转进行操作,有通和断两个位置;

Y——钥匙操作式,用钥匙插入进行操作,可防止误操作或供专人操作;

D——光标按钮,按钮内装有信号灯,兼作信号指示。

三、接触器

接触器是一种用来接通或切断交、直流主电路和控制线路并且能够实现远距离控制的电器。大多数情况下其控制对象是电动机,也可以用于其他电力负载,如电阻炉、电焊机等,接触器不仅能自动地接通和断开电路,还具有控制容量大、欠电压释放保护、零压保护、频繁操作、工作可靠、寿命长等优点。接触器实际上是一种自动的电磁式开关。触点的通断不是由手来控制,而是电动操作,属于自动切换电器。接触器按主触点通过电流的种类,分为交流接触器和直流接触器两类。如图 1-26 所示为几款常用交流接触器的外形。

1. 交流接触器的结构

交流接触器主要由电磁系统、触点系统、灭弧装置和辅助部件等组成。交流接触器的结构如图 1-27 所示。

1）电磁系统。电磁系统主要由线圈、静铁心和动铁心（衔铁）三部分组成。静铁心在下，动铁心在上，线圈装在静铁心上。静，动铁心一般用 E 形硅钢片叠压而成，以减少铁心的磁滞和涡流损耗；铁心的两个端面上嵌有短路环，如图 1-28 所示，用以消除电磁系统的振动和噪声；线圈做成粗而短的圆筒形，且在线圈和铁心之间留有空隙，以增强铁心的散热效果。交流接触器利用电磁系统中线圈的通电或断电，使静

a) CJ10(CJT1)系列

b) CJ20系列 c) CJ40系列 d) CJX1(3TB、3TF)系列

图 1-26 常用交流接触器

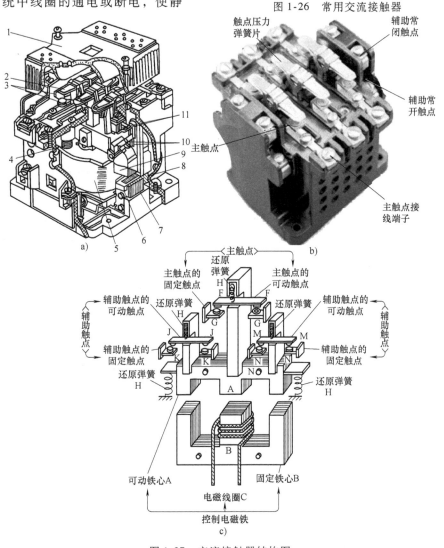

图 1-27 交流接触器结构图
1—灭弧罩 2—触点压力弹簧片 3—主触点 4—反作用弹簧 5—线圈 6—短路环
7—静铁心 8—弹簧 9—动铁心 10—辅助常开触点 11—辅助常闭触点

铁心吸合或释放衔铁，从而带动动触点与静触点闭合或分断，实现电路的接通或断开。

2）触点系统。交流接触器的触点按接触情况可分为点接触式、线接触式和面接触式三种，三种接触形式如图 1-29 所示。

按触点的结构形式可分为桥式触点和指形触点两种，如图 1-30 所示。例如 CJ10 系列交流接触器的触点一般采用双断点桥式触点，其动触点用紫铜片冲压而成，在触点桥的两端镶有银基合金制成的触点块，以避免接触点由于氧化铜的产生影响其导电性能。静触点一般用黄铜板冲压而成，一端镶焊触点块，另一端为接线柱。在触点上装有压力弹簧片，用以减小接触电阻，并消除开始接触时产生的有害振动。

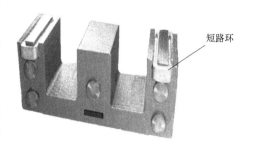

图 1-28　交流接触器铁心的短路环

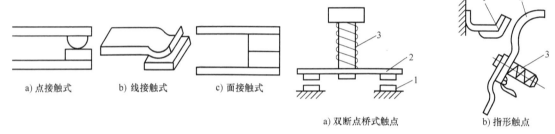

图 1-29　触点的三种接触形式

a) 点接触式　　b) 线接触式　　c) 面接触式

图 1-30　触点的结构形式
1—静触点　2—动触点　3—触点压力弹簧

a) 双断点桥式触点　　b) 指形触点

触点按通断能力可分为主触点和辅助触点，如图 1-27b 所示。主触点用以通断电流较大的主电路，一般由三对常开触点组成；辅助触点用以通断较小电流的控制线路，一般由两对常开和两对常闭触点组成。

>> 提示　　值得注意的是：所谓触点的常开和常闭，是指电磁系统未通电动作前触点的状态。常开触点和常闭触点是联动的。当线圈通电时，常闭触点先断开，常开触点随后闭合，中间有一个很短的时间差。当线圈断电后，常开触点先恢复断开，随后常闭触点恢复闭合，中间也存在一个很短的时间差。这个时间差虽短，但对分析电路的控制原理却很重要。

3）灭弧装置。交流接触器在断开大电流或高电压电路时，会在动、静触点之间产生很强的电弧。电弧是触点间气体在强电场作用下产生的放电现象，它的产生一方面会灼伤触点，减少触点的使用寿命，另一方面会使电路切断时间延长，甚至造成弧光短路引起火灾事故。因此触点间的电弧应尽快熄灭。

灭弧装置的作用是熄灭触点分断时产生的电弧，以减轻电弧对触点的灼伤，保证可靠的分断电路。交流接触器常采用的灭弧装置有双断口结构的电动力灭弧装置、纵缝灭弧装置和栅片灭弧装置，如图 1-31 所示。对于容量较小的交流接触器，如 CJ10—10 型，一般采用双断口结构的电动力灭弧装置；CJ10 系列交流接触器额定电流在 20A 及以上的，常采用纵缝灭弧装置灭弧；对于容量较大的交流接触器，多采用栅片来灭弧。

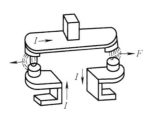 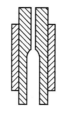 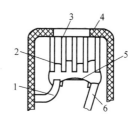

a) 双断口结构电动力灭弧装置　　b) 纵缝灭弧装置　　c) 栅片灭弧装置

图 1-31　常用的灭弧装置

1—静触点　2—短电弧　3—灭弧栅片　4—灭弧罩　5—电弧　6—动触点

4）辅助部件。交流接触器的辅助部件有反作用弹簧、缓冲弹簧、触点压力弹簧、传动机构及底座、接线柱等，如图 1-27a 所示。反作用弹簧安装在衔铁和线圈之间，其作用是线圈断电后，推动衔铁释放，带动触点复位；缓解弹簧安装在静铁心和线圈之间，其作用是缓解衔铁在吸合时对静铁心和外壳的冲击力，保护外壳；触点压力弹簧安装在动触点上面，其作用是增加动、静触点间的压力，从而增大接触面积，以减少接触电阻，防止触点过热损伤；传动机构的作用是在衔铁或反作用弹簧的作用下，带动动触点实现与静触点的接通或分断。

a) 线圈　　b) 主触点　　c) 辅助常开触点　　d) 辅助常闭触点

图 1-32　交流接触器的符号

2. 交流接触器的符号

交流接触器在电路图中的符号如图 1-32 所示。

 提示　在控制线路图中，当接触器不只一个时，则通过在 KM 文字符号后加数字来区别，如 KM1、KM2。

3. 交流接触器的工作原理

交流接触器工作原理的示意图如图 1-33 所示，当接触器的线圈通电后，线圈中的电流产生磁场，使静铁心磁化产生足够大的电磁吸力，克服反作用弹簧的反作用力将衔铁吸合，衔铁通过传动机构带动辅助常闭触点先断开，三对常开主触点和辅助常开触点后闭合；当接触器线圈断电或电压显著下降时，由于铁心的电磁吸力消失或过小，衔铁在反作用弹簧力的作用下复位，并带动各触点恢复到原始状态。

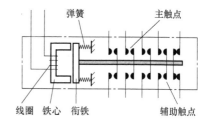

图 1-33　交流接触器的工作原理示意图

弹簧　　主触点

线圈　铁心　衔铁　　辅助触点

提示　交流接触器线圈在其额定电压的 85% ~ 105% 时，能可靠地工作。电压过高，则磁路趋于饱和，线圈电流将显著增大，线圈有被烧坏的危险；电压过低，则吸不牢衔铁，触点跳动，不但影响电路正常工作，而且线圈电流会达到额定电流的十几倍，使线圈过热而烧坏。因此，电压过高或过低都会造成线圈发热而烧毁。

4. 接触器的型号及含义

交流接触器的型号及含义如下：

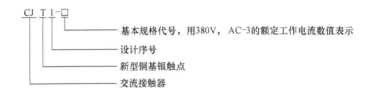

四、点动正转控制线路工作原理

从如图 1-22 所示的点动正转控制线路图可分析出其工作原理如下：

当电动机 M 需要点动时，先合上组合开关 QS，此时电动机 M 尚未接通电源。按下起动按钮 SB，接触器 KM 的线圈得电，使衔铁吸合，同时带动接触器 KM 的三对主触点闭合，电动机 M 便接通电源起动运转。当电动机 M 需要停车时，只要松开起动按钮 SB，使接触器 KM 的线圈失电，衔铁在复位弹簧的作用下复位，带动接触器 KM 的三对主触点复位分断，电动机 M 失电停转。

【任务准备】

实施本任务教学所使用的实训设备及工具材料可参考表 1-9。

表 1-9　实训设备及工具材料

序号	名称	型号规格	数量	单位	备注
1	电工常用工具		1	套	
2	万用表	MF47 型	1	块	
3	三相四线电源	AC3 × 380/220V,20A	1	处	
4	三相异步电动机	Y112M-4,4kW,380V,Y联结;或自定	1	台	
5	配线板	500mm × 600mm × 20mm	1	块	
6	断路器 QF	DZ5-20/330	1	个	
7	熔断器 FU1	RL1-60/25,380V,60A,熔体配 25A	3	套	
8	熔断器 FU2	RL1-15/2	2	套	
9	接触器 KM	CJ10-20,线圈电压 380V,20A（CJX2、B 系列等自定）	1	只	
10	按钮 SB	LA10-2H,保护式、按钮数 2	1	只	
11	木螺钉	ϕ3mm × 20mm;ϕ3mm × 15mm	30	个	
12	平垫圈	ϕ4mm	20	个	
13	线号笔	自定	1	支	
14	主电路导线	BVR-1.5,1.5mm² (7 × 0.52mm)（黑色）	若干	m	

（续）

序号	名称	型号规格	数量	单位	备注
15	控制线路导线	BV-1.0,1.0mm²（7×0.43mm）	若干	m	
16	按钮线	BV-0.75,0.75mm²	若干	m	
17	接地线	BVR-1.5,1.5mm²（黄绿双色）	若干	m	
18	劳保用品	绝缘鞋、工作服等	1	套	
19	接线端子排	JX2-1015,500V,10A,15节或配套自定	1	条	

【任务实施】

一、交流接触器的识别

在教师的指导下，仔细观察各种不同系列、规格的交流接触器，并熟悉它们的外形、型号规格及技术参数的意义、结构、工作原理及主触点、辅助常开触点和常闭触点、线圈的接线柱等。

教师事先用胶布将要识别的交流接触器的型号规格盖住，由学生根据实物写出各接触器的系列名称、型号、文字符号，并画出图形符号，最后简述交流接触器的主要结构和工作原理，填入表1-10中。

表1-10　交流接触器的识别

序号	系列名称	型号规格	文字符号	图形符号	主要结构	工作原理
1						
2						
3						
4						
5						

二、点动正转控制线路的安装与调试

1. 绘制元器件布置图和接线图

通过电气线路原理图绘制出元器件布置图和接线图，如图1-34所示。

2. 元器件规格、质量检查

1）根据表1-9和表1-10中的元器件明细表，检查各元器件、耗材与表中的物品是否一致。

2）检查各元器件的外观是否完整无损，附件、备件是否齐全。

3）用仪表检查各元器件和电动机的有关技术数据是否符合要求。

4）接触器、按钮安装前的检查：

①检查接触器铭牌与线圈的技术数据（如额定电压、电流、操作频率等）是否符合实际使用要求。

②检查接触器外观，应无机械损伤；用手推动接触器可动部分时，接触器应动作灵活，

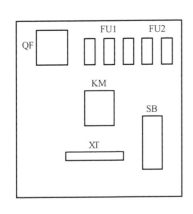

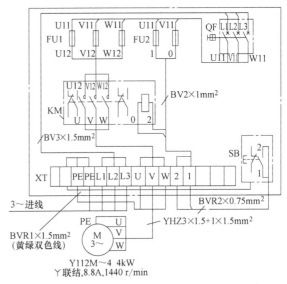

a）布置图   b）接线图

图 1-34   点动正转控制线路的元器件布置图和安装接线图

无卡阻现象；灭弧罩应完整无损，固定牢固。

③ 将铁心极面上的防锈油脂或粘在极面上的铁垢用煤油擦净，以免多次使用后衔铁被粘住，造成断电后不能释放。

④ 测量接触器的线圈电阻和绝缘电阻。绝缘电阻要大于 $0.5M\Omega$，线圈电阻不同的接触器有差异，但一般为 $1.5k\Omega$。

⑤ 检查按钮外观，应无机械损伤；用手按动按钮帽时，按钮应动作灵活，无卡阻现象。

⑥ 按动按钮，测量检查按钮常开、常闭的通断情况。

3. 根据元器件布置图安装固定低压电器元件

当元器件检查完毕后，按照如图 1-34a 所示的元器件布置图布置和固定电器元件。低压电器元件的安装与使用要求如下：

（1）按钮的安装与使用维护要求

1）按钮安装在面板上时，应布置整齐，排列合理，如根据电动机起动的先后顺序，从上到下或从左到右排列。

2）同一机床运动部件有几种不同的工作状态时（如上、下；前、后；松、紧等），应使每一对相反状态的按钮安装在一组。

3）按钮的安装应牢固，安装按钮的金属板或金属按钮盒必须可靠接地。

4）由于按钮的触点间距较小，如有油污等极易发生短路故障，所以应注意保持触点间的清洁。

5）光标按钮一般不宜用于需长期通电显示处，以免塑料外壳过度受热而变形，给更换灯泡带来困难。

（2）接触器的安装

1）交流接触器一般应安装在垂直面上，倾斜度不得超过 5°；若有散热孔，则应将有孔的一面放在垂直方向上，以利散热，并按规定留有适当的飞弧空间，以免飞弧烧坏相邻电器。

2）安装和接线时，注意不要将零件失落或掉入接触器内部。安装孔的螺钉应装有弹簧垫圈和平垫圈，并拧紧螺钉以防振动松脱。

3）安装完毕，检查接线正确无误后，在主触点不带电的情况下操作几次，然后测量产品的动作值和释放值，所测数值应符合产品的规定要求。

>> **操作提示**　① 各元器件的安装位置应整齐、均匀，间距合理，便于元器件的更换。
② 紧固元器件时，用力要均匀，紧固程度适当。

4. 根据电气原理图和安装接线图进行配线

当元器件安装完毕后，按照如图 1-22 所示的原理图和如图 1-34b 所示的安装接线图进行板前明线配线。配线工艺需符合要求。配线后的效果示意图如图 1-35 所示。

>> **操作提示**　布线的顺序一般以接触器为中心，由里向外，由低至高，先控制线路、后主电路的顺序进行，以不妨碍后续布线为原则。

5. 电动机的连接

按照电动机铭牌上的接线方法，正确连接接线端子，然后将定子绕组的电源引入线接到配电盘上标有 U12、V12 和 W12 的接线端子上，最后连接电动机的保护接地线。电动机的连接方式效果示意图如图 1-36 所示。

6. 自检

当线路安装完毕后，在通电试车前必须经过自检，并经指导教师确认无误后方可通电试车。自检的方法及步骤如下：

（1）用观察法检查　首先按电路图或接线图从电源端开始，逐段核对接线及接线端子处线号是否正确，有无漏接、错接之处。然后检查导线接点是否符合要求，压接是否牢固。同时注意接点接触应良好，以避免带负载运转时产生闪弧现象。

（2）用万用表检查控制线路的通断情况

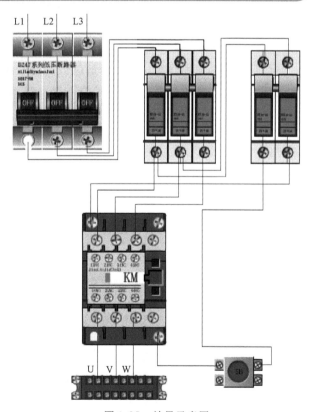

图 1-35　效果示意图

1）检查时，应选用倍率适当的电阻档，并进行校零，然后将万用表的表笔分别搭接在 U11、V11 接线端上，测量 U11 与 V11 之间的直流电阻，此时的读数应为"∞"。若读数为

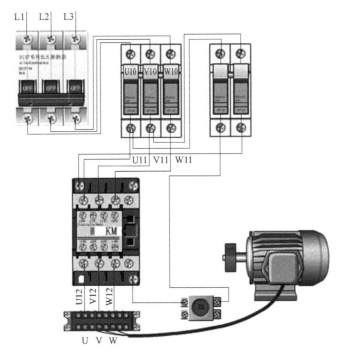

图 1-36　电动机的连接方式效果示意图

零，则说明电路有短路现象；若此时的读数为接触器线圈的直流电阻值，则说明电路接错，这会造成合上总电源开关后，在没有按下点动按钮 SB 的情况下，接触器 KM 会直接获电动作。

2）按下按钮 SB，万用表读数应为接触器线圈的直流电阻值。松开按钮后，此时的读数应为"∞"。

（3）用绝缘电阻表检查线路的绝缘电阻的阻值，应不得小于 1MΩ。

7. 通电试车

学生通过自检和教师确认无误后，在教师的监护下进行通电试车。通电试车的操作步骤如下：

1）接上三相电源 L1、L2、L3 并合上 QF，然后用验电笔进行验电，电源正常后，进行下一步操作。

2）按下点动按钮 SB，接触器得电吸合，电动机起动运转；放开 SB，接触器失电复位，电动机脱离电源停止运行。反复操作几次，以观察线路的可靠性。

3）试车完毕后，应先切断电源，然后方可拆线。拆线时，应先拆电源线，后拆电动机接线。

>> **操作提示**　　在通电试车过程中，注意观察线路功能是否符合要求，电器元件的动作是否灵活，有无卡阻及噪声过大等现象。

【检查评议】

对任务实施的完成情况进行检查，并将结果填入任务测评表，见表 1-11。

表 1-11　任务测评表

序号	主要内容	考核要求	评分标准	配分	扣分	得分
1	接触器的识别	根据任务,写出各接触器的系列名称、型号、文字符号、图形符号和主要结构及工作原理	1. 写错或漏写型号,每只扣 2 分 2. 图形符号和文字符号,每错一个扣 1 分 3. 主要结构和工作原理错误,酌情扣分	20		
2	线路安装与调试	根据任务,按照电动机基本控制线路的安装步骤和工艺要求,进行线路的安装与调试	1. 按照电路图接线,不按电路图接线扣 10 分 2. 元器件安装正确、整齐、牢固,否则每处扣 2 分 3. 配线整齐美观,横平竖直、高低平齐,转角90°,否则每处扣 2 分 4. 线头长短合适,线耳方向正确,无松动,否则每处扣 1 分 5. 配线齐全,否则一根扣 5 分 6. 编码套管安装正确,否则每处扣 1 分 7. 通电试车功能齐全,否则扣 40 分	70		
3	安全文明生产	劳动保护用品穿戴整齐;电工工具佩带齐全;遵守操作规程;尊重老师,讲文明礼貌;考试结束要清理现场	1. 操作中,违反安全文明生产考核要求的任何一项扣 2 分,扣完为止 2. 当发现学生有重大事故隐患时,要立即予以制止,并每次扣安全文明生产总分 5 分	10		
合　计						
开始时间:			结束时间:			

【问题及防治】

在学生进行本任务实施实训过程中,经常会遇到以下问题:

问题:在进行按钮的接线时,误将 SB 的常开触点接成常闭触点。

后果及原因:在进行按钮的接线时,若误将 SB 的常开触点接成常闭触点,会造成合上电源开关后,接触器线圈直接获电,电动机直接起动运转。

预防措施:在进行按钮接线前,应通过万用表确认常开触点后,再进行接线。

【知识拓展】

直流接触器

直流接触器主要供远距离接通和分断额定电压 440V、额定电流 1600A 以下的直流电力电路使用,并适宜于直流电动机的频繁起动、停止、换向及反接制动。目前常用的直流接触器有 CZ0、CZ17、CZ18、CZ21 等系列。如图 1-37 所示是 CZ0 系列直流接触器。

a) CZ0-20　　　　b) CZ0-40　　　　c) CZ0-150　　　　d) CZ0-250

图 1-37　CZ0 系列直流接触器

知识目标： 1. 掌握热继电器的结构、用途、工作原理和选用原则。
　　　　　　 2. 正确理解三相异步电动机接触器自锁控制线路的工作原理。
　　　　　　 3. 能正确识读接触器自锁控制线路的原理图、接线图和布置图。
能力目标： 1. 会按照工艺要求正确安装三相异步电动机接触器自锁控制线路。
　　　　　　 2. 初步掌握热继电器的校验步骤和工艺要求。
　　　　　　 3. 能根据故障现象，检修三相异步电动机接触器自锁控制线路。
素质目标： 养成独立思考和动手操作的习惯，培养小组协调能力和互相学习的精神。

【工作任务】

　　点动控制线路的特点是，手必须按在起动按钮上电动机才能运转，手松开按钮后，电动
机则停转，它实现的是电动机的断续控制。
这种控制线路对于生产机械中电动机的短时
间控制十分有效，如果生产机械中电动机需
要控制时间较长，手必须始终按在按钮上，
操作人员的一只手被固定，不方便其他操
作，劳动强度大。而在现实中的许多生产机
械，往往需要按下起动按钮后，电动机起动
运转，当松开按钮后，电动机仍然会继续运
行的连续控制方式，如生产机械中的
CA6140 车床主轴电动机的控制就是采用的
这种控制方式。如图 1-38 所示为实现三相
异步电动机单方向连续运行控制线路。

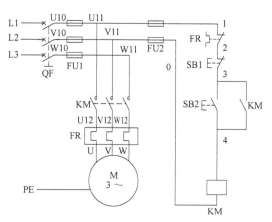

图 1-38　三相异步电动机接触器自锁控制线路

　　本次任务的主要内容是：完成对三相异步电动机接触器自锁控制线路的安装与维修。

【相关理论】

一、热继电器

　　热继电器是利用流过继电器的电流所产生的热效应来反时限动作的自动保护电器。所谓
反时限动作，是指电器的延时动作时间随通过电路电流的增加而缩短。热继电器主要与接触
器配合使用，用作电动机的过载保护、断相保护、电流不平衡运行的保护及其他电气设备发
热状态的控制。

1. 热继电器的分类

　　热继电器的形式有多种，主要有双金属片式和电子式，其中双金属片式应用最多。按极
数划分有单极、两极和三极三种，其中三极的又包括带断相保护装置的和不带断相保护装置

的；按复位方式分有自动复位式和手动复位式。如图 1-39 所示为几款常见双金属片式热继电器的外形。

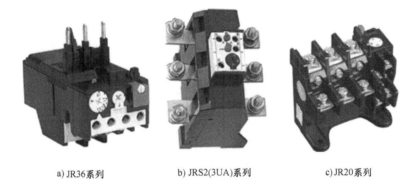

a) JR36系列　　　　b) JRS2(3UA)系列　　　　c) JR20系列

图 1-39　常见双金属片式热继电器的外形图

>> **提示**　　每一系列的热继电器一般只能和相适应系列的接触器配套使用，如 JR36 系列热继电器与 CJT1 系列接触器配套使用；JR20 系列热继电器与 CJ20 系列接触器配套使用；3UA 系列热继电器与 3TB、3TF 系列接触器配套使用等。

2. 热继电器的结构、工作原理及符号表示

（1）结构　如图 1-40 所示为三极双金属片热继电器的结构及符号，它主要由热元器件、传动机构、常闭触点、电流整定装置和复位按钮组成。热继电器的热元器件由主双金属片和绕在外面的电阻丝组成。主双金属片是由两种线膨胀系数不同的金属片复合而成。

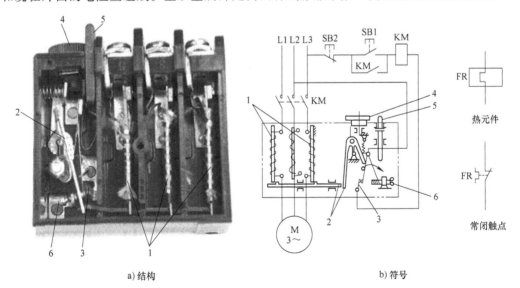

a) 结构　　　　　　　　　　　　b) 符号

图 1-40　三极双金属片热继电器

1—热元器件　2—传动机构　3—常闭触点　4—电流整定旋钮　5—复位按钮　6—限位螺钉

（2）工作原理　热继电器使用时，需要将热元器件串联在主电路中，常闭触点串联在控制线路中，如图 1-40a 所示。当电动机过载时，流过电阻丝的电流超过热继电器的整定电流,电阻丝发热增多,温度升高,由于两种金属片的线膨胀程度不同而使主双金属片向右弯曲,通过传动机构推动常闭触点断开,分断控制线路,再通过接触器切断主电路,实现对电动机的过载保护。

当电源切除后,热元器件的主双金属片逐渐冷却恢复原位。热继电器的复位机构操作有手动复位和自动复位两种形式,可根据使用要求通过复位调节螺钉来自由调整选择。一般自动复位时间不大于5min,手动复位时间不大于2min。

热继电器的整定电流大小可通过旋转电流整定旋钮来调节。热继电器的整定电流是指热继电器连续工作而不动作的最大电流。超过整定电流,热继电器将在负载未达到其允许的过载极限之前动作。

值得一提的是,由于热继电器主双金属片受热膨胀的热惯性及传动机构传递信号的惰性原因,热继电器从电动机过载到触点动作需要一定的时间,也就是说,即使电动机严重过载甚至短路,热继电器也不会瞬时动作,因此热继电器不能做短路保护。但也正是这个热惯性和机械惰性,保证了热继电器在电动机起动或短时过载时不会动作,从而满足了电动机的运行要求。

(3)符号表示　热继电器在电路图中的文字符号用"FR"表示,其图形符号如图1-40b所示。

3. 型号及含义

热继电器的型号及含义如下:

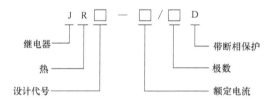

JR20系列热继电器是一种双金属片式热继电器,在电力电路中用于长期或间断工作的一般交流电动机的过载保护,并且能在三相电流严重不平衡时起保护作用。

JR20系列热继电器的结构为立体布置,一层为结构,另一层为主电路。前者包括整定电流调节凸轮、动作脱扣指示、复位按钮及断开检查按钮。

二、三相异步电动机的接触器自锁控制线路分析

1. 工作原理

通过对如图1-38所示的三相异步电动机的接触器自锁控制线路分析,其工作原理如下:先合上电源开关QF。

【起动控制】

【停止控制】

这种当松开起动按钮后，接触器通过自身的辅助常开触点使其线圈保持得电的作用叫作自锁。与起动按钮并联起自锁作用的辅助常开触点叫作自锁触点。

2. 保护分析

（1）欠电压保护　"欠电压"是指电路电压低于电动机应加的额定电压。"欠电压保护"是指当电路电压下降到低于某一数值时，电动机能自动切断电源停转，避免电动机在欠电压下运行的一种保护。采用接触器自锁控制线路就可避免电动机欠电压运行。因为当线路电压下降到低于额定电压的 85% 时，接触器线圈两端的电压也同样下降到此值，从而使接触器线圈磁通减弱，产生的电磁吸力减少，当电磁吸力减少到小于反作用弹簧的拉力时，动铁心被迫释放，主触点、自锁触点同时分断，自动切断主电路和控制线路，电动机失电停转，达到欠电压保护。

（2）失电压保护　失电压保护是指电动机在正常运行中，由于外界某种原因引起起动的一种保护。接触器自锁控制线路也可实现失电压保护。因为接触器自锁触点和主触点在电源断电时已经断开，使主电路和控制线路都不能接通，所以在电源恢复供电时，电动机就不会自动起动运转，保证了人身和设备的安全。

（3）短路保护　FU1 起主电路的短路保护作用，FU2 起控制线路的短路保护用。

（4）过载保护　所谓过载保护就是指当电动机出现过载时，能自动切断电动机的电源，使电动机停转的一种保护。

电动机运行过程中，如果长期负载过大，或起动操作频繁，或断相运行，都可能使电动机定子绕组的电流过大，超过其额定值。而在这种情况下，熔断器往往并不熔断，从而引起定子绕组过热，使温度持续升高。若温度超过允许温升，就会造成绝缘损坏，缩短电动机的使用寿命，严重时甚至会烧毁电动机的定子绕组。因此，对电动机必须采取过载保护措施。

> **>> 提示**
>
> 　　1）在照明、电加热等电路中，熔断器既可做短路保护，也可做过载保护。但对于三相异步电动机控制线路来说，熔断器只能用作短路保护，这是因为三相异步电动机的起动电流很大（全压起动时的起动电流一般是额定电流的 4~7 倍），若用熔断器做过载保护，则选择的额定电流就应等于或稍大于电动机的额定电流，这样电动机在起动时，由于起动电流大大超过了熔断器的额定电流，使熔断器在很短的时间内熔断，造成电动机无法起动。所以熔断器只能做短路保护，熔体额定电流应取电动机额定电流的 1.5~2.5 倍。
>
> 　　2）热继电器在三相异步电动机控制线路中也只能作过载保护，不能用作短路保护，这是因为热继电器的热惯性大，即热继电器的双金属片受热膨胀弯曲需要一定的时间。当电动机发生短路时，由于短路电流很大，热继电器还没有来得及动作，供电线路和电源设备可能就已经损坏。而在电动机起动时，由于起动时间很短，热继电器还未动作，电动机已起动完毕。总之，热继电器和熔断器两者所起的作用不同，不能相互代替使用。

【任务准备】

实施本任务教学所使用的实训设备及工具材料可参考表 1-12。

表 1-12　实训设备及工具材料

序号	名称	型号规格	数量	单位	备注
1	电工常用工具		1	套	
2	万用表	MF47 型	1	块	
3	三相四线电源	AC3 × 380/220V,20A	1	处	
4	三相异步电动机	Y112M-4,4kW,380V,Y 联结;或自定	1	台	
5	配线板	500mm × 600mm × 20mm	1	块	
6	三相断路器	规格自定	1	只	
7	熔断器 FU1	RL1-60/25,380V,60A,熔体配 25A	3	套	
8	熔断器 FU2	RL1-15/2	2	套	
9	接触器 KM1	CJ10-20,线圈电压 380V,20A(CJX2、B 系列等自定)	1	只	
10	热继电器	JR20-10	1	只	
11	按钮	LA10-2H,保护式、按钮数 2	1	只	
12	木螺钉	ϕ3mm × 20mm;ϕ3mm × 15mm	30	个	
13	平垫圈	ϕ4mm	30	个	
14	线号笔	自定	1	支	
15	主电路导线	BVR-1.5,1.5mm^2(7 × 0.52mm)(黑色)	若干	m	
16	控制线路导线	BV-1.0,1.0mm^2(7 × 0.43mm)	若干	m	
17	按钮线	BV-0.75,0.75mm^2	若干	m	
18	接地线	BVR-1.5,1.5mm^2(黄绿双色)	若干	m	
19	劳保用品	绝缘鞋、工作服等	1	套	
20	接线端子排	JX2-1015,500V,10A,15 节或配套自定	1	条	

【任务实施】

一、接触器自锁正转控制线路的安装与调试

1. 绘制元器件布置图和接线图

具有过载保护的接触器自锁控制线路元器件布置图和接线图如图 1-41 所示。

2. 元器件规格、质量检查

1）根据表 1-12 所示的元器件明细表,检查各元器件、耗材与表中物品是否一致。

2）检查各元器件的外观是否完整无损,附件、备件是否齐全。

3）用仪表检查各元器件和电动机的有关技术数据是否符合要求。

3. 根据元器件布置图安装固定低压电器元件

当元器件检查完毕后,按照如图 1-41a 所示的元器件布置图安装和固定电器元件。安装和固定电器元件的步骤和方法与前面任务基本相同,在此仅就热继电器的安装与使用进行介绍。

热继电器的安装与使用要求如下:

1）热继电器必须按照产品说明书中规定的方式安装。安装处的环境温度应与电动机处环境温度基本相同。当与其他电器安装在一起时,应注意将热继电器安装在其他电器的下方,以免其动作特性受到其他电器发热的影响而产生误动作。

2）热继电器在安装前应先清除触点表面的尘垢,以免因接触电阻过大或电路不通而影响热继电器的动作性能。

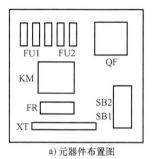

a) 元器件布置图

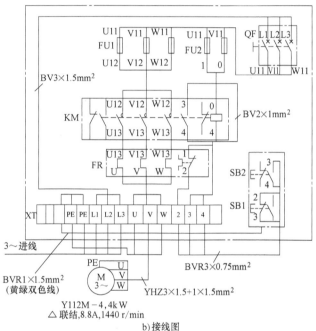

b) 接线图

图 1-41 具有过载保护的接触器自锁控制线路元器件布置图和接线图

3）热继电器出线端的连接导线，应按表 1-13 规定的 JR20 系列热继电器的主要技术参数选用。这是因为导线的粗细和材料将影响到热元器件端接点传导到外部热量的多少。导线过细，轴向导热性差，热继电器可能提前动作；若导线过粗，轴向导热快，热继电器可能滞后动作。

表 1-13 JR20 系列热继电器的主要技术参数

热继电器的额定电流/A	连接导线截面积/mm²	连接导线种类
10	2.5	单股铜芯塑料线
20	4	单股铜芯塑料线
60	16	多股铜芯橡皮线

4）使用中的热继电器应定期通电校验。此外，当发生短路事故后，应检查热元器件是否已发生永久变形。若已变形，则需通电校验。若因热元器件变形或其他原因导致动作不准确时，只能调整其可调部件，而绝不能弯折热元器件。

5）热继电器在出厂时均调整为手动复位方式，如果需要自动复位，只要将复位螺钉沿顺时针方向旋转 3~4 圈并稍微拧紧即可。

6）热继电器在使用中，应定期用干净的布擦净尘垢和污垢，若发现双金属片上有锈斑，应用清洁棉布蘸汽油轻轻擦除，切忌用砂纸打磨。

7）热继电器因电动机过载动作后，若需再次起动电动机，必须待热继电器的热元器件完全冷却后，才能使热继电器复位。一般自动复位时间不大于 5min，手动复位时间不大于 2min。

4. 根据原理图和安装接线图进行配线

当元器件安装完毕后，按照如图 1-38 所示的原理图和如图 1-41b 所示的安装接线图进行板前明线配线。配线应符合配线的工艺要求。

5. 电动机的连接

按照电动机铭牌上的接线方法，正确连接接线端子，然后将定子绕组的电源引入线接到配电盘的接线端子的 U、V 和 W 的端子上，最后连接电动机的保护接地线。效果示意图如图 1-42 所示。

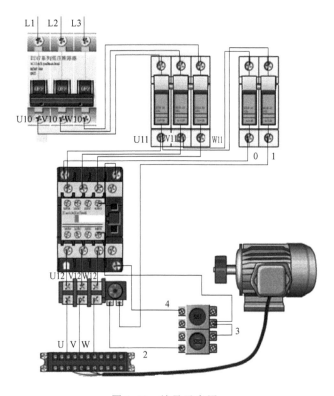

图 1-42　效果示意图

6. 自检

当线路安装完毕后，用万用表检查控制线路的通断情况，自检的方法及步骤如下：

（1）起停控制线路的检查　检查时，应选用倍率适当的电阻档，并进行校零，然后将万用表的表笔分别搭接在 U11、V11 接线端上，测量 U11 与 V11 之间的直流电阻，此时的读数应为"∞"。若读数为零，则说明线路有短路现象；若此时的读数为接触器线圈的直流电阻值，则说明线路接错，这会造成合上总电源开关后，在没有按下起动按钮 SB2 的情况下，接触器 KM 会直接获电动作。

按下起动按钮 SB2，万用表读数应为接触器线圈的直流电阻值。松开起动按钮，此时的读数应为"∞"。再按下起动按钮 SB2，此时的读数应为接触器线圈的直流电阻值。然后按下停止按钮 SB1，此时的读数应为"∞"。

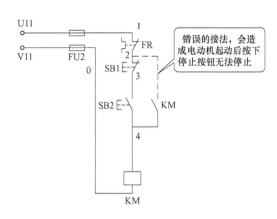

图 1-43 自锁控制回路的错误接法

（2）自锁控制回路的检查 将万用表的表笔分别搭接在 U11、V11 接线端上，人为压下接触器的辅助常开触点（或用导线短接触点），此时万用表读数应为接触器线圈的直流电阻值；然后再按下停止按钮 SB1，此时的读数应为"∞"。若按下停止按钮后，万用表读数仍为接触器线圈的直流电阻值，则说明 KM 的自锁触点已将停止按钮短接，将造成电动机起动后无法停车的错误，错误接法如图 1-43 所示。

7. 通电试车

学生通过自检和教师确认无误后，在教师的监护下进行通电试车。通电试车的操作步骤如下：

1）接上三相电源 L1、L2、L3 并合上 QF，然后用验电笔逐相进行验电，电源正常后，进行下一步操作。

2）按下起动按钮 SB2，接触器 KM 得电吸合，电动机起动运转；松开 SB2，接触器自锁保持得电，电动机连续运行，按下停止按钮 SB1 后，接触器 KM 线圈断电，铁心释放，主、辅触点断开复位，电动机脱离电源停止运行。反复操作几次，以观察电路的可靠性。

3）试车完毕后，应先切断电源，将完好的控制线路配电盘留作故障维修用。

二、接触器自锁正转控制线路的故障分析及维修

1. 电动机基本控制线路控制维修的常用方法

电动机基本控制线路故障维修的常用方法有：直观法、通电试验法、逻辑分析法（原理分析法）、量电法（电压测量法、验电笔测试法）、电阻测量法（通路法）。

（1）直观法 通过直接观察电气设备是否有明显的外观灼伤痕迹；熔断器是否熔断；保护电器是否脱扣动作；接线有无脱落；触点是否烧蚀或熔焊；线圈是否过热烧毁等现象来判断故障点的一种方法。

（2）通电试验法 通电试验法就是利用通电试车的方法来观察故障现象，进而再根据原理分析的方法来判断故障范围的一种方法。例如，按下起动按钮后，电动机不运行，判断故障范围的方法是：首先利用通电试车的方法观察接触器是否动作，再利用原理分析来判断，若接触器能动作则说明故障在主电路中，接触器不能动作则说明故障在控制线路中。

（3）逻辑分析法 根据故障现象利用原理分析的方法来判断故障范围的一种方法。例如，本应连续运行控制的电动机出现了点动（断续）控制现象，通过分析控制线路工作原理可将故障最小范围缩小在接触器自锁回路和自锁触点上。如图 1-44 所示。

（4）量电法　量电法主要包括电压测量法和验电笔测试法。它是电动机基本控制线路在带电的情况下，通过采用电压法和验电笔测试法，对带电线路进行定性或定量检测，以此来判断故障点和故障元器件的方法。

1）电压测量法。电压测量法就是在电动机基本控制线路带电的情况下，通过测量出各节点之间的电压值，并与电动机基本控制线路正常工作时应具有的电压值进行比较，以此来判断故障点及故障元器件的所在处。该方法的最大特点是，它一般不需要拆卸元器件及导线，故障识别的准确性较高，是故障检测最常用的方法。

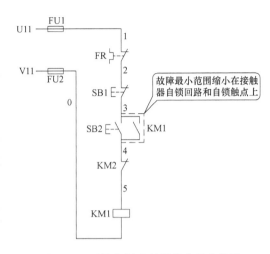

图 1-44　逻辑分析法判断故障最小范围

【例 1.1】如图 1-45 所示电路，当按下起动按钮 SB2 后，接触器 KM1 不吸合，用电压测量法进行故障检测。

实例说明：在正常的电路中，电源电压总是降落在耗能元器件（负载）上，而导线和触点上的电压为零，若电路中出现了断点，则电压全部降落到断点两端。

测量方法是：在使用电压测量法检测故障时，首先通过逻辑分析法确定发生故障的最小范围，并熟悉预计有故障线路及各点的编号，清楚线路的走向、元器件位置，同时明确线路正常时应有的电压值，然后将万用表的转换开关拨至合适的电压倍率档，将测量值与正常值进行比较，做出判断。本例的检测方法如下。

1）通过逻辑分析法确定按下起动按钮 SB2 后，接触器 KM1 不吸合的故障最小范围，如图 1-46 所示。

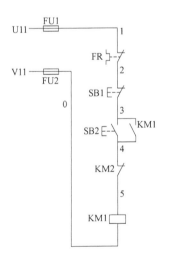

图 1-45　电压测量法应用实例

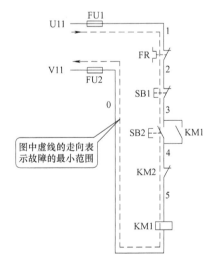

图 1-46　故障的最小范围

2）将万用表的转换开关拨至交流电压 500V 的档位上，然后按表 1-14 的测量方法和步骤进行故障检测并找出故障点。

表 1-14　电压测量法查找故障点

检 测 范 围	测试方法	测量标号	电压数值/V	故障点
	电压交叉测量	1—V11	0	FU1 熔丝断
		U11—0	0	FU2 熔丝断
	电压分阶测量	2—0	0	FR 常闭触点接触不良
		3—0	0	SB1 常闭触点接触不良
		5—1	0	KM 线圈断路
		4—1	0	KM2 常闭触点接触不良
		3—4	380	SB2 常开触点接触不良

>> **提示**　　该方法在理论上的分析无懈可击，但在实际的机床电气检测时应注意，在测量"2—0"之间电压时，应以机床的床身作为"零电位"参考点，即将万用表的一支表笔与机床的床身搭接，而另一支表笔接触在与停止按钮 SB1 连接的 2 号接线柱上进行测量。这是因为在实际的机床电气控制线路中的按钮是安装在机床电气控制箱的外部，而电气控制配电板是安装在电气控制箱内，两者之间存在一定的距离，因此，如果按部就班地按照表 1-14 里所示测量图中的"2—0"之间的测量是不切合实际的。

2）验电笔测试法。低压验电笔是检验导线和电气设备是否带电的一种常用的检测工具，其特点是测试操作与携带时较为方便，能缩短确定最小故障范围的时间，但其只适用于检测对地电压高于验电笔氖管启辉电压（60～80V）的场所，只能作定性检测，不能作定量检测，为此具有一定的局限性。如在维修机床局部照明线路故障时，由于所有的机床局部照明采用的是低压安全电压 24V（或 36V），而低压验电笔无法对 60～80V 以下的电路进行定性检测，因此，采用验电笔测试法无法进行维修。遇到这种情况时，一般多采用电压测量法进行定量检测，能准确地缩小故障范围并找出故障点。

（5）电阻测量法　电阻测量法就是在电路切断电源后用仪表测量两点之间的电阻值，通过对电阻值的对比，进行电路故障检测的一种方法。在继电接触器控制线路中，当电路存在断路故障时，利用电阻测量法对线路中的断线、触点虚接触、导线虚焊等故障进行检测，可以找到故障点。

采用电阻测量法的优点是安全，缺点是测量电阻值不准确时易产生误判断，快速性和准确性低于电压测量法。

【例1.2】　如图 1-47 所示电路，当按下起动按钮 SB2 后，接触器 KM1 不吸合，用电阻测量法进行故障检测。

实例说明：采用电阻测量法进行故障检测时，首先必须切断被测电路的电源，然后将万用表的转换开关旋至 R×100（或 R×1k）档，若测得电路阻值为零则电路或触点导通，阻值为无穷大则电路或触点不通。本实例通过逻辑分析法确定按下起动按钮 SB2 后接触器KM1 不吸合的故障最小范围，如图 1-45 所示。具体测量方法和结论见表 1-15。

表 1-15　电阻测量法查找故障点

检 测 范 围		测试方法	测量标号	电压数值	故障点
			1-2	∞	FR 常闭触点接触不良
			2-3	∞	SB1 常闭触点接触不良
		电阻分段测量	3-4 按下SB2	∞	SB2 常开触点接触不良
			4-5	∞	KM2 常闭触点接触不良
			5-0	∞	KM1 线圈断路

>> **提示**　　电阻测量法检测电路故障时应注意：检测故障时必须断开电源；如被测电路与其他电路并联连接时，应将该电路与其他并联电路断开，否则会产生误判断；测量高电阻值的元器件时，万用表的选择开关应拨至合适的电阻档。

2. 接触器自锁正转控制线路的故障现象分析及检修

（1）主电路的故障现象分析及检修

【故障现象】按下起动按钮 SB2 后，电动机转子未动或旋转得很慢，并发出"嗡嗡"声。

【故障分析】采用逻辑分析法对故障现象进行分析可知，当按下起动按钮 SB2 后，主轴电动机 M 转得很慢甚至不转，并发出"嗡嗡"声，说明接触器 KM 已吸合，此故障为典型的电动机断相运行，因此故障范围应在电动机的主回路上，通过逻辑分析法可用虚线画出该故障的最小范围，如图 1-47 所示。

【故障检修】当试机时，发现是电动机断相运行，应立即按下停止按钮 SB1，使接触器 KM 主触点处于断开状态，然后根据如图 1-48 所示的故障最小范围，分别采用电压测量法和电阻测量法进行故障检测。具体的检测方法如下：

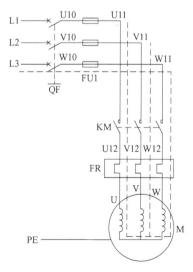

图 1-47　电动机断相运行的故障最小范围

1）首先以接触器 KM 主触点为分界点，在主触点的上方采用电压测量法，即采用万用表交流 500V 档分别检测接触器 KM 主触点输入端三相电压 U_{U11V11}、U_{U11W11}、U_{V11W11} 的电压值，如图 1-48 所示。若三相电压值正常，就切断低压断路器 QF 的电源，在主触点的下方采用电阻测量法，借助电动机三相定子绕组构成的回路，用万用表 R×100（或 R×1k）档分别检测接触器 KM 主触点输出端的三相回路（即 U12 与 V12 之间、U12 与 W12 之间、V12 与 W12 之间）是否导通，若三相回路正常导通，则说明故障在接触器的主触点上。

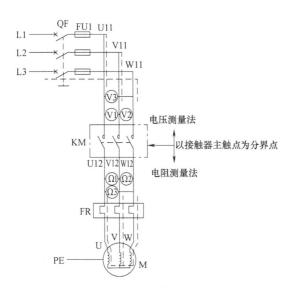

图 1-48　主电路的测试方法

图 1-49　主触点的检测

　　2）若检测出接触器 KM 主触点输入端三相电压值不正常，则说明故障范围在接触器主触点输入端上方。主触点检测的示意图如图 1-49 所示，具体操作方法即电压测量法查找故障点，见表 1-16。若检测出接触器 KM 主触点输出端三相回路导通不正常，则说明故障范围在接触器主触点输出端下方，具体操作方法即电阻测量法查找故障点，见表 1-17。

表 1-16　电压测量法查找故障点

检 测 范 围	测试方法	测量标号	电压数值	故障点
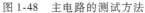	电压测量法	U11-V11	正常	故障出在 W 相支路上
		U11-W11	异常	
		V11-W11	异常	
		U11-V11	异常	故障在 U11 的连线上
		U11-W11	异常	
		V11-W11	正常	
		U11-V11	异常	故障在 V11 的连线上
		U11-W11	正常	
		V11-W11	异常	

表 1-17　电阻测量法查找故障点

检 测 范 围		测试状态	测量标号	电阻数值	故障点
		断开低压断路器 QF，采用电阻测量法	U12 – V12	正常	故障出在 W12 与 W 之间的连线上和 FR 的 W 相的热元器件及定子绕组和中性点上，然后用电阻分段测量法查找出故障点
			U12 – W12	异常	
			V12 – W12	异常	
			U12 – V12	异常	故障出在 U12 与 U 之间的连线上和 FR 的 U 相的热元器件及定子绕组和中性点上，然后用电阻分段测量法查找出故障点
			U12 – W12	异常	
			V12 – W12	正常	
			U12 – V12	异常	故障出在 V12 与 V 之间的连线上和 FR 的 V 相的热元器件及定子绕组和中性点上，然后用电阻分段测量法查找出故障点
			U12 – W12	正常	
			V12 – W12	异常	

>> **提示**

　　1）在采用电压测量法检测接触器主触点输入端三相电源电压是否正常时，应将万用表的转换开关拨至交流 500V 档，方可进行测量，以免烧毁万用表。

　　2）如果电压 U_{U11V11} 正常，U_{U11W11} 和 U_{V11W11} 不正常，则说明接到接触器主触点上方的 U、V 两相的电源没有问题，故障出在 W 相；此时可任意将万用表的一支表笔固定在 U11 或 V11 的接线柱上，另一支表笔则搭接在低压断路器 QF 输出端的 W11 接线柱上，若测得的电压值正常，再将表笔搭接在低压断路器 QF 输出端的 W10 接线柱上，如测得的电压值不正常，则说明 W 相的熔断器 FU 中的熔丝烧断。

　　3）在采用电阻测量法检测接触器主触点输出端三相回路是否导通正常时，应先切断低压断路器 QF，然后将万用表的转换开关拨至 R×100（或 R×1k）档，方可进行测量，以免操作错误烧毁万用表或发生触电安全事故。

（2）控制线路的故障现象分析及检修

【故障现象 1】按下起动按钮 SB2 后，接触器 KM 不吸合，电动机 M 转子不转动。

【故障分析】采用逻辑分析法对故障现象进行分析可知，故障范围应在控制回路上，其最小故障范围可用虚线表示，如图 1-50 所示。

【故障检修】根据如图 1-50 所示的故障最小范围，可以采用电压测量法或者采用验电笔测量法进行检测。此处只介绍电压测量法。

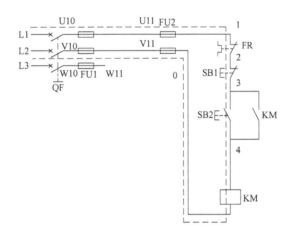

图 1-50 最小故障范围

采用电压测量法进行检测时，先将万用表的量程选择开关拨至交流 500V 档，电压测量法查找故障点的方法详见表 1-18。

表 1-18 电压测量法查找故障点

故障现象	测试方法	测量标号	电压数值	故障点
		U11-V11	正常	故障在控制回路上
		U11-V11	异常	V 相的 FU1 熔丝断
		U11-V10	正常	
		U10-V11	异常	
		U11-V11	异常	U 相的 FU1 熔丝断
		U11-V10	异常	
		U10-V11	正常	
		U11-V11	异常	断路器 QF 的 U 相触点接触不良
		U10-V11	异常	
		L1-V11	正常	
合上低压断路器 QF，按下起动按钮 SB2 后，接触器 KM 不吸合，电动机 M 转子不转动	电压测量法	U11-V11	异常	断路器 QF 的 V 相触点接触不良
		U10-V10	异常	
		L2-U11	正常	
		1-0	异常	V 相的 FU2 熔丝断
		V11-1	正常	
		1-0	异常	U 相的 FU2 熔丝断
		U11-0	正常	
		1-0	正常	热继电器 FR 常闭触点接触不良
		0-2	异常	
		1-0	正常	停止按钮 SB1 接触不良
		0-2	正常	
		0-3	异常	
		1-0	正常	接触器 KM 线圈断路或接触不良
		1-4	异常	
		3-4	正常	起动按钮 SB2 接触不良

【故障现象 2】按下起动按钮 SB2 后，接触器 KM 吸合，电动机 M 转动，松开起动按钮后，接触器 KM 断电，电动机 M 停止。

【故障分析】采用逻辑分析法对故障现象进行分析可知，该现象为典型的接触器不能自锁，故障范围应在自锁回路上，其最小故障范围可用虚线表示，如图 1-51 所示。

【故障检修】根据如图 1-51 所示的故障最小范围，可以采用电压测量法或者采用验电笔测量法进行检测。具体方法如下：

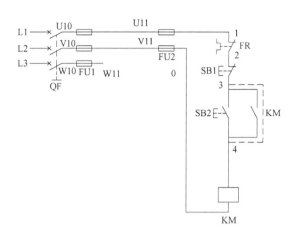

图 1-51　接触器不能自锁的最小故障范围

以接触器 KM 的自锁触点（辅助常开触点）为分界点，可采用电压测量法或者采用验电笔测量法测量接触器 KM 的自锁触点两端接线柱 3 与 4 之间的电压是否正常。若两端的电压正常，则故障点一定是自锁触点接触不良；若电压异常，则故障点一定为与自锁触点连接的自锁回路的导线接触不良或断路。

【检查评议】

对任务实施的完成情况进行检查，并将结果填入表 1-19。

表 1-19　任务测评表

序号	主要内容	考核要求	评分标准	配分	扣分	得分
1	线路安装与调试	根据任务,按照电动机基本控制线路的安装步骤和工艺要求,进行线路的安装与调试	1. 按原理图接线,不按原理图接线扣10分 2. 元器件安装正确、整齐、牢固,否则每处扣 2 分 3. 配线整齐美观、横平竖直、高低平齐、转角90°,否则每处扣 2 分 4. 线头长短合适,线耳方向正确,无松动,否则每处扣 1 分 5. 配线齐全,否则一根扣 5 分 6. 编码套管安装正确,否则每处扣 1 分 7. 通电试车功能齐全,否则扣 40 分	60		
2	线路故障检修	人为设置隐蔽故障 2 个,根据故障现象,正确分析故障原因及故障范围,采用正确的故障检修方法,排除线路故障	1. 不能根据故障现象画出最小故障范围扣10分 2. 故障检修错误扣 5~10 分 3. 故障排除后,未能在线路图中用"×"标出故障点,扣10分 4. 只能排除 1 个故障扣 15 分,2 个故障都未能排除扣30分	30		

（续）

序号	主要内容	考 核 要 求	评 分 标 准	配分	扣分	得分
3	安全文明生产	劳动保护用品穿戴整齐;电工工具佩带齐全;遵守操作规程;尊重老师,讲文明礼貌;考试结束要清理现场	1. 操作中,违反安全文明生产考核要求的任何一项扣2分,扣完为止 2. 当发现学生有重大事故隐患时,要立即予以制止,并每次扣安全文明生产总分5分	10		
		合　计				
		开始时间:	结束时间:			

【问题及防治】

在学生进行接触器自锁控制线路的安装、调试与维修实训过程中,时常会遇到如下问题:

问题1:在进行自锁回路的接线时,误将 KM 的常开触点接成常闭触点。

后果及原因:当合上电源开关 QF 后,还未按下起动按钮 SB2,接触器会交替接通和分断,造成电动机时转时停,无法正常控制。

预防措施:在进行按钮接线前,应通过万用表确认常开触点后,再进行接线。

问题2:在检测电动机 M 断相运行的电气故障时,没有按下停止按钮 SB1,直接在接线端子排上测量电动机 U、V、W 之间的三相电压是否正常。

后果及原因:在检测电动机 M 断相运行的电气故障时,没有按下停止按钮 SB1,直接在接线端子排上测量电动机 U、V、W 之间的三相电压,会造成电动机长时间断相运行,严重时会损坏电动机。

预防措施:当发现电动机 M 断相运行的电气故障时,应立即按下停止按钮 SB1,使接触器 KM 主触点处于断开状态,断开主轴电动机 M 三相定子绕组的电源,然后在接触器 KM 主触点输入端采用电压测量法进行检测,接着断开总电源,在接触器 KM 主触点输出端采用电阻测量法进行检测。

【知识拓展】

一、三相异步电动机点动与连续混合正转控制线路

在生产实际中,常常需要对一台电动机既能实现点动控制,又能实现自锁控制,即在需要点动控制时,电路实现点动控制功能;在正常运行时,又能保持电动机连续运行的自锁控制。我们将这种电路称为点动与连续混合正转控制线路。常见的点动与连续混合正转控制线路有两种:一是手动开关控制的点动与连续混合正转控制线路;二是复合按钮控制的点动与连续混合正转控制线路。三相异步电动机点动与连续混合正转控制线路如图 1-52 所示。

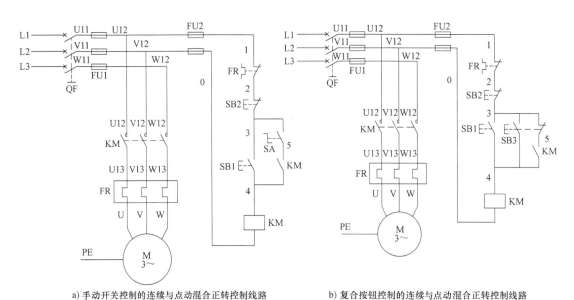

a) 手动开关控制的连续与点动混合正转控制线路　　b) 复合按钮控制的连续与点动混合正转控制线路

图 1-52　三相异步电动机点动与连续混合正转控制线路

二、三相异步电动机多地控制线路

能在两地或两地以上控制同一台电动机的控制方式称为电动机的多地控制。如图 1-53 所示为两地控制一台电动机正转的控制线路。

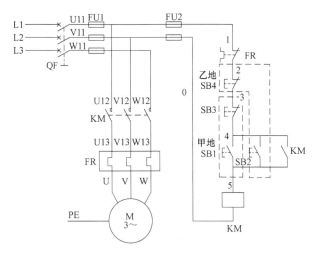

图 1-53　两地控制一台电动机正转控制线路

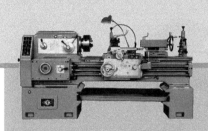

项目二

三相异步电动机正反转控制线路的安装与维修

任务一　　　倒顺开关控制电动机正反转控制线路的安装与维修

知识目标： 1. 掌握倒顺开关的结构、用途及工作原理和选用原则。

2. 能正确识读倒顺开关控制电动机正反转控制线路的原理图、接线图和布置图。

能力目标： 1. 会按照工艺要求正确安装倒顺开关控制电动机正反转控制线路。

2. 能根据故障现象，检修倒顺开关控制电动机正反转控制线路。

素质目标： 养成独立思考和动手操作的习惯，培养小组协调能力和互相学习的精神。

【工作任务】

在生产实践中，有许多生产机械，对电动机不仅需要正转控制，同时还需要反转控制，如图 2-1 所示就是典型的倒顺开关控制电动机正反转控制线路。本次任务的主要内容是：完成对倒顺开关控制电动机正反转控制线路的安装与检修。

【相关理论】

一、倒顺开关

倒顺开关是组合开关的一种，也称可逆转换开

图 2-1　倒顺开关控制电动机正反转控制线路

关，是专为控制小容量三相异步电动机的正反转而设计生产的一种专用开关，其外形和结构如图 2-2 所示。

倒顺开关的手柄有"倒""停""顺"三个位置，手柄只能从"停"的位置左转 45°或右转 45°。其在电路图中的符号如图 2-3 所示。

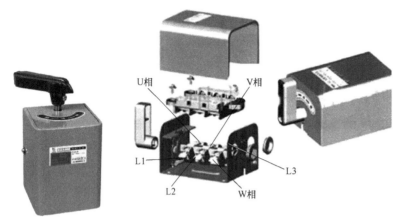

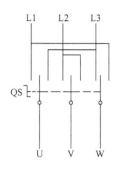

图 2-2　倒顺开关

图 2-3　倒顺开关的符号

倒顺开关的型号含义如下：

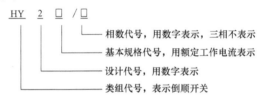

HY 2 □ / □
相数代号，用数字表示，三相不表示
基本规格代号，用额定工作电流表示
设计代号，用数字表示
类组代号，表示倒顺开关

二、倒顺开关控制电动机正反转控制线路的原理分析

根据对如图 2-1 所示的倒顺开关控制电动机正反转控制线路的分析，其工作原理见表 2-1。

表 2-1　倒顺开关控制电动机正反转控制线路的原理分析

手柄位置	倒顺开关 QS 的状态	电路状态	电动机状态
停	QS 的动、静触点不接触	电路不通(开路)	电动机不转
顺	QS 的动触点与左边静触点相接触	按 L1-U、L2-V、L3-W 接通	电动机正转
倒	QS 的动触点与右边静触点相接触	按 L1-W、L2-V、L3-U 接通	电动机反转

>> 提示　　　倒顺开关正反转控制线路虽然所用的控制电器较少，电路也比较简单，但它是一种手动控制线路；在频繁换向时，操作安全性差，所以仅适用于额定电流为 10A、功率在 3kW 以下的小功率电动机的直接正反转起停控制。

【任务准备】

实施本任务教学所使用的实训设备及工具材料可参考表 2-2。

表 2-2　实训设备及工具材料

序号	名称	型号规格	单位	数量	备注
1	电工常用工具		套	1	
2	万用表	MF47 型	块	1	
3	三相四线电源	AC3×380/220V、20A	处	1	
4	三相电动机	Y112M-4,4kW、380V、△联结；或自定	台	1	
5	配线板	500mm×600mm×20mm	块	1	
6	倒顺开关	HY2-30	个	1	

（续）

序号	名称	型 号 规 格	单位	数量	备注
7	熔断器 FU1	RL1-60/25,380V,60A,熔体配 25A	套	3	
8	木螺钉	$\phi 3mm \times 20mm; \phi 3mm \times 15mm$	个	30	
9	平垫圈	$\phi 4mm$	个	30	
10	圆珠笔	自定	支	1	
11	主电路导线	BVR-1.5,1.5mm²(7×0.52mm)(黑色)	m	若干	
12	接地线	BVR-1.5,1.5mm²(黄绿双色)	m	若干	

【任务实施】

一、倒顺开关控制电动机正反转控制线路的安装与调试

1. 绘制元器件布置图和接线图

读者可参照前面绘制的方法进行绘制，在此不再赘述。

2. 元器件规格、质量检查

1）根据表 2-3 检查其各元器件、耗材与表中的型号、规格是否一致。

2）检查各元器件的外观是否完整无损，附件、备件是否齐全。

3）用仪表检查各元器件和电动机的有关技术数据是否符合要求。

3. 根据元器件布置图安装固定低压电器元件

当元器件检查完毕后，按照所绘制的元器件布置图安装和固定电器元件。安装和固定电器元件的步骤和方法与前面任务基本相同。

4. 根据电气原理图和安装接线图进行配线

当元器件安装完毕后，按照如图 2-1 和接线图进行板前明线配线。配线的工艺要求与前面任务相同，

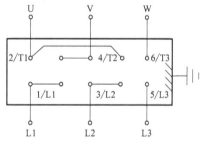

图 2-4　HY2 系列倒顺开关的接线图

在此仅就倒顺开关内部的连线进行介绍，HY2 系列倒顺开关的接线图如图 2-4 所示。

>> **提示**　倒顺开关安装要求

①电动机和倒顺开关的金属外壳必须进行可靠接地，且必须将接地线接到倒顺开关指定的接地螺钉上，切忌接在开关的外壳上。

②倒顺开关的进出线接线切忌接错。接线时，应看清开关接线端子标记，保证标记为 L1、L2、L3 的端子接电源，标记为 U、V、W 的端子接电动机。否则，难免造成两相电源短路。

③作为临时性装置安装时，可移动的引线必须完整无损，中间不得有接头，引线的长度一般不超过 2m。若将倒顺开关安装在墙上（属于半移动形式）时，接到电动机的引线可采用 BVR1.5mm²（黑色）塑铜线或 YHZ4×1.5mm² 橡皮电缆线，并采用金属软管保护；若将开关与电动机一起安装在同一金属结构件或支架上（属移动形式）时，开关的电源进线必须采用四脚插头和插座连接，并在插座前装熔断器或再加装隔离开关。

5. 电动机的连接

按照电动机铭牌上的接线方法，正确连接接线端子，然后将定子绕组的电源引入线接到倒顺开关的接线端子的 U、V 和 W 的端子上，最后连接电动机的保护接地线。

6. 自检

当线路安装完毕后，必须经过自检，并经指导教师确认无误后方可通电试车。自检的方法及步骤如下：

1）万用表选用倍率适当的位置，并进行校零。将倒顺开关 QS 置于"停"的位置，然后将两支表笔分别接在 U、L1，V、L2，W、L3 上，测得的读数均为"∞"。

2）将倒顺开关 QS 置于"顺"的位置，然后将两支表笔分别接在 U、L1，V、L2，W、L3 上，测得的读数均为"0"。

3）将倒顺开关 QS 置于"倒"的位置，然后将两支表笔分别接在 U、L3，V、L2，W、L1 上，测得的读数均为"0"。

4）用绝缘电阻表检查线路的绝缘电阻的阻值应不小于 1MΩ。

7. 通电试车

学生通过自检和教师确认无误后，在教师的监护下进行通电试车。其操作方法和步骤如下：

1）通电调试前首先将倒顺开关 QS 置于"停"的位置，然后检查电源侧的电压是否正常。当电源电压正常后方可进行后续操作。

2）正转控制。将倒顺开关 QS 置于"顺"的位置，此时 QS 的动触点与左边静触点相接触，电路按 L1-U，L2-V，L3-W 接通，电动机正转（顺时针旋转）。

3）停止控制。将倒顺开关 QS 置于"停"的位置，此时 QS 的动触点与左边静触点分断，电路处于开路状态，电动机脱离电源停止。

4）反转控制。将倒顺开关 QS 置于"倒"的位置，此时 QS 的动触点与右边静触点相接触，电路按 L1-W，L2-V，L3-U 接通，电动机反转（逆时针旋转）。

>> **提示**　当电动机处于正转状态时，要使电动机反转，应先把倒顺开关的手柄扳到"停"的位置，使电动机先停转，然后再把手柄扳到"倒"的位置，使之反转。这是因为若直接把手柄由"顺"扳至"倒"的位置，电动机的定子绕组会因为电源突然反接而产生很大的反接电流，容易使电动机定子绕组因过热而损坏。同理，当电动机处于反转状态时，要使电动机正转，应先把倒顺开关的手柄扳到"停"的位置，使电动机先停转，然后再把手柄扳到"顺"的位置，使之正转。

二、倒顺开关控制电动机正反转控制线路的故障现象分析及检修

【故障现象 1】　将倒顺开关的手柄扳至"顺"或"倒"的位置时，电动机的转子均未转动或转得很慢，并发出"嗡嗡"声。

【故障分析】　采用逻辑分析法对故障现象进行分析可知，这是典型的电动机断相运行，其最小故障范围可用虚线表示，如图 2-5 所示。

【故障检修】　首先将倒顺开关的手柄扳至"停"的位置，然后以倒顺开关的动、静触点为分界点，与电源相接的静触点一侧采用量电法进行检测，观察其电压是否正常；而与电

动机连接的动触点一侧，在停电的状态下，采用万用表的电阻档进行通路检测，检测方法如图 2-6 所示。

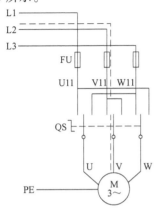

图 2-5　故障最小范围

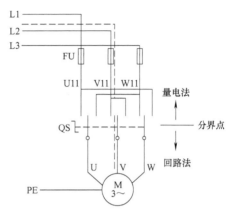

图 2-6　检测方法

【故障现象 2】　将倒顺开关的手柄扳至"顺"的位置时，电动机的转子未转动或转得很慢，并发出"嗡嗡"声；但将倒顺开关的手柄扳至"倒"的位置时，电动机运行正常。

【故障分析】　采用逻辑分析法对故障现象进行分析可知，其最小故障范围可用虚线表示，如图 2-7 所示。

【故障检修】　首先将倒顺开关的手柄扳至"停"的位置，然后用验电笔分别检测与 U11 和 W11 连接的 U 相和 W 相静触点的带电情况来判断故障点。

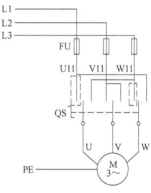

图 2-7　故障最小范围

想一想练一练

若将倒顺开关的手柄扳至"倒"的位置时，电动机的转子未转动或转得很慢，并发出"嗡嗡"声，但将倒顺开关的手柄扳至"顺"的位置时，电动机运行正常，试画出故障最小范围，并说出故障检修方法。

【检查评议】

对任务实施的完成情况进行检查，并将结果填入表 2-3。

表 2-3　任务测评表

序号	主要内容	考核要求	评分标准	配分	扣分	得分
1	线路安装与调试	根据任务,按照电动机基本控制线路的安装步骤和工艺要求,进行线路的安装与调试	1. 按原理图接线,不按原理图接线扣 10 分 2. 元器件安装正确、整齐、牢固,否则每处扣 2 分 3. 配线整齐美观,横平竖直、高低平齐,转角 90°,否则每处扣 2 分 4. 线头长短合适,线耳方向正确,无松动,否则一处扣 1 分 5. 配线齐全,否则一根扣 5 分 6. 编码套管安装正确,否则每处扣 1 分 7. 通电试车功能齐全,否则扣 40 分	60		

（续）

序号	主要内容	考核要求	评分标准	配分	扣分	得分
2	线路故障检修	人为设置隐蔽故障3个，根据故障现象，正确分析故障原因及故障范围，采用正确的故障检修方法，排除线路故障	1. 不能根据故障现象画出最小故障范围扣10分 2. 故障检修错误扣5～10分 3. 故障排除后，未能在线路图中用"×"标出故障点，扣10分 4. 只能排除1个故障扣20分，3个故障都未能排除扣30分	30		
3	安全文明生产	劳动保护用品穿戴整齐；电工工具佩带齐全；遵守操作规程；尊重老师，讲文明礼貌；考试结束要清理现场	1. 操作中，违反安全文明生产考核要求的任何一项扣2分，扣完为止 2. 当发现学生有重大事故隐患时，要立即予以制止，并每次扣安全文明生产总分5分	10		
合计						
	开始时间：			结束时间：		

【问题及防治】

在学生进行倒顺开关控制电动机正反转控制线路的安装、调试与维修过程中，时常会遇到如下问题：

问题： 在进行倒顺开关控制电动机正反转运行控制的切换过程中，未将倒顺开关QS的手柄先扳到"停"的位置，而是直接把手柄很快地由"顺"扳至"倒"的位置或直接把手柄由"倒"扳至"顺"的位置。

后果及原因： 会造成电动机的定子绕组因电源突然反接而产生很大的反接电流，容易使电动机定子绕组因过热而损坏。

预防措施： 当电动机处于正转状态时，要使电动机反转，应先把倒顺开关的手柄扳到"停"的位置，使电动机先停转，然后再把手柄扳到"倒"的位置，使之反转。同理，当电动机处于反转状态时，要使电动机正转，应先把倒顺开关的手柄扳到"停"的位置，使电动机先停转，然后再把手柄扳到"顺"的位置，使之正转。

任务二　　三相异步电动机接触器联锁正反转控制线路的安装与维修

知识目标： 1. 正确理解三相异步电动机接触器联锁正反转控制线路的工作原理。

2. 能正确识读三相异步电动机接触器联锁正反转控制线路的原理图、接线图和布置图。

能力目标： 1. 会按照工艺要求正确安装三相异步电动机接触器联锁正反转控制线路。

2. 能根据故障现象，检修三相异步电动机接触器联锁正反转控制线路。

素质目标： 养成独立思考和动手操作的习惯，培养小组协调能力和互相学习的精神。

【工作任务】

由于倒顺开关正反转控制是手动控制，其局限性较大，因此，在现有的大量设备中，采用的是通过利用接触器切换主电路改变三相异步电动机定子绕组的三相电源相序来实现正反转控制的方法。如图 2-8 所示为三相异步电动机接触器联锁正反转控制线路。本次任务的主要内容是：通过学习，完成对三相异步电动机接触器联锁正反转控制线路的安装与检修。

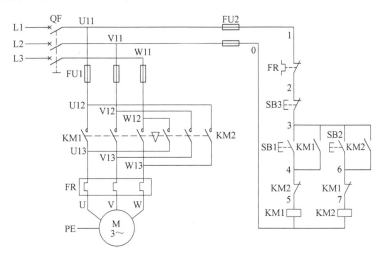

图 2-8　三相异步电动机接触器联锁正反转控制线路

【相关理论】

一、原理分析

从图 2-8 所示的三相异步电动机接触器联锁正反转控制线路中可看出，线路中采用了两个接触器，即正转用的接触器 KM1 和反转用的接触器 KM2，它们分别由正转按钮 SB1 和反转按钮 SB2 控制。从主电路中可以看出，这两个接触器的主触点所接通的电源相序也有所不同，KM1 按 L1—L2—L3 相序接线，而 KM2 按 L3—L2—L1 相序接线。相应的控制线路有两条，其中一条是由按钮 SB1 和接触器 KM1 线圈等组成的正转控制线路；另一条是由按钮 SB2 和接触器 KM2 线圈等组成的反转控制线路。其工作原理如下：

【正转控制】

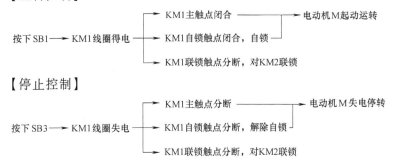

【停止控制】

【反转控制】

再按下 SB2 ⟶ KM2线圈得电 ⟶ KM2主触点闭合 ⟶ 电动机M得电反转
　　　　　　　　　　　⟶ KM2自锁触点闭合，自锁
　　　　　　　　　　　⟶ KM2联锁触点分断，对KM联锁

>> **提示**　　　接触器 KM1 和 KM2 的主触点绝不允许同时闭合，否则将造成两相电源（L1 相和 L3 相）短路事故。为了避免两个接触器 KM1 和 KM2 同时得电动作，在正、反转控制线路中分别串联了对方接触器的一对辅助常闭触点。

当一个接触器得电动作时，通过其辅助常闭触点使另一个接触器不能得电动作，接触器之间这种相互制约的作用叫作接触器联锁（或互锁）。实现联锁作用的辅助常闭触点称为联锁触点（或互锁触点），联锁符号用"▽"表示。

二、线路特点

在接触器联锁正反转控制线路中，电动机从正转变为反转时，必须先按下停止按钮后，才可按下反转起动按钮，进行反转起动控制，否则由于接触器的联锁作用，不能实现反转。因此，电路工作安全可靠，但操作不便。

【任务准备】

实施本任务教学所使用的实训设备及工具材料可参考表2-4。

表 2-4　实训设备及工具材料

序号	名称	型号规格	单位	数量	备注
1	电工常用工具		套	1	
2	万用表	MF47 型	块	1	
3	三相四线电源	AC3 × 380/220V，20A	处	1	
4	三相电动机	Y112M-4，4kW，380V，△联结；或自定	台	1	
5	配线板	500mm × 600mm × 20mm	块	1	
6	低压断路器	规格自定	只	1	
7	接触器	CJ10-20，线圈电压380V，20A	个	2	
8	按钮	LA10-3H	个	1	
9	熔断器 FU1	RL1-60/25，380V，60A，熔体配 25A	套	3	
10	熔断器 FU2	RL1-15/2，380V，15A，熔体配 2A	套	2	
11	热继电器	JR20-10	只	1	
12	木螺钉	$\phi 3mm \times 20mm$；$\phi 3mm \times 15mm$	个	30	
13	平垫圈	$\phi 4mm$	个	30	
14	圆珠笔	自定	支	1	
15	主电路导线	BVR-1.5，1.5mm²（7 × 0.52mm）（黑色）	m	若干	
16	接地线	BVR-1.5，1.5mm²（黄绿双色）	m	若干	

【任务实施】

一、接触器联锁正反转控制线路的安装与调试

1. 绘制元器件布置图和接线图

三相异步电动机接触器联锁正反转控制线路的元器件布置图和接线图如图 2-9 所示。

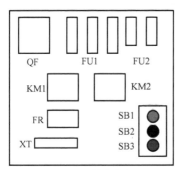

a) 元器件布置图

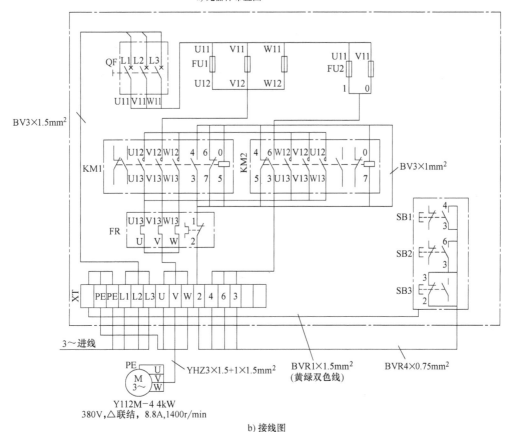

b) 接线图

图 2-9　接触器联锁正反转控制线路的元器件布置图和接线图

2. 元器件规格、质量检查

1) 根据表 2-4 检查其各元器件、耗材与表中的型号、规格是否一致。

2) 检查各元器件的外观是否完整无损，附件、备件是否齐全。

3) 用仪表检查各元器件和电动机的有关技术数据是否符合要求。

3. 根据元器件布置图安装固定低压电器元件

当元器件检查完毕后，按照所绘制的元器件布置图安装和固定电器元件。安装和固定电器元件的步骤和方法与前面任务基本相同。

4. 根据电气原理图和安装接线图进行配线

当元器件安装完毕后，按照如图 2-8 所示的原理图和如图 2-9b 所示的安装接线图进行板前明线配线。在此仅就接触器的主触点和辅助触点的连线进行介绍，接线示意图如图 2-10 所示。接线效果示意图如图 2-11 所示。

1）主电路从 QF 到接线端子板 XT 之间走线方式与单向起动线路完全相同。两只接触器主触点端子之间的连线可以直接在主触点高度的平面内走线，不必向下贴近安装底板，以减少导线的弯折，如图 2-10a 所示。

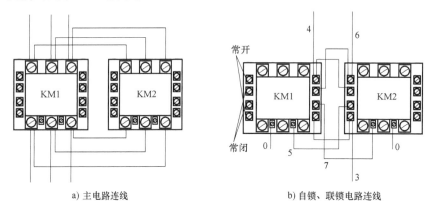

a) 主电路连线　　　　　　　　　　　b) 自锁、联锁电路连线

图 2-10　接线示意图

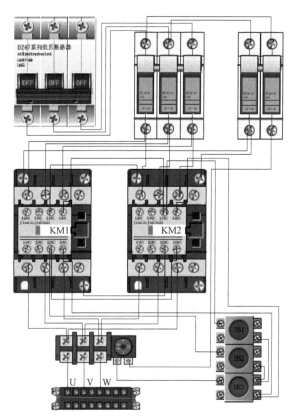

图 2-11　接线效果示意图

2）在进行辅助电路接线时，可先接好两只接触器的自锁电路，核查无误后再连接联锁电路。这两部分电路应反复核对，不可接错，如图 2-10b 所示。

5. 电动机的连接

按照电动机铭牌上的接线方法，正确连接接线端子，然后将定子绕组的电源引入线接到倒顺开关的接线端子的 U、V 和 W 的端子上，最后连接电动机的保护接地线。

6. 自检

当电路安装完毕后，必须经过自检，并经指导教师确认无误后方可通电试车。自检的方法及步骤如下：

（1）主电路的检测

1）检查各相通路。万用表选用倍率适当的位置，进行校零后断开熔断器 FU2 以切断控制回路，然后将两支表笔分别接 U11-V11、V11-W11 和 W11-U11 端子测量相间电阻值，测得的读数均为"∞"。再分别按下 KM1、KM2 的触点架，均应测得电动机两相绕组的直流电阻值。

2）检测电源换相通路。首先将两支表笔分别接 U11 端子和接线端子板上的 U 端子，按下 KM1 的触点架时测得的电阻值 R 应趋于 0，然后松开 KM1，再按下 KM2 触点架，此时应测得电动机两相绕组的电阻值。用同样的方法测量 W11-W 之间的通路。

（2）控制线路检测　断开熔断器 FU1，切断主电路，接通 FU2，然后将万用表的两只表笔接于 QF 下端 U11、V11 端子作以下几项检查：

1）检查正反转起动及停车控制。操作按钮前电路处于断路状态，此时应测得的电阻值为"∞"，然后分别按下 SB1 和 SB2 时，各应测得 KM1 和 KM2 的线圈电阻值。如同时再按下 SB1 和 SB2 时，应测得 KM1 和 KM2 的线圈电阻值的并联值（若两个接触器线圈的电阻值相同，则为接触器线圈电阻值的 1/2）。当分别按下 SB1 和 SB2 后，再按下停止按钮 SB3，此时万用表应显示电路由通而断。

2）检查自锁回路。分别按下 KM1 及 KM2 触点架，应分别测得 KM1、KM2 的线圈电阻值，然后再按下停止按钮 SB3，此时万用表的读数应为"∞"。

3）检查联锁电路。按下 SB1（或 KM1 触点架），测得 KM1 线圈电阻值后，再轻轻按下 KM2 触点架使常闭触点分断（注意不能使 KM2 的常开触点闭合），万用表应显示电路由通而断；用同样方法检查 KM1 对 KM2 的联锁作用。

7. 通电试车

学生通过自检和教师确认无误后，在教师的监护下进行通电试车，其操作方法和步骤如下：

（1）空操作试验　合上电源开关 QF，做以下几项试验：

1）正、反向起动、停车控制。按下正转起动按钮 SB1，KM1 应立即动作并能保持吸合状态；按下停止按钮 SB3 使 KM1 释放；再按下反转起动按钮 SB2，则 KM2 应立即动作并保持吸合状态；再按下停止按钮 SB3，KM2 应释放。

2）联锁作用试验。按下正转起动按钮 SB1 使 KM1 得电动作；再按下反转起动按钮 SB2，KM1 不释放且 KM2 不动作；按下停止按钮 SB3 使 KM1 释放，再按下反转起动按钮 SB2 使 KM2 得电吸合；按下正转起动按钮 SB1 则 KM2 不释放且 KM1 不动作。反复操作几次，检查联锁电路的可靠性。

3）用绝缘棒按下 KM1 的触点架，KM1 应得电并保持吸合状态；再用绝缘棒缓慢地按下 KM2 触点架，KM1 应释放，随后 KM2 得电再吸合；再按下 KM1 触点架，则 KM2 释放而 KM1 吸合。

>> 提示　做此项试验时应注意：为保证安全，一定要用绝缘棒操作接触器的触点架。

（2）带负载试车　切断电源后，连接好电动机接线，装好接触器灭弧罩，合上 QF 试车。

试验正、反向起动，停车，操作 SB1 使电动机正向起动；操作 SB1 停车后再操作 SB3 使电动机反向起动。注意观察电动机起动时的转向和运行声音，如有异常则立即停车检查。

二、接触器联锁正反转控制线路的故障现象分析及检修

【故障现象 1】　按下正、反转起动按钮 SB1 或 SB2 后，接触器 KM1 或 KM2 均获电动作，但电动机的转子均未转动或转得很慢，并发出"嗡嗡"声。

【故障分析】　采用逻辑分析法对故障现象进行分析可知，这是典型的电动机断相运行，其最小故障范围可用虚线表示，如图 2-12 所示。

【故障检修】　首先应按下停止按钮 SB3，使电动机迅速停止。然后以接触器 KM1 或 KM2 的主触点为分界点，与电源相接的静触点一侧采用量电法进行检测，观察其电压是否正常；而与电动机连接的动触点一侧，在停电的状态下，采用万用表的电阻档进行通路检测，如图 2-13 所示。

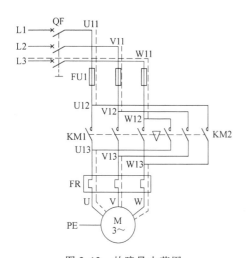

图 2-12　故障最小范围

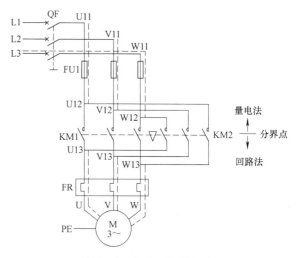

图 2-13　故障 1 检测方法

【故障现象 2】　按下正转起动按钮 SB1 后，接触器 KM1 获电动作，电动机运行正常；当按下反转起动按钮 SB2 后，接触器 KM2 获电动作，但电动机的转子未转动或转得很慢，并发出"嗡嗡"声。

【故障分析】　采用逻辑分析法对故障现象进行分析可知，其最小故障范围可用虚线表示，如图 2-14 所示。

【故障检修】　首先应按下停止按钮 SB3，使电动机迅速停止，然后以接触器 KM2 的主触点为分界点，与电源相接的静触点一侧采用量电法进行检测，观察其电压是否正常；而与

电动机连接的动触点一侧，在停电的状态下，采用万用表的电阻档进行通路检测，如图2-15所示。

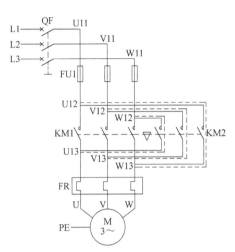

图 2-14　故障最小范围

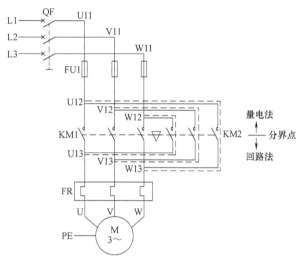

图 2-15　故障 2 检测方法

想—想练—练

若按下正转起动按钮 SB1 时，电动机的转子未转动或转得很慢，并发出"嗡嗡"声；但按下反转起动按钮 SB2 时，电动机运行正常。试画出故障最小范围，并说出故障检修。

【检查评议】

对任务实施的完成情况进行检查，并将结果填入任务测评表（参见表2-3）。

【问题及防治】

在学生进行接触器联锁正反转控制线路的安装、调试与维修过程中，时常会遇到如下问题：

问题 1：在进行接触器联锁正反转控制线路的接线时，误将接触器线圈与自身的常闭触点串联，错误的接线方式如图2-16所示。

后果及原因：不但起不到联锁作用，还会造成当按下起动按钮后出现控制线路时通时断的现象（即接触器跳动现象）。

预防措施：联锁触点不能用自身接触器的辅助常闭触点，而用对方接触器的辅助常闭触点，应把图中的两对触点对调。

问题 2：在进行接触器联锁正反转控制线路的接线时，误将接触器线圈与对方接触器的辅助常开触点串联，错误的接线方式如图2-17所示。

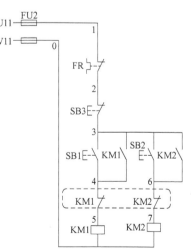

图 2-16　错误的接法

后果及原因：会造成当按下正、反转起动按钮 SB1 和 SB2 后，接触器 KM1 和 KM2 均不动作。

预防措施：联锁触点不能用常开触点。应把联锁触点换成辅助常闭触点。

问题 3：在进行接触器联锁正反转控制线路的接线时，误将自锁触点接成对方的辅助常开触点，如图 2-18 所示。

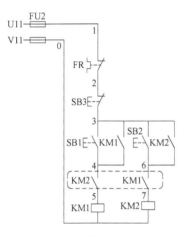

图 2-17　错误的接法

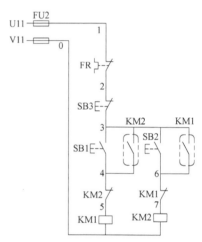

图 2-18　错误的接法

后果及原因：造成正反转控制不能连续运行，出现正反转点动现象。其原因是自锁触点用对方接触器的辅助常开触点，起不到自锁作用。

预防措施：若要使线路能连续工作，应把图中两对自锁触点换接。

【知识拓展】

三相异步电动机正反转控制线路应用相当广泛，以下介绍几种常见的三相异步电动机正反转控制线路，供读者参考。

1. 按钮联锁正反转控制线路

接触器联锁正反转控制线路，其优点是安全可靠，缺点是操作不便。当电动机从正转变为反转时，必须先按下停止按钮，才能按反转起动按钮，否则由于接触器的联锁作用，不能实现反转。为克服接触器联锁正反转控制线路操作不便的不足，可把正转按钮 SB1 和反转按钮 SB2 换成两个复合按钮，并使两个复合按钮的常闭触点代替接触器的联锁触点，这就构成了按钮联锁的正反转控制线路，如图 2-19 所示。

2. 双重联锁正反转控制线路

如图 2-20 所示是双重联锁正反转控制线路，该线路具有接触器联锁和按钮联锁电路的优点，操作方便，工作安全可靠，在生产实际中有广泛的应用。

3. 3 个接触器控制正反转控制线路

三个接触器控制正反转控制线路如图 2-21 所示。

4. 双重联锁正反转两地控制线路

双重联锁正反转两地控制线路如图 2-22 所示。

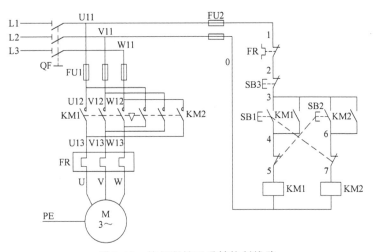

图 2-19　按钮联锁正反转控制线路

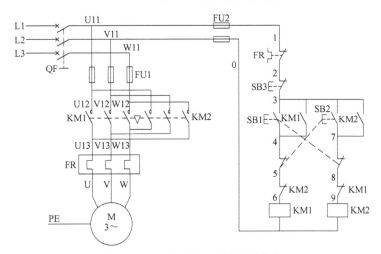

图 2-20　双重联锁正反转控制线路

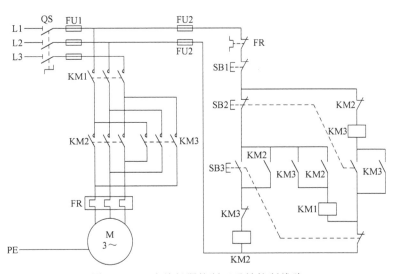

图 2-21　三个接触器控制正反转控制线路

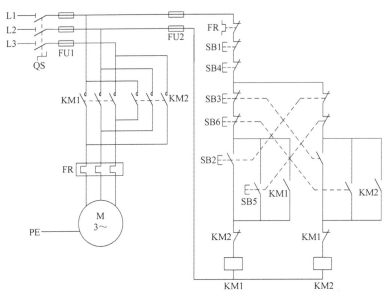

图 2-22　双重联锁正反转两地控制线路

5. 正反转点动与连续控制线路

正反转点动与连续控制线路如图 2-23 所示。

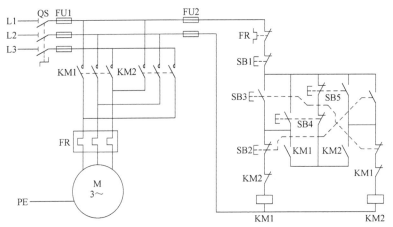

图 2-23　正反转点动与连续控制线路

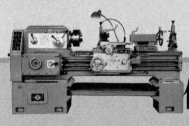

项目三

位置控制与自动往返循环控制线路的安装与维修

知识目标： 1. 掌握行程开关的结构、用途及工作原理和选用原则。

2. 正确理解位置控制线路的工作原理。

3. 能正确识读位置控制线路的原理图、接线图和布置图。

能力目标： 1. 会按照工艺要求正确安装位置控制线路。

2. 能根据故障现象，检修位置控制线路。

素质目标： 养成独立思考和动手操作的习惯，培养小组协调能力和互相学习的精神。

【工作任务】

在生产过程中，一些生产机械运动部件的行程或位置要受到限制，如在摇臂钻床、万能铣床、镗床、桥式起重机及各种自动或半自动控制的机床设备中就经常遇到这种控制，如图3-1所示为工厂车间里常采用的行车的位置控制线路。本次任务的主要内容是：学习行程开关的选择与检测方法，完成对位置控制线路的安装与检修。

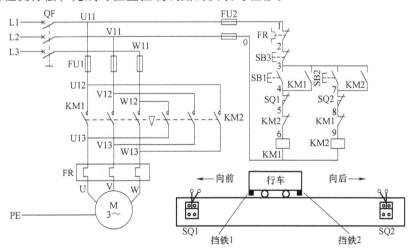

图 3-1　位置控制线路

【相关理论】

一、行程开关

行程开关是一种利用生产机械某些运动部件的碰撞来发出控制指令的主令电器，主要用于控制生产机械的运动方向、速度、行程大小或位置，是一种自动控制电器。其作用原理与按钮相同，区别在于它不是靠手指的按压使其触点动作，而是利用生产机械运动部件的碰压使其触头动作，从而将机械信号转变为电信号，使运动机械按一定的位置或行程实现自动停止、反向运动、变速运动或自动往返运动等。

机床中常用的行程开关有 LX19 和 JLXK1 等系列，各系列行程开关的基本结构大体相同，都是由操作机构、触点系统和外壳组成，如图 3-2a 所示，行程开关在电路图中的符号如图 3-2b 所示。

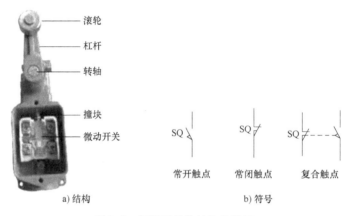

a) 结构   b) 符号

图 3-2   行程开关的结构及符号

（1）结构及符号   以某种行程开关元器件为基础，装配不同的操作机构，可以得到各种不同形式的行程开关，常见的有单轮旋转式行程开关、按钮式（直动式）行程开关和双轮旋转式行程开关，如图 3-3 所示。

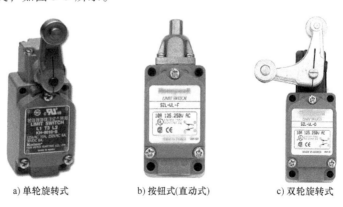

a) 单轮旋转式   b) 按钮式(直动式)   c) 双轮旋转式

图 3-3   行程开关外形图

（2）动作原理   当运动机械的挡铁撞到行程开关的滚轮上时，传动杠杆连同转轴一起转动，使滚轮撞动撞块，当撞块被压到一定位置时，推动微动开关快速动作，其常闭触点断开、常开触点闭合；滚轮上的挡铁移开后，复位弹簧就使行程开关各部分复位。单轮旋转式行程开关能自动复位，按钮式（直动式）也是依靠复位弹簧复位的。双轮旋转式行程开关不能自动复位，依靠运动机械反向移动时，挡铁碰撞另一侧滚轮时将其复位。

行程开关的触点类型有一常开一常闭、一常开二常闭、二常开一常闭、二常开二常闭等形式。动作方式可分为瞬动、蠕动和交叉从动式三种。动作后的复位方式有自动复位和非自动复位两种。

（3）型号意义 LX19 系列和 JLXK1 系列行程开关的型号及含义如下：

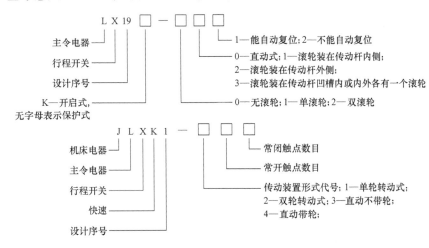

二、工作原理分析

如图 3-1 所示的位置控制线路的工作原理如下：

【起动控制】

首先合上电源开关 QF

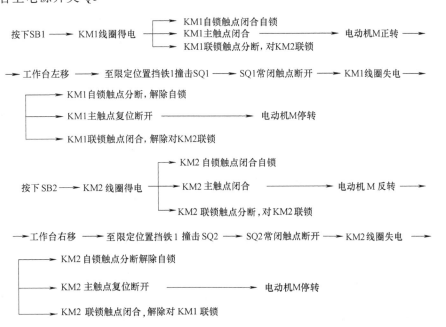

【停止控制】需要停止时,只需按下停止按钮 SB3 即可。

【任务准备】

实施本任务教学所使用的实训设备及工具材料可参考表 3-1。

表 3-1　实训设备及工具材料

序号	名称	型号规格	单位	数量	备注
1	电工常用工具		套	1	
2	万用表	MF47 型	块	1	
3	三相四线电源	AC3 × 380/220V,20A	处	1	
4	三相电动机	Y112M-4,4kW,380V,△联结;或自定	台	1	
5	配线板	500mm × 600mm × 20mm	块	1	
6	低压断路器	DZ5-20/330	只	1	
7	接触器	CJ10-20,线圈电压 380V,20 A	个	1	
8	熔断器 FU1	RL1-60/25,380V,60A,熔体配 25A	套	3	
9	熔断器 FU2	RL1-15/2,380V,15A,熔体配 2A	套	2	
10	热继电器	JR16-20/3,三极,20A	只	1	
11	按钮	LA10-3H	只	1	
12	位置开关	JLXK1-111,单轮旋转式	只	2	
13	木螺钉	$\phi3mm × 20mm;\phi3mm × 15mm$	个	30	
14	平垫圈	$\phi4mm$	个	30	
15	圆珠笔	自定	支	1	
16	主电路导线	BVR-1.5,1.5mm² (7 × 0.52mm)(黑色)	m	若干	
17	控制线路导线	BVR-1.0,1.0mm² (7 × 043mm)	m	若干	
18	按钮线	BVR-0.75,0.75mm²	m	若干	
19	接地线	BVR-1.5,1.5 mm² (黄绿双色)	m	若干	
20	行线槽	18mm × 25mm	m	若干	
21	编码套管	自定	m	若干	

【任务实施】

一、位置控制线路的安装与调试

1. 绘制元器件布置图和接线图

位置控制线路的元器件布置图和模拟实物接线图如图 3-4 所示。

2. 元器件规格、质量检查

1）根据表 3-1 检查其各元器件、耗材与表中的型号、规格是否一致。

2）检查各元器件的外观是否完整无损,附件、备件是否齐全。

3）用仪表检查各元器件和电动机的有关技术数据是否符合要求。

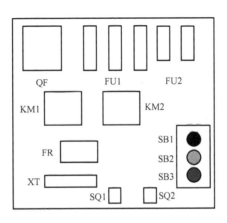

a) 元器件布置图

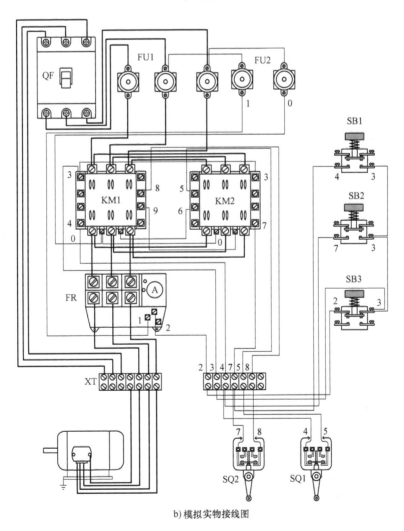

b) 模拟实物接线图

图 3-4　位置控制线路的元器件布置图和模拟实物接线图

3. 根据元器件布置图安装固定低压电器元件

当元器件检查完毕后，按照所绘制的元器件布置图安装和固定电器元件。安装和固定电器元件的步骤和方法与前面任务基本相同。在此仅就行程开关的安装和使用进行介绍。

1）行程开关安装时，安装位置要准确，安装要牢固；滚轮的方向不能装反，挡铁与其碰撞的位置应符合控制线路的要求，并确保能可靠地与挡铁碰撞。

2）行程开关在使用中，要定期检查和保养，除去油垢及粉尘，清理触点，经常检查其动作是否灵活、可靠，及时排除故障。防止因行程开关触点接触不良或接线松脱产生误动作而导致设备和人身安全事故。

4. 根据电气原理图和安装接线图进行行线槽配线

当元器件安装完毕后，按照如图3-1所示的原理图和如图3-4所示的模拟实物接线图进行板前行线槽配线。板前行线槽配线的工艺要求与前面任务有所不同，具体工艺要求如下。

（1）走线槽的安装工艺要求　安装走线槽时，应做到横平竖直、排列整齐匀称、安装牢固和便于走线等。

（2）板前行线槽配线工艺要求

1）所有导线的截面积在等于或大于 0.5mm^2 时，必须采用软线。考虑机械强度的原因，所用导线的最小截面积，在控制箱外为 1mm^2 ，在控制箱内为 0.75mm^2 。但对控制箱内通过很小电流的电路连线，如电子逻辑电路，可用 0.2mm^2 的，并且可以采用硬线，但只能用于不移动又无振动的场合。

2）布线时，严禁损伤线芯和导线绝缘。

3）各电器元件接线端子引出导线的走向，以元器件的水平中心线为界限，在水平中心线以上的接线端子引出的导线，必须进入元器件上面的走线槽；在水平中心线以下的接线端子引出的导线，必须进入元器件下面的走线槽。任何导线都不允许从水平方向进入走线槽内。

4）各电器元件接线端子上引出或引入的导线，除间距很小和元器件机械强度很差允许直接架空敷设外，其他导线必须经过走线槽进行连接。

5）进入走线槽内的导线要完全置于走线槽内，并应尽可能避免交叉，装线不要超过其容量的70%，以便于能盖上线槽盖和以后的装配及维修。

6）各电器元件与走线槽之间的外露导线，应走线合理，并尽可能做到横平竖直，变换走向要垂直。同一个电器元件上位置一致的端子和同型号电器元件中位置一致的端子上，引出或引入的导线，要敷设在同一平面上，并应做到高低一致或前后一致，不得交叉。

7）所有接线端子、导线线头上，都应套有与电路图上相应接点线号一致的编码套管，并按线号进行连接，连接必须牢靠，不得松动。

8）在任何情况下，接线端子都必须与导线截面积和材料性质相适应。当接线端子不适合连接软线或较小截面积的软线时，可以在导线端头穿上针形或叉形轧头并压紧。

9）一般一个接线端子只能连接一根导线，如果采用专门设计的端子，可以连接两根或多根导线，但导线的连接方式必须是公认的、在工艺上成熟的各种方式，如夹紧、压接、焊接、绕接等，并应严格按照连接工艺的工序要求进行。

如图3-5所示是本任务行线槽配线的实物图。

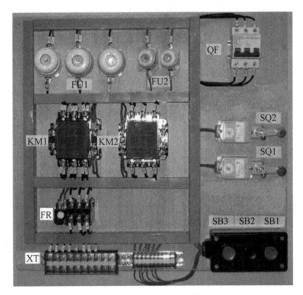

图 3-5　位置控制线路行线槽配线实物图

5. 电动机的连接

按照电动机铭牌上的接线方法，正确连接接线端子，然后将定子绕组的电源引入线接到接线端子的 U、V 和 W 端子上，最后连接电动机的保护接地线。

6. 自检

当电路安装完毕后，必须经过自检，并经指导教师确认无误后方可通电试车。自检的方法及步骤与前面任务相似，在此不再赘述，读者可自行分析。

7. 通电试车

学生通过自检和教师确认无误后，在教师的监护下进行通电试车。其操作方法和步骤如下：

（1）空操作试验　合上电源开关 QF，按照前面任务中双重联锁的正反转控制线路的试验步骤检查各控制、保护环节的动作。试验结果一切正常后，再操作按下 SB1 使 KM1 得电动作，然后用绝缘棒按下 SQ1 的滚轮，使其触点分断，则 KM1 应失电释放。用同样的方法检查 SQ2 对 KM2 的控制作用。反复操作几次，检查限位控制线路动作的可靠性。

（2）带负载试车　断开 QF，接好电动机接线，上好接触器的灭弧罩，合上 QF，做下述几项试验。

1）检查电动机转向。按下 SB1，电动机起动拖带设备上的运动部件开始移动，如移动方向为正方向（指向阳）则符合要求；如果运动部件向反方向移动，则应立即断电停车，否则限位控制线路不起作用，运动部件越过规定位置后继续移动，可能造成机械故障。将 QF 上端子处的任意两相电源线交换后，再接通电源试车。电动机的转向符合要求后，操作 SB2 使电动机拖动部件反向运动，检查 KM2 的改换相序作用。

2）检查行程开关的限位控制作用。做好停车的准备，起动电动机拖带设备正向运动，当部件移动到规定位置附近时，要注意观察挡块与行程开关 SQ1 滚轮的相对位置。SQ1 被挡块操作后，电动机应立即停车。按动反向起动按钮（SB2）时，电动机应能反向拖动部件返回。如出现挡块过高、过低或行程开关动作后不能控制电动机等异常情况，应立即断电停车进行检查。

3）反复操作几次，观察电路的动作和限位控制动作的可靠性。在部件的运动中可以随时操作按钮改变电动机的转向，以检查按钮的控制作用。

二、位置控制线路的故障现象分析及检修

位置控制线路的常见故障与前面任务中双重联锁正反转控制线路的常见故障相似，其电气故障分析和检测方法在此不再赘述，读者可自行分析。在此仅就限位控制部分故障进一步说明，详见表3-2。

表3-2　电路故障现象、原因及处理方法

故 障 现 象	可能的原因	处 理 方 法
挡铁碰撞行程开关SQ1（或SQ2）后，电动机不能停止	可能故障点是SQ1（或SQ2）不动作，其不动作的可能原因是： 1. 行程开关的紧固螺钉松动，使传动机构松动或发生偏移 2. 行程开关被撞坏，机构失灵；或有杂质进入开关内部，使机械被卡住等	1. 外观检查，行程开关固定螺钉的松动；按压并放开行程开关，查看行程开关机构动作是否灵活 2. 断开电源，用万用表的电阻档，将两支表笔连接在SQ1（或SQ2）常闭触点的两端，按压并放开行程开关，检查通断情况
挡铁碰撞到SQ1（或SQ2），电动机停止，再按下SB2（或SB1），电动机起动，挡铁碰撞到SQ2（或SQ1），电动机停止；再按下SB1（或SB2），电动机不起动运行	可能故障点是行程开关SQ1（或SQ2）不复位，其不复位的原因可能是 1. 行程开关不复位多因为运动部件或挡铁撞块超行程太多，机械失灵，开关被撞坏，杂质进入开关内部，使机械部分被卡住，开关复位弹簧失效，弹力不足使触点不能复位闭合 2. 触点表面不清洁、有污垢	1. 检查外观，是否因为运动部件或撞块超行程太多，造成行程开关机械损坏 2. 断开电源，打开行程开关检查触点表面是否清洁 3. 断开电源，用万用表的电阻档，将两支表笔连接在SQ1（或SQ2）常闭触点的两端，按压并放开行程开关，检查通断情况

【检查评议】

对任务实施的完成情况进行检查，并将结果填入任务测评表（参见表2-3）。

【问题及防治】

在学生进行位置控制线路的安装、调试与维修过程中，时常会遇到如下问题：

问题： 在进行位置控制线路的接线时，误将行程开关SQ1和SQ2的常闭触点接成常开触头点，如图3-6所示。

后果及原因： 在进行位置控制线路的接线时，误将行程开关SQ1和SQ2的常闭触点接成常开触点，不但起不到限位控制作用，还会造成电路无法正常起动，这是因为其常开触点将切断了正反转控制的回

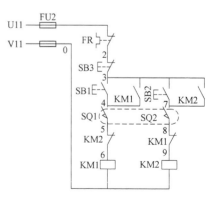

图3-6　错误的接法

路，导致接触器线圈无法得电。

预防措施： 限位控制的行程开关的触点不能用常开触点，而必须用常闭触点，应把图 3-6 中的两对常开触点换成常闭触点。

任务二　　自动往返循环控制线路的安装与维修

知识目标： 1. 正确理解自动往返循环控制线路的工作原理。
　　　　　　 2. 能正确识读自动往返循环控制线路的原理图、接线图和布置图。
能力目标： 1. 会按照工艺要求正确安装自动往返循环控制线路。
　　　　　　 2. 能根据故障现象，检修自动往返循环控制线路。
素质目标： 养成独立思考和动手操作的习惯，培养小组协调能力和互相学习的精神。

【工作任务】

在生产实际中有一些机械设备，如 B2012A 刨床工作台要求在一定行程内自动往返循环运动，X62W 铣床工作台在纵向进给中自动循环工作，以便实现对工件的连续加工，提高生产效率。这就需要电气控制线路能对电动机实现自动换接正反转控制。而这种利用机械运动触碰行程开关实现电动机自动换接正反转控制的电路，就是电动机自动往返循环控制线路，如图 3-7 所示。本次任务的主要内容是：完成对自动往返循环控制线路的安装与检修。

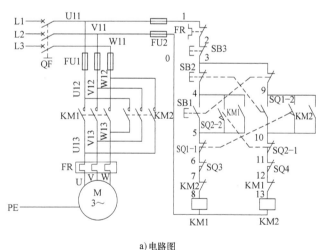

a) 电路图

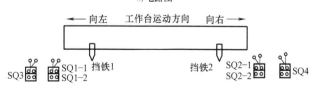

b) 工作台往返示意图

图 3-7　自动往返循环控制线路

【相关理论】

一、电路分析

从如图 3-7 所示的电路图中可看出，为了使电动机的正反转控制与工作台的左右运动相配合，在控制线路中设置了 4 个行程开关 SQ1、SQ2、SQ3 和 SQ4，并把它们安装在工作台所需限位的位置。其中 SQ1、SQ2 被用来自动切换电动机正反转控制线路，实现工作台的自动往返循环控制；SQ3 和 SQ4 被用来作终端保护，以防止 SQ1、SQ2 失灵，工作台越过限定位置而造成事故。在工作台边的 T 形槽中装有两块挡铁，挡铁 1 只能和 SQ1、SQ3 相碰撞，挡铁 2 只能和 SQ2、SQ4 相碰撞。当工作台运动到所限位置时，挡铁碰撞行程开关，使其触点动作，自动切换电动机正反转控制线路，通过机械传动机构使工作台自动往返循环运动。工作台的行程可通过移动挡铁位置来调节，拉开两块挡铁间的距离，行程就短，反之则长。

二、工作原理

图 3-7 所示的自动往返循环控制线路的工作原理如下：

先合上电源开关 QF。

【自动往返循环控制】

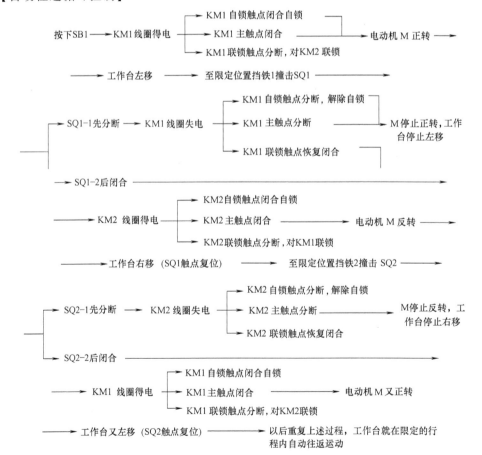

【停止控制】

按下 SB3→整个控制线路失电→KM1（或 KM2）主触点分断→电动机 M 失电停转

这里 SB1、SB2 分别作为正转起动按钮和反转起动按钮，若起动时工作台在左端，则应按下 SB2 进行起动。

【任务准备】

实施本任务教学所使用的实训设备及工具材料可参考表 3-3。

表 3-3　实训设备及工具材料

序号	名称	型号规格	单位	数量	备注
1	电工常用工具		套	1	
2	万用表	MF47 型	块	1	
3	三相四线电源	AC3×380/220V，20A	处	1	
4	三相电动机	Y112M-4，4kW，380V，△联结；或自定	台	1	
5	配线板	500mm×600mm×20mm	块	1	
6	低压断路器	DZ5-20/330	只	1	
7	接触器	CJ10-20，线圈电压 380V，20A	个	2	
8	熔断器 FU1	RL1-60/25，380V，60A，熔体配 25A	套	3	
9	熔断器 FU2	RL1-15/2，380V，15A，熔体配 2A	套	2	
10	热继电器	JR16-20/3，三极，20A	只	1	
11	按钮	LA10-3H	只	1	
12	位置开关	JLXK1-111，单轮旋转式	只	4	
13	木螺钉	$\phi3mm×20mm；\phi3mm×15mm$	个	30	
14	平垫圈	$\phi4mm$	个	30	
15	圆珠笔	自定	支	1	
16	主电路导线	BVR-1.5，$1.5mm^2$（7×0.52mm）（黑色）	m	若干	
17	控制线路导线	BVR-1.0，$1.0mm^2$（7×043mm）	m	若干	
18	按钮线	BVR-0.75，$0.75mm^2$	m	若干	
19	接地线	BVR-1.5，$1.5mm^2$（黄绿双色）	m	若干	
20	行线槽	18mm×25mm	m	若干	
21	编码套管	自定	m	若干	

【任务实施】

一、自动往返循环控制线路的安装与调试

1. 绘制元器件布置图和接线图

自动往返循环控制线路的元器件布置图和模拟实物接线图与位置控制线路相似，读者可自行绘制，在此不再赘述。

2. 元器件规格、质量检查

1）根据表 3-3 检查其各元器件、耗材与表中的型号、规格是否一致。

2）检查各元器件的外观是否完整无损，附件、备件是否齐全。

3）用仪表检查各元器件和电动机的有关技术数据是否符合要求。

3. 根据元器件布置图安装固定低压电器元件

当元器件检查完毕后，按照所绘制的元器件布置图安装和固定电器元件。安装和固定电器元件的步骤和方法与前面任务基本相同。在此值得注意的是：行程开关 SQ1 和 SQ2 的作用是行程控制，而行程开关 SQ3 和 SQ4 的作用是限位控制，这两组开关不可装反，否则会引起错误动作。

4. 根据电气原理图进行行线槽配线

当元器件安装完毕后，按照如图 3-7 所示的原理图进行板前行线槽配线。

5. 电动机的连接

按照电动机铭牌上的接线方法，正确连接接线端子，然后将定子绕组的电源引入线接到接线端子的 U、V 和 W 端子上，最后连接电动机的保护接地线。

6. 自检

当电路安装完毕后，必须经过自检，并经指导教师确认无误后方可通电试车。自检的方法及步骤与前面任务相似，在此仅就自动往返循环控制和限位控制的检测进行介绍。

1）检查正向行程控制。按下正向起动按钮 SB1 不要放开，应测得 KM1 线圈电阻值，再轻轻按下行程开关 SQ1 的滚轮，使其常闭触点分断（此时常开触点未接通），万用表应显示电路由通而断；然后松开按钮 SB1，再将行程开关 SQ1 的滚轮按到底，则应测得 KM2 线圈的电阻值。

2）检查反向行程控制。按下反向起动按钮 SB2 不放，应测得 KM2 线圈的电阻值；然后轻轻按下 SB2 的滚轮，使其常闭触点分断（此时常开触点未接通），万用表应显示电路由通而断；然后松开按钮 SB2，再将行程开关 SQ2 的滚轮按到底，则应测得 KM1 线圈的电阻值。

3）检查正、反向限位控制。按下正向起动按钮 SB1 测得 KM1 线圈的直流电阻值后，再按下限位开关 SQ3 的滚轮，应测出电路由通而断。同理，再按下反向起动按钮 SB2 测得 KM2 线圈的直流电阻值后，再按下限位开关 SQ4 的滚轮，也应测出电路由通而断。

4）检查行程开关的联锁作用。同时按下行程开关 SQ1 和 SQ2 的滚轮，测量的电阻值应为"∞"，此时正反转控制线路均处于断路状态。

7. 通电试车

学生通过自检和教师确认无误后，在教师的监护下进行通电试车。其操作方法和步骤如下：

（1）空操作试验

1）行程控制试验。按下正向起动按钮 SB1 使 KM1 得电动作后，用绝缘棒轻按 SQ1 滚轮，使其常闭触点分断，KM1 应释放，将 SQ1 滚轮继续按到底，则 KM2 得电动作；再用绝缘棒缓慢按下 SQ2 滚轮，则应先后看到 KM2 释放、KM1 得电动作。值得一提的是，行程开关 SQ1 及 SQ2 对电路的控制作用与正反转控制线路中的 SB1 及 SB2 类似，所不同的是它依靠工作台上的挡铁进行控制。反复试验几次以后检查行程控制动作的可靠性。

2）限位保护试验。按下正向起动按钮 SB1 使 KM1 得电动作后，用绝缘棒按下限位开关 SQ3 滚轮，KM1 应失电释放；再按下反向起动按钮 SB2 使 KM2 得电动作，然后按下限位开关 SB4 滚轮，KM2 应失电释放。反复试验几次，检查限位保护动作的可靠性。

（2）带负载试车　断开 QF，接好电动机接线，装好接触器的灭弧罩，做好立即停车的准备，合上 QF 进行以下几项试验。

1）检查电动机转动方向。操作正向起动按钮 SB1 起动电动机，若所拖动的部件向 SQ1 的方向移动，则电动机转向符合要求。如果电动机转向不符合要求，应断电后将 QF 下端的电源相线任意两根交换位置后接好，重新试车检查电动机转向。

2）正反向运行控制试验。交替操作 SB1、SB3 和 SB2、SB3，检查电动机转向是否受控制。

3）行程控制试验。做好立即停车的推备。起动电动机，观察设备上的运动部件在正、反两个方向的规定位置之间往返的情况，试验行程开关及电路动作的可靠性。如果部件到达行程开关，挡块已将开关滚轮压下而电动机不能停车，应立即断电停车进行检查，重点检查这个方向上的行程开关的接线、触点及有关接触器的触点动作，排除故障后重新试车。

4）限位控制试验。起动电动机，在设备运行中用绝缘棒按压该方向上的限位保护行程开关，电动机应断电停车，否则应检查限位行程开关的接线及其触点动作情况，排除故障后重新试车。

二、自动往返循环控制线路的故障现象分析及检修

1. 主电路的故障检修

自动往返循环控制线路主电路的故障现象和故障检修与前面任务中接触器联锁正反转控制线路主电路的故障现象和故障检修相同，在此不再赘述，读者可自行分析。

2. 控制线路的故障检修

【故障现象 1】当按下正、反向起动按钮 SB1 或 SB2 后，接触器 KM1 或 KM2 均未动作，电动机不转，工作台不运动。

【故障分析】采用逻辑分析法对故障现象进行分析可知，其最小故障范围可用虚线表示，如图 3-8 所示。

【故障检修】根据如图 3-8 所示的故障最小范围，可以采用电压测量法或者采用验电笔测量法进行检测。检测时可参照前面任务所介绍的方法进行操作，在此不再赘述。

【故障现象 2】当按下正向起动按钮 SB1 后，接触器 KM1 不动作，电动机不转，工作台不运动。但按下反向起动按钮 SB2 后，接触器 KM2 动作，电动机起动运行，工作台反向运动，当碰撞行程开关 SQ2 后，电动机停止，工作台停下，未进入正向运动状态。

【故障分析】采用逻辑分析法对故障现象进行分析可知，其最小故障范围可用虚线表示，如图 3-9 所示。

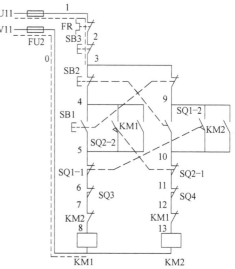

图 3-8　故障 1 的故障最小范围

【故障检修】 根据如图 3-9 所示的故障最小范围，可以采用电压测量法或者采用验电笔测量法进行检测。检测时可参照前面任务所介绍的方法进行操作，在此不再赘述。

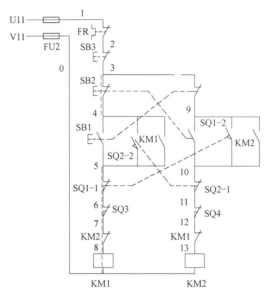

图 3-9　故障 2 的故障最小范围

想一想练一练

当按下反向起动按钮 SB2 后，接触器 KM2 不动作，电动机不转，工作台不运动。但按下正向起动按钮 SB1 后，接触器 KM1 动作，电动机起动运行，工作台正向运动，当碰撞行程开关 SQ1 后，电动机停止，工作台停下，未进入反向运动状态。试画出故障最小范围，并说出故障检修方法。

【检查评议】

对任务实施的完成情况进行检查，并将结果填入任务测评表（参见表 2-3）。

【问题及防治】

在学生进行自动往返循环控制线路的安装、调试与维修过程中，时常会遇到如下问题：

问题：在进行自动往返循环控制线路的接线时，误将行程开关 SQ1-1 和 SQ1-2（SQ2-1 和 SQ2-2）的常闭触点和常开触点接反，如图 3-10 所示。

后果及原因：在进行自动往返循环控制线路的接线时，误将行程开关 SQ1-1 和 SQ1-2（SQ2-1 和 SQ2-2）的常闭触点和常开触点接反，不但起不到自动循环控制作用，还会造成

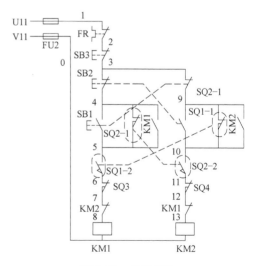

图 3-10　错误接法

线路无法正常起动，这是因为 SQ1-2 和 SQ2-2 常开触点将切断正反转控制的回路，导致接触器线圈无法得电。

预防措施：自动往返循环控制线路中的行程开关的常开触点与起动按钮并联，而常闭触点与接触器线圈串联，应把图中的两对常开触点换成常闭触点。

【知识拓展】

顺序控制线路

在装有多台电动机的生产机械上，各电动机所起的作用是不同的，有时需要按一定的顺序起动和停止，才能保证操作过程的合理和工作的安全可靠。要求几台电动机的起动或停止必须按一定的先后顺序来完成的控制方式，称为电动机的顺序控制。常见的顺序控制主要有两大类：一种通过在主电路上的控制来实现；另一种通过控制线路来实现。如图 3-11 所示就是通过控制线路来实现的顺起逆停顺序控制线路。

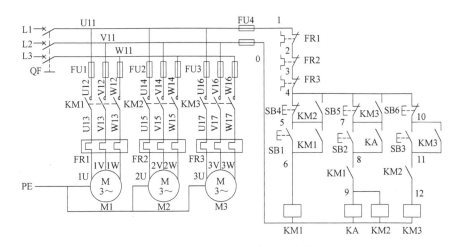

图 3-11　顺起逆停顺序控制线路

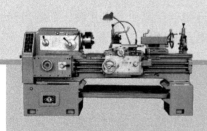

项目四

三相异步电动机减压起动控制线路的安装与维修

知识目标：1. 熟悉时间继电器的功能、基本结构、工作原理、型号及含义。

2. 正确理解三相异步电动机定子绕组串接电阻减压起动的工作原理。

3. 能正确识读定子绕组串接电阻减压起动控制线路的原理图、接线图和布置图。

能力目标：1. 可以进行时间继电器的选用与简单检修。

2. 可以按照工艺要求正确安装三相异步电动机定子绕组串接电阻减压起动控制线路。

3. 能根据故障现象，检修三相异步电动机定子绕组串接电阻减压起动控制线路。

素质目标：养成独立思考和动手操作的习惯，培养小组协调能力和互相学习的精神。

【工作任务】

定子绕组串接电阻减压起动是指在电动机起动时，把电阻串接在电动机定子绕组与电源之间，通过电阻的分压作用来降低定子绕组上的起动电压，待电动机起动后，再将电阻短接，使电动机在额定电压下正常运行。时间继电器自动控制定子绕组串接电阻减压起动控制线路如图 4-1 所示。本次任务的主要内容是：完成对时间继电器自动控制定子绕组串接电阻减压起动控制线路的安装与维修。

【相关理论】

一、减压起动控制线路

通常规定：电源变压器容量在 180kV·A 以上、电动机容量在 7kW 以下的三相异步电动机可常用直接起动，否则，需要进行减压起动。

减压起动是指利用起动设备将电压适当降低后，加到电动机的定子绕组上进行起动，待电动机起动运转后，再使其电压恢复到额定电压正常运行。

值得注意的是：由于电流随电压的降低而减小，虽然减压起动达到了减小起动电流的目

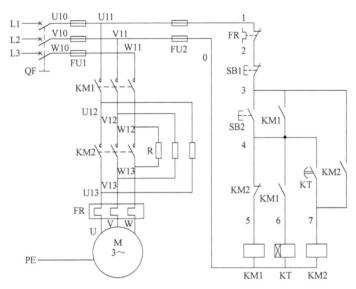

图 4-1 时间继电器自动控制定子绕组串接电阻减压起动控制线路

的，但是，由于电动机的转矩与电压的二次方成正比，所以减压起动也将导致电动机的起动转矩大为降低。因此减压起动需要在空载或轻载下进行。

常见的减压起动的方法有定子绕组串电阻减压起动、自耦变压器减压起动、丫-△减压起动和延边三角形减压起动等。

二、时间继电器

在得到动作信号后，能按照一定的时间要求控制触点动作的继电器，称为时间继电器。

时间继电器的种类很多，常用的主要有电磁式、电动式、空气阻尼式、晶体管式、单片机控制式等类型。其中，电磁式时间继电器的结构简单，价格低廉，但体积和重量大，延时时间较短，且只能用于直流断电延时；电动式时间继电器是利用同步微电机与特殊的电磁传动机械来产生延时的，延时精度高，延时可调范围大，但结构复杂，价格贵；空气阻尼式时间继电器延时精度不高，体积大，已逐步被晶体管式时间继电器取代；单片机控制式时间继电器是为了适应工业自动化控制水平越来越高而生产的，如 DHC6 多制式时间继电器，采用单片机控制，可以按要求任意选择控制模式，使控制线路最简单可靠。目前在电力拖动控制线路中，应用较多的是晶体管式时间继电器，如图 4-2 所示是几款时间继电器的外形图。

a) 晶体管式   b) 空气阻尼式   c) 电动式   d) 单片机控制式

图 4-2 时间继电器

晶体管式时间继电器也称为半导体时间继电器或电子式时间继电器，具有机械结构简单、延时范围宽、整定精度高、体积小、耐冲击和耐振动、消耗功率小、调整方便及寿命长等优点，所以发展迅速，已成为时间继电器的主流产品。

晶体管式时间继电器按结构分为阻容式和数字式两类；按延时方式分为通电延时型、断电延时型及带瞬动触点的通电延时型。

JS20系列晶体管时间继电器是全国推广的统一设计产品，适用于交流50Hz、电压380V及以下或直流电压220V及以下的控制线路中作延时元器件，按预定的时间接通或分断线路。

（1）结构　JS20系列晶体管时间继电器的外形如图4-2a所示，它具有保护外壳，其内部结构采用印制电路组件。安装和接线采用专用的插接座，并配有带插脚标记的下标牌作接线指示，上标盘上还带有发光二极管作为动作指示。结构形式有外接式、装置式和面板式三种。外接式的整定电位器可通过插座用导线接到所需的控制板上；装置式具有带接线端子的胶木底座；面板式采用通用八大脚插座，可直接安装在控制台的面板上，另外还带有延时刻度和延时旋钮供整定延时用。

（2）工作原理　它由电源、电容充放电电路、电压鉴别电路、输出和指示电路五部分组成。电源接通后，经整流滤波和稳压后的直流电，经过RP1和R2向电容C2充电。当场效应晶体管V6的栅源电压U_{gs}低于夹断电压U_p时，V6截止，因而V7、V8也处于截止状态。随着充电的不断进行，电容C2的电位按指数规律上升，当满足U_{gs}高于U_p时，V6导通，V7、V8也导通，继电器KA吸合，输出延时信号。同时电容C2通过R8和KA的常开触点放电，为下次动作做好准备。当切断电源时，继电器KA释放，电路恢复原始状态，等待下次动作。调节RP1和RP2即可调整延时时间。

（3）型号含义　JS20系列晶体管时间继电器的型号含义如下：

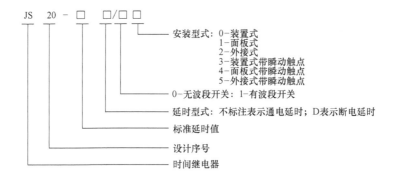

（4）时间继电器的图形及文字符号　时间继电器在电路图中的图形及文字符号如图4-3所示。

（5）适用场合　它适合当电磁式时间继电器不能满足要求时，或者当要求的延时精度较高时，或者控制回路相互协调需要无触点输出时使用。

三、电阻器

电阻器是具有一定电阻值的电器元件，电流通过时，在它上面将产生电压降。利用电阻器这一特性，可控制电动机的起动、制动及调速。用于控制电动机起动、制动及调速的电阻器与电子产品中的电阻器在用途上有较大的区别，电子产品中用到的电阻器一般功率较小，

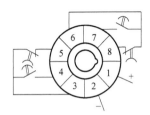

a) 接线示意图

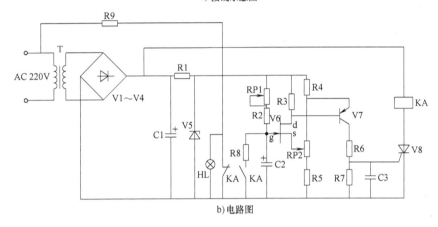

b) 电路图

图 4-3 SJ20 系列通电延时型时间继电器的接线示意图和电路图

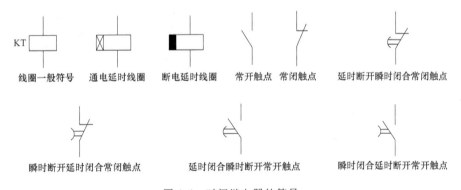

图 4-4 时间继电器的符号

发热量较低,一般不需要专门的散热设计;而用于控制电动机起动、制动及调速的电阻器的功率较大,一般为千瓦(kW)级,工作时发热量较大,需要有良好的散热性能,因此在外形结构上与电子产品中常用的电阻器有较大的差异。常用于控制电动机起动、制动及调速的电阻器有铸铁电阻器、板形(框架式)电阻器、铁铬合金电阻器和管形电阻器,常用的电阻器外形如图 4-5 所示。

电阻器的用途与分类见表 4-1。

表 4-1 电阻器的用途与分类

类型	型号	结构及特点	适用场合	备注
铸铁电阻器	ZX1	由浇铸或冲压成形的电阻片选装而成,取材方便,价格低廉,有良好的耐腐蚀性和较大的发热时间常数;但性脆易断,电阻值较小,温度系数较大,体积大而笨重	在交直流低压电路中,供电动机起动、调速、制动及放电等使用	

（续）

类型	型号	结构及特点	适用场合	备注
板形（框架式）电阻器	ZX2	在板形瓷质绝缘件上绕制的线状（ZX—2 型）或带状（ZX2—1 型）康铜电阻元器件，其特点是耐振动，具有较高的机械强度	同上，但较适用于要求耐振的场合	
铁铬铝合金电阻器	ZX9	由铁、铬、铝合金电阻带轧成波浪形式，电阻为敞开式，计算容量约为 4.6kW	适用于大、中容量电动机的起动、制动和调速	技术数据与 ZX1 基本相同，因而可取而代之
	ZX15	由铁、铬、铝合金带制成的螺旋式管状电阻元器件（ZY 型）装配而成，容量约为 4.6kW		
管形电阻器	ZG11	在陶瓷管上绕单层镍铜或镍铬合金电阻丝，表面经高温处理涂珐琅质保护层，电阻丝两端用电焊法连接多股绞合软铜线或连接紫铜导片作为引出端头 可调式管形电阻在珐琅表面开有使电阻丝裸露的窄槽，并装有供移动的调节夹	适用于电压不超过 500V 的低压电气设备的电路，供降低电压、电流用	

a) ZX1铸铁电阻器　　b) ZX12铁铬合金电阻器　　c) ZX2康铜电阻器　　d) ZX9铁铬铝合金电阻器

图 4-5　常用的电阻器外形

起动电阻 R 一般采用 ZX1、ZX2 系列铸铁电阻。铸铁电阻能够通过较大电流，功率大。

四、时间继电器自动控制定子绕组串接电阻减压起动控制线路

1. 线路组成

时间继电器自动控制定子绕组串接电阻减压起动控制线路如图 4-1 所示。在这个电路中，用接触器 KM2 取代了如图 4-6 所示线路中的组合开关 QS 来短接起动电阻 R，用时间继电器 KT 来控制电动机从减压起动到全压运行的时间，从而实现了自动控制。

2. 工作原理

如图 4-1 所示的时间继电器自动控制定子绕组串接电阻减压起动控制线路工作原理如下：

【减压起动控制】先合上电源开关 QF。

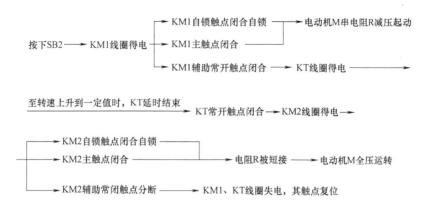

【停止控制】 停止时，按下 SB1 即可实现。

由以上分析可见，只要调整好时间继电器 KT 触点的动作时间，电动机由起动过程切换成运行过程就能准确可靠地自动完成。

串电阻减压起动的缺点是减小了电动机的起动转矩，同时起动时在电阻上功率消耗也较大。如果起动频繁，则电阻的温度很高，对于精密的机床会产生一定的影响，故目前这种减压起动的方法，在生产实际中的应用正在逐步减少。

【任务准备】

实施本任务教学所使用的实训设备及工具材料可参考表 4-2。

表 4-2　实训设备及工具材料

序号	名称	型号规格	单位	数量	备注
1	电工常用工具		套	1	
2	万用表	MF47 型	块	1	
3	三相四线电源	AC3×380/220V，20A	处	1	
4	三相电动机	Y112M-4，4kW，380V，△联结，或自定	台	1	
5	配线板	500mm×600mm×20mm	块	1	
6	低压断路器	DZ5-20/330	只	1	
7	接触器	CJ10-20，线圈电压 380V，20A	个	2	
8	熔断器 FU1	RL1-60/25，380V，60A，熔体配 25A	套	3	
9	熔断器 FU2	RL1-15/2，380V，15A，熔体配 2A	套	2	
10	热继电器	JR16-20/3，三极，20A	只	1	
11	按钮	LA10-2H	只	1	
12	时间继电器	JS20 或 JS7-2A	只	1	
13	电阻器	ZX2-2/0.7	只	3	
14	木螺钉	ϕ3mm×20mm；ϕ3mm×15mm	个	30	
15	平垫圈	ϕ4mm	个	30	
16	圆珠笔	自定	支	1	
17	主线路导线	BVR-1.5，1.5mm²（7×0.52mm）（黑色）	m	若干	
18	控制线路导线	BVR-1.0，1.0mm²（7×0.43mm）	m	若干	
19	按钮线	BVR-0.75，0.75mm²	m	若干	
20	接地线	BVR-1.5，1.5mm²（黄绿双色）	m	若干	
21	行线槽	18mm×25mm	m	若干	
22	编码套管	自定	m	若干	

【任务实施】

一、时间继电器自动控制定子绕组串接电阻减压起动控制线路的安装与调试

1. 绘制元器件布置图和接线图

时间继电器自动控制定子绕组串接电阻减压起动控制线路的元器件布置图和实物接线图读者可自行绘制，在此不再赘述。

2. 元器件规格、质量检查

1）根据表 4-2 检查其各元器件、耗材与表中的型号与规格是否一致。

2）检查各元器件的外观是否完整无损，附件、备件是否齐全。

3）用仪表检查各元器件和电动机的有关技术数据是否符合要求。

3. 根据元器件布置图安装固定低压电器元件

当元器件检查完毕后，按照所绘制的元器件布置图安装和固定电器元件。在此仅介绍时间继电器和起动电阻的安装与使用要求。

（1）时间继电器的安装与使用要求

1）时间继电器应按说明书规定的方向安装。无论是通电延时型还是断电延时型，都必须使继电器在断电后释放时衔铁的运动方向垂直向下，其倾斜度不得超过 5°。

2）时间继电器的整定值，应预先在不通电时整定好，并在试车时校正。

3）时间继电器金属底板上的接地螺钉必须与接地线可靠连接。

4）通电延时型和断电延时型可在整定时间内自行调换。

5）使用时，应经常清除灰尘及油污，否则延时误差将增大。

（2）起动电阻的安装与使用要求　起动电阻要安装在箱体内，并且要考虑其产生的热量对其他电器的影响。若将电阻器置于箱体外，必须采取遮护或隔离措施，以防止发生触电事故。

4. 根据电气原理图和安装接线图进行行线槽配线

当元器件安装完毕后，按照如图 4-1 所示的原理图和安装接线图进行板前行线槽配线。

5. 电动机的连接

按照电动机铭牌上的接线方法，正确连接接线端子，然后将电动机定子绕组的电源引入线接到接线端子的 U、V、W 端子上，最后连接电动机的保护接地线。

6. 自检

当线路安装完毕后，必须经过自检，并经指导教师确认无误后方可通电试车。自检的方法及步骤具体如下：

首先将万用表的的选择开关拨到电阻档（R×1 档），并进行校零。断开电源开关 QF，并摘下接触器灭弧罩。

（1）主电路的检测　将万用表的表笔跨接在 U11 和 U13 处，应测得电路处于电路断路状态，然后按下 KM1 的触点架，应测得 R 的电阻值，再按下 KM2 的触点架，由于 KM2 的主触点将电阻器 R 短接，则测得的阻值变小，万用表显示通路。依次分别在 V11、V13 和 W11、W13 之间重复进行测量，结果应相同。

（2）控制线路的检测

1）将万用表拨到电阻挡，表笔跨接在熔断器 FU2 的 0 和 1 之间的接线柱上，应测得的电阻是"∞"，电路处于开路状态。然后按下起动按钮 SB2 不放，应测得 KM1 线圈电阻值；再按下停止按钮 SB1，此时万用表的读数应显示电路由通而断。

2）按下 KM1 的触点架，此时应测得的电阻值是 KM1、KT 线圈电阻的并联值；然后松开 KM1 的触点架，万用表应显示电路由通而断；再按下 KM2 的触点架，此时应测得 KM2 线圈的电阻值。

7. 通电试车

学生通过自检和教师确认无误后，在教师的监护下进行通电试车。

二、时间继电器自动控制定子绕组串接电阻减压起动控制线路的故障现象分析及检修

1. 主电路的故障检修

时间继电器自动控制定子绕组串接电阻减压起动控制线路主电路的故障现象和故障检修与前面任务中主电路的故障现象和故障检修相似，在此不再赘述，读者可自行分析。

2. 控制线路的故障检修

【故障现象1】　当按下起动按钮 SB2 后，接触器 KM1 未动作，电动机未能串电阻减压起动。

【故障分析】　采用逻辑分析法对故障现象进行分析可知，其最小故障范围可用虚线，表示，如图 4-6 所示。

【故障检修】　根据如图 4-6 所示的故障最小范围，可以采用电压测量法或者采用验电笔测量法进行检测。检测方法可参照前面任务所介绍的方法进行操作，在此不再赘述。

【故障现象2】　当按下起动按钮 SB2 后，接触器 KM1 动作，时间继电器 KT 未动作，电动机未能转入全压运行。

【故障分析】　采用逻辑分析法对故障现象进行分析可知，其最小故障范围可用虚线表示，如图 4-7 所示。

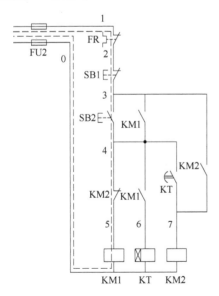

图 4-6　故障 1 的故障最小范围

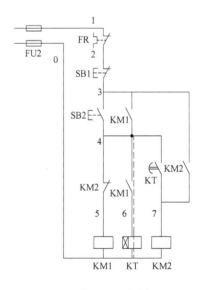

图 4-7　故障 2 的故障最小范围

【故障检修】 根据如图 4-7 所示的故障最小范围，检测时，首先按下停止按钮 SB1，然后采用验电笔测量法对 KM1 的辅助常开触点的两端（4 号线和 6 号线）进行检测，若两端有电都正常，则故障一定是由 KM1 辅助常开触点接触不良引起的。若验电笔显示的亮度不正常，则故障点落在与 KM1 的辅助常开触点连接的时间继电器控制回路上，检测时可参照前面任务所介绍的方法进行操作，在此不再赘述。

想—想练—练

当按下起动按钮 SB2 后，接触器 KM1 动作，时间继电器 KT 动作，延时 5s 后，接触器 KM1 未断开，电动机始终处于减压起动状态，未能转入全压运行。试画出故障最小范围，并说出故障检修方法。

【检查评议】

对任务实施的完成情况进行检查，并将结果填入任务测评表（参见表 2-3）。

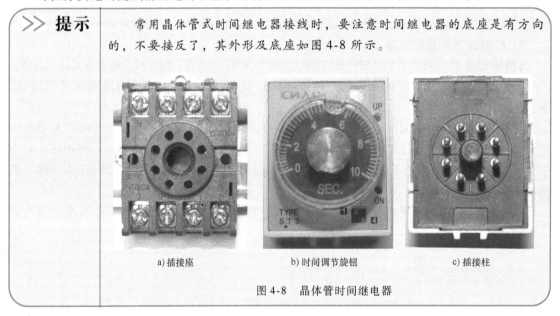

>> **提示** 常用晶体管式时间继电器接线时，要注意时间继电器的底座是有方向的，不要接反了，其外形及底座如图 4-8 所示。

a) 插接座　　　　　b) 时间调节旋钮　　　　　c) 插接柱

图 4-8　晶体管时间继电器

【知识拓展】

一、JS7-A 系列空气阻尼式时间继电器

空气阻尼式时间继电器又称气囊式时间继电器，其外形和结构如图 4-9 所示，主要由电磁系统、延时机构和触点系统三部分组成。根据触点延时的特点，可分为通电延时动作型和断电延时复位型两种。

1. 结构

JS7-A 系列空气阻尼式时间继电器是利用气囊中的空气通过小孔节流的原理来获得延时动作的，其结构原理示意图如图 4-10 所示。

2. 符号及型号

其符号及型号的含义与晶体管时间继电器基本相同。空气阻尼式时间继电器的特点是延时范

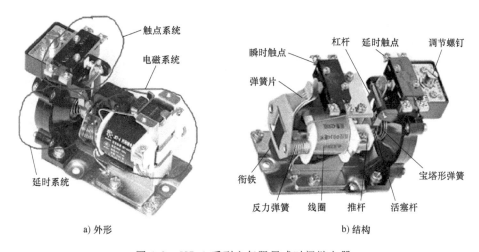

图 4-9　JS7-A 系列空气阻尼式时间继电器

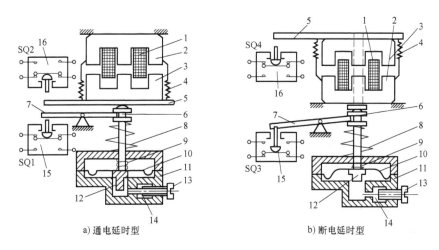

图 4-10　JS7-A 型时间继电器的结构原理
1—线圈　2—铁心　3—衔铁　4—反力弹簧　5—推板　6—活塞杆　7—杠杆　8—塔形弹簧
9—弱弹簧　10—橡皮膜　11—空气室　12—活塞　13—调节螺钉　14—进气孔　15、16—微动开关

围大（0.4～180s），结构简单，价格低，使用寿命长，但整定精度往往较差，只适用于一般场合。

二、中间继电器

中间继电器是用来增加控制线路中的信号数量或将信号放大的继电器，其输入信号是线圈的通电和断电，输出信号是触点的动作。

1. 中间继电器的结构及符号

中间继电器的结构及工作原理与接触器基本相同，因而中间继电器又称接触器式继电器。但中间继电器的触点对数多，且没有主、辅触点之分，各对触点允许通过的电流大小相同，多数为 5A。因此，对于工作电流小于 5A 的电气控制线路，可用中间继电器代替接触器来控制。

常见的中间继电器有 JZ7、JZ14、JZ15 等系列，如图 4-11 所示。其中 JZ7 系列为交流中间继电器，其结构及符号如图 4-12 所示。

a) JZ7系列   b) JZ14系列   c) JZ15系列

图 4-11   中间继电器

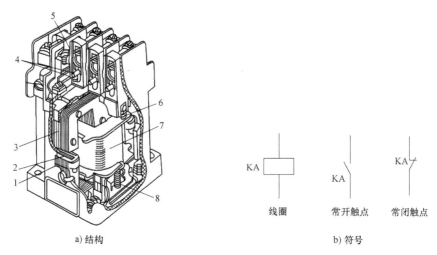

a) 结构   b) 符号

图 4-12   JZ7 系列交流中间继电器

1—静铁心   2—短路环   3—衔铁   4—常开触点   5—常闭触点
6—反作用弹簧   7—线圈   8—缓冲弹簧

2. 型号意义

中间继电器的型号意义如下：

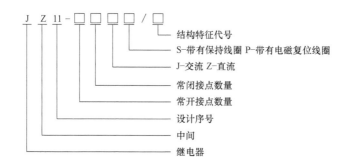

三、自耦变压器（补偿器）减压起动

自耦变压器（补偿器）减压起动是在起动时利用自耦变压器降低定子绕组上的起动电

压，达到限制起动电流的目的，当完成起动后，再将自耦变压器切换掉，使电动机直接与电源连接全压运行。

一般常用的手动自耦减压起动器有 QJD3 系列油浸式和 QJ10 系列空气式两种。如图4-13所示是 QJD3 系列手动自耦减压起动器的外形图、结构图和电路图。

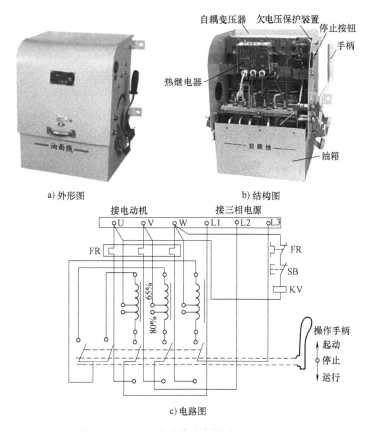

图 4-13　QJD3 系列手动自耦减压起动器

自耦变压器减压起动的优点是起动转矩和起动电流可以调节，缺点是设备庞大，成本较高。因此，这种减压起动方法适用于额定电压为 220/380V、△/丫联结、容量较大的三相异步电动机的减压起动。

任务二　丫-△减压起动控制线路的安装与维修

知识目标： 1. 正确理解三相异步电动机 丫-△减压起动控制线路的工作原理。
　　　　　　2. 能正确识读 丫-△减压起动控制线路的原理图、接线图和布置图。
能力目标： 1. 会按照工艺要求正确安装三相异步电动机 丫-△减压起动控制线路。
　　　　　　2. 能根据故障现象，检修三相异步电动机 丫-△减压起动控制线路。
素质目标： 养成独立思考和动手操作的习惯，培养小组协调能力和互相学习的精神。

【工作任务】

在实际生产中，如 M7475B 型平面磨床上的砂轮电动机，由于电动机功率较大，又是△联结，为了限制电动机的起动电流，采用的是丫-△减压起动。如图 4-14 所示就是典型的时间继电器控制丫-△减压起动控制线路。本次任务的主要内容是：完成对时间继电器自动控制丫-△减压起动控制线路的安装与检修。

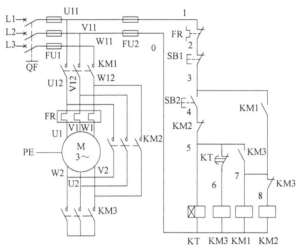

图 4-14　时间继电器自动控制丫-△减压起动控制线路

【相关理论】

时间继电器自动控制丫-△减压起动线路如图 4-14 所示。

1. 线路原理

首先合上电源开关 QF，然后按下减压起动按钮 SB2，KM3 线圈得电，KM3 动合触点闭合，KM1 线圈得电，KM1 自锁触点闭合自锁、KM1 主触点闭合；同时，KM3 线圈得电后，KM3 主触点闭合；电动机 M 接成丫形减压起动；KM3 联锁触点分断对 KM2 联锁；在 KM3 线圈得电的同时，时间继电器 KT 线圈得电，延时开始，当电动机 M 的转速上升到一定值时，KT 延时结束，KT 动断触点分断，KM3 线圈失电，KM3 动合触点分断；KM3 主触点分断，解除丫联结；KM3 联锁触点闭合，KM2 线圈得电，KM2 联锁触点分断对 KM3 联锁；同时 KT 线圈失电，KT 动断触点瞬时闭合，KM2 主触点闭合，电动机 M 接成△联结全压运行。

停止时，按下 SB1 即可。

2. 线路特点

该线路中，接触器 KM3 得电以后，通过 KM3 的辅助常开触点使接触器 KM1 得电动作，这样 KM3 的主触点是在无负载的条件下进行闭合的，故可延长接触器 KM3 主触点的使用寿命。

【任务准备】

实施本任务教学所使用的实训设备及工具材料可参考表 4-3。

表 4-3　实训设备及工具材料

序号	名称	型号规格	单位	数量	备注
1	电工常用工具		套	1	
2	万用表	MF47 型	块	1	
3	三相四线电源	AC3 × 380/220V,20A	处	1	
4	三相电动机	Y112M-4,4kW,380V,△联结;或自定	台	1	
5	配线板	500mm × 600mm × 20mm	块	1	
6	低压断路器	DZ5-20/330	只	1	
7	接触器	CJ10-20,线圈电压 380V,20A	个	3	
8	熔断器 FU1	RL1-60/25,380V,60A,熔体配 25A	套	3	
9	熔断器 FU2	RL1-15/2,380V,15A,熔体配 2A	套	2	
10	热继电器	JR16-20/3,三极,20A	只	1	
11	按钮	LA10-2H	只	1	
12	时间继电器	JS20 或 JS7-4A	只	1	
13	木螺钉	$\phi3mm × 20mm;\phi3mm × 15mm$	个	30	
14	平垫圈	$\phi4mm$	个	30	
15	圆珠笔	自定	支	1	
16	主电路导线	BVR-1.5,1.5mm^2(7 × 0.52mm)(黑色)	m	若干	
17	控制线路导线	BVR-1.0,1.0mm^2(7 × 0.43mm)	m	若干	
18	按钮线	BVR-0.75,0.75mm^2	m	若干	
19	接地线	BVR-1.5,1.5 mm^2(黄绿双色)	m	若干	
20	行线槽	18mm × 25mm	m	若干	
21	编码套管	自定	m	若干	

【任务实施】

一、时间继电器自动控制Y-△减压起动控制线路的安装与调试

1. 绘制元器件布置图和接线图

根据如图 4-14 所示时间继电器自动控制Y-△减压起动控制线路原理图,读者可自行绘制其元器件布置图和实物接线图,在此不再赘述。

2. 元器件规格、质量检查

1) 根据表 4-3 检查其各元器件、耗材与表中的型号、规格是否一致。

2) 检查各元器件的外观是否完整无损,附件、备件是否齐全。

3) 用仪表检查各元器件和电动机的有关技术数据是否符合要求。

3. 根据元器件布置图安装固定低压电器元件

当元器件检查完毕后,按照所绘制的元器件布置图安装和固定电器元件。

4. 根据电气原理图和安装接线图进行行线槽配线

当元器件安装完毕后,按照如图 4-14 所示的原理图和安装接线图进行板前行线槽配线。接线效果图如图 4-15 所示。

5. 电动机的连接

按照电动机铭牌上的接线方法,正确连接接线端子,接线时,要保证电动机△联结的正

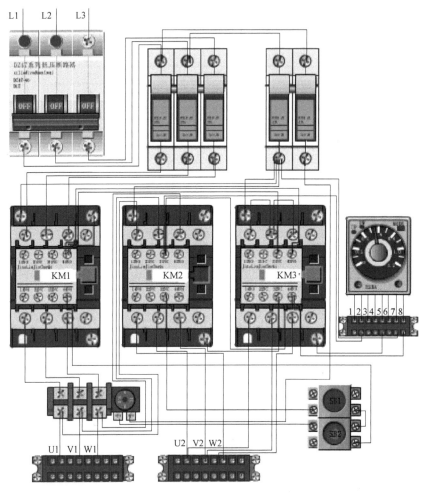

图 4-15　接线效果图

确性，即接触器主触点闭合时，应保证定子绕组的 U1 与 W2、V1 与 U2、W1 与 V2 相连接，最后连接电动机的保护接地线。

6. 自检

当线路安装完毕后，必须经过自检，并经指导教师确认无误后方可通电试车。自检的方法及步骤读者可自行分析，在此不再赘述。

>> **操作提示**

在进行时间继电器自动控制自耦变压器减压起动控制线路的安装时应注意以下几点：

1）时间继电器和热继电器的整定值，应在不通电时预先整定好，并在试车时校正。

2）时间继电器的安装位置，必须使继电器在断电后，动铁心释放时的运动方向垂直向下。

3）接线时，要保证电动机△联结的正确性，即接触器主触点闭合时，应保证定子绕组的 U1 与 W2、V1 与 U2、W1 与 V2 相连接。

二、时间继电器自动控制丫-△减压起动控制线路的故障现象分析及检修

1. 主电路的故障分析及检修

【故障现象1】 丫联结起动时电动机发出"嗡嗡"声，电动机的转速很慢，5s后转入△联结全压正常运行。

【故障分析】 这是典型的电动机丫联结起动断相运行。采用逻辑分析法对故障现象进行分析可知，其最小故障范围可用虚线表示，如图4-16所示。

【故障检修】 根据如图4-16所示的故障最小范围，首先切断电源，可以采用直流电阻测量法进行检测。检测时可参照前面任务所介绍的方法进行操作，在此不再赘述。

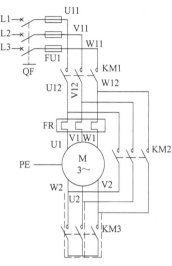

图4-16 故障1的最小故障范围

【故障现象2】 电动机丫联结起动时正常，5s后转入△联结全压运行时，电动机发出"嗡嗡"声，电动机的转速很慢。

【故障分析】 这是典型的电动机△联结运行断相运行。采用逻辑分析法对故障现象进行分析可知，其最小故障范围可用虚线表示，如图4-17所示。

【故障检修】 根据如图4-17所示的故障最小范围，首先切断电源，可以采用直流电阻测量法进行检测。检测方法是：将万用表的量程选到R×100，然后以接触器KM2的主触点为分界点，分别将万用表的表笔搭接在与KM2主触点相连接的U1U2、V1V2、W1W2的接线柱上，若三次测得回路的阻值都很小，则说明故障在KM2的主触点上；若测得的阻值不正常，说明故障在与KM2主触点连接的回路上，运用前面任务学过的方法可判断出故障点并排除故障。

【故障现象3】 无论是丫联结起动还是△联结运行，电动机都发出"嗡嗡"声，并且转速都很慢。

【故障分析】 这是典型的电动机丫-△减压起动断相运行。采用逻辑分析法对故障现象进行分析可知，其最小故障范围可用虚线表示，如图4-18所示。

【故障检修】 根据如图4-18所示的故障最小范围，首先按下停止按钮，可以采用电压测量法和直流电阻测量法进行检测。检测方法是：以接触器KM1的主触点为分界点，在主触点的上方采用电压测量法分别测量三相电源电压是否正常，如果正常说明故障出在了接触器KM1主触点上，具体检修过程读者可参照前面任务进行自行分析和检测。

2. 控制线路的故障分析与检修

丫-△减压起动控制线路的一般故障检修与前面任务所述的方法基本相同，在此仅就一些复杂的故障检修进行介绍。

【故障现象1】 按下起动按钮SB2后，KT动作，电动机丫联结起动，起动时间到，KM3线圈失电，电动机停止，不会转入△联结运行。

【故障分析】 采用逻辑分析法对故障现象进行分析可知，其最小故障范围可用虚线表示，如图4-19所示。

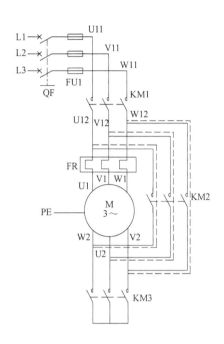

图 4-17 故障 2 的最小故障范围

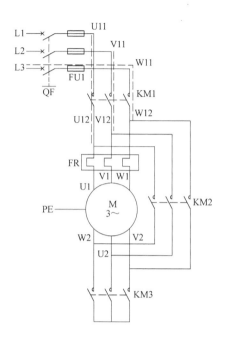

图 4-18 故障 3 的最小故障范围

【故障检修】 根据如图 4-19 所示的故障最小范围，首先按下停止按钮，然后断开 KM1 线圈回路，可以采用验电笔测量法进行检测。检测方法是：以接触器 KM3 的辅助常闭触点为分界点，用验电笔测量 KM3 辅助常闭触点（7-8）两端是否有电，来观察故障点，具体检修过程读者可参照前面任务进行自行分析和检测。

【故障现象 2】 按下起动按钮 SB2 后，KT、KM3 点动，KM1 不动作，电动机无Y联结起动，也无△联结起动。

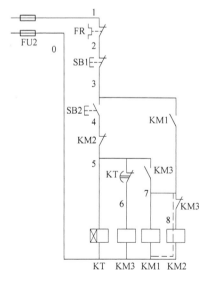

图 4-19 故障 1 的最小故障范围

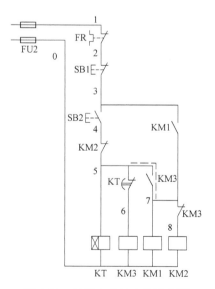

图 4-20 故障 2 的最小故障范围

【故障分析】 采用逻辑分析法对故障现象进行分析可知，其最小故障范围可用虚线表示，如图 4-22 所示。

【故障检修】 根据如图 4-20 所示的故障最小范围，首先按下停止按钮，采用验电笔测量法进行检测。检测方法是：以接触器 KM3 的辅助常开触点为分界点，用验电笔测量 KM3 辅助常闭触点（5-7）两端是否有电，来观察故障点，若两端的有电正常，则说明故障点在 KM3 辅助常闭触点（5-7）上，若不正常，故障点在与 KM3 辅助常闭触点（5-7）连接的导线上。

想一想练一练

按下起动按钮 SB2 后，KT 不动作，电动机 Y 联结起动，起动时间到，电动机继续保持 Y 联结运行，不会转入 △ 联结运行。试画出故障最小范围，并说出故障检修。

【检查评议】

对任务实施的完成情况进行检查，并将结果填入任务测评表（参见表 2-3）。

项目五

三相异步电动机制动控制线路的安装与维修

生产机械在电动机的拖动下运转，当电动机失电后，由于惯性作用电动机不可能立即停下来，而会继续转动一段时间才会完全停下来。这种现象一是会使生产机械的工作效率变低，二是对于某些生产机械是不适宜的。为了能使电动机迅速停转，满足生产机械的这种要求，就需要对电动机进行制动。

所谓制动，就是给电动机一个与转动方向相反的转矩使它迅速停转（或限制其转速）。制动的方法一般有两类：机械制动和电力制动。

任务一　电磁抱闸制动器断电制动控制线路的安装与维修

知识目标： 1. 熟悉电磁抱闸制动器的功能、基本结构、工作原理及型号含义。

2. 正确理解三相异步电动机电磁抱闸制动器制动控制线路的工作原理。

3. 能正确识读电磁抱闸制动器制动控制线路的原理图、接线图和布置图。

能力目标： 1. 学会电磁抱闸制动器的选用与简单检修。

2. 能按照工艺要求正确安装三相异步电动机电磁抱闸制动器制动控制线路。

3. 能根据故障现象，检修三相异步电动机电磁抱闸制动器制动控制线路。

素质目标： 养成独立思考和动手操作的习惯，培养小组协调能力和互相学习的精神。

【工作任务】

电动机断开电源后，利用机械装置产生的反作用力矩使其迅速停转的方法叫机械制动。机械制动常用的方法有电磁抱闸制动器制动和电磁离合器制动。如 X62W 万能铣床的主轴电动机就采用电磁离合器制动以实现准确停车。而在 20/5t 桥式起重机上，主钩、副钩、大车、小车全部采用电磁抱闸制动以保证电动机失电后的迅速停车。如图 5-1 所示为 20/5t 桥式起重机副钩上采用的电磁抱闸制动器断电制动控制线路。本次任务的主要内容是：完成对电磁抱闸制动器断电制动控制线路的安装与检修。

【相关理论】

一、电磁抱闸制动器

1. 结构及型号

（1）结构　制动电磁铁由铁心、衔铁和线圈三部分组成。闸瓦制动器包括闸轮、闸瓦、杠杆和弹簧等部分。如图 5-2 所示为常用的 MZD1 系列交流制动电磁铁与 TJ2 系列闸瓦制动器的外形，它们配合使用共同组成电磁抱闸制动器，其结构如图 5-3a 所示，图形符号如图 5-3b 所示。

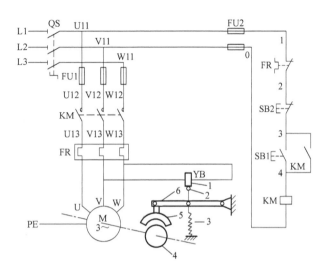

图 5-1　电磁抱闸制动器断电制动控制线路

1—线圈　2—衔铁　3—弹簧　4—闸轮　5—闸瓦　6—杠杆

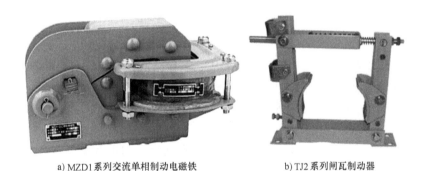

a) MZD1 系列交流单相制动电磁铁　　　　b) TJ2 系列闸瓦制动器

图 5-2　制动电磁铁与闸瓦制动器

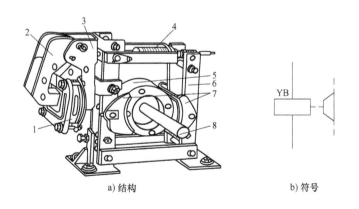

a) 结构　　　　　　　　　　　　　b) 符号

图 5-3　电磁抱闸制动器

1—线圈　2—衔铁　3—铁心　4—弹簧　5—闸轮　6—杠杆　7—闸瓦　8—轴

（2）型号　电磁铁和制动器的型号及其含义如下：

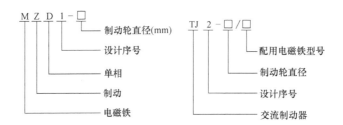

2. 工作原理

电磁抱闸制动器分为断电制动型和通电制动型两种。

断电制动型的工作原理：当制动电磁铁的线圈得电时，制动器的闸瓦与闸轮分开，无制动作用；当线圈失电时，制动器的闸瓦紧紧抱住闸轮制动。

通电制动型的工作原理：当制动电磁铁的线圈得电时，闸瓦紧紧抱住闸轮制动；当线圈失电时，制动器的闸瓦与闸轮分开，无制动作用。

二、电磁抱闸制动器断电制动控制线路

如图 5-1 所示为电磁抱闸断电制动控制线路。其工作原理如下：

1. 起动控制

首先合上电源开关 QS。按下起动按钮 SB1，接触器 KM 线圈得电，其自锁触点和主触点闭合，电动机 M 接通电源，同时电磁抱闸制动器 YB 线圈得电，衔铁与铁心吸合，衔铁克服弹簧拉力，迫使制动杠杆向上移动，从而使制动器的闸瓦与闸轮分开，电动机正常运转。

2. 制动控制

按下停止按钮 SB2，接触器 KM 线圈失电，其自锁触点和主触点分断，电动机 M 失电，同时电磁抱闸制动器 YB 线圈也失电，衔铁与铁心分开，在弹簧拉力的作用下，制动器的闸瓦紧紧抱住闸轮，使电动机被迅速制动而停转。

电磁抱闸制动器断电制动在起重机械上被广泛采用，其优点是能够准确定位，同时可防止电动机突然断电时，重物自行坠落，缺点是不经济。因为电磁抱闸制动器线圈耗电时间与电动机一样长。另外，由于电磁抱闸制动器在切断电源后的制动作用，使手动调整工件很困难，因此，对要求电动机制动后能调整工件位置的机床设备，可采用通电制动控制线路。

【任务准备】

实施本任务教学所使用的实训设备及工具材料可参考表 5-1。

表 5-1 实训设备及工具材料

序号	名称	型号规格	单位	数量	备注
1	电工常用工具		套	1	
2	万用表	MF47 型	块	1	
3	三相四线电源	AC3×380/220V，20A	处	1	

（续）

序号	名称	型号规格	单位	数量	备注
4	三相电动机	Y112M-4,4kW,380V,△联结;或自定	台	1	
5	配线板	500mm×600mm×20mm	块	1	
6	组合开关	HZ10-25/3	只	1	
7	接触器	CJ10-20,线圈电压380V,20A	个	1	
8	熔断器 FU1	RL1-60/25,380V,60A,熔体配25A	套	3	
9	熔断器 FU2	RL1-15/2,380V,15A,熔体配2A	套	2	
10	热继电器	JR16-20/3,三极,20A	只	1	
11	按钮	LA10-2H	只	1	
12	制动电磁铁	TJ2-200(配以 MZD1-200 电磁铁)	台	1	
13	木螺钉	ϕ3mm×20mm;ϕ3mm×15mm	个	30	
14	平垫圈	ϕ4mm	个	30	
15	圆珠笔	自定	支	1	
16	主电路导线	BVR-1.5,1.5mm^2(7×0.52mm)(黑色)	m	若干	
17	控制线路导线	BVR-1.0,1.0mm^2(7×0.43mm)	m	若干	
18	按钮线	BVR-0.75,0.75mm^2	m	若干	
19	接地线	BVR-1.5,1.5mm^2(黄绿双色)	m	若干	
20	行线槽	18mm×25mm	m	若干	
21	编码套管	自定	m	若干	

【任务实施】

一、电磁抱闸制动器断电制动控制线路的安装与调试

1. 绘制元器件布置图和接线图

电磁抱闸制动器断电制动控制线路的元器件布置图和实物接线图请读者自行绘制，在此不再赘述。

2. 元器件规格、质量检查

1）根据表 5-1 检查其各元器件、耗材与表中的型号与规格是否一致。

2）检查各元器件的外观是否完整无损，附件、备件是否齐全。

3）用仪表检查各元器件和电动机的有关技术数据是否符合要求。

3. 根据元器件布置图安装固定低压电器元件

当元器件检查完毕后，按照所绘制的元器件布置图安装和固定电器元件。在此仅介绍电磁抱闸制动器的安装与调整。

1）电磁抱闸制动器必须与电动机一起安装在固定的底座或座墩上，其地脚螺栓必须拧紧，且有防松措施；电动机轴伸出端上的制动闸轮必须与闸瓦制动器的抱闸机构在同一平面上，而且轴心要一致。

2）电磁抱闸制动器安装后，必须在切断电源的情况下先进行粗调，然后在通电车时再进行微调。粗调时以断电状态下用外力转不动电动机的转轴，而当用外力将制动电磁铁吸合后，电动机转轴能自由转动为合格。

4. 根据电气原理图和安装接线图进行行线槽配线

当元器件安装完毕后，按照如图 5-1 所示的原理图和安装接线图进行板前行线槽配线。

5. 电动机的连接

按照电动机铭牌上的接线方法，正确连接接线端子，然后将电动机定子绕组的电源引入线接到接线端子的 U、V、W 的端子上，最后连接电动机的保护接地线。

6. 自检

当线路安装完毕后，在通电试车前必须经过自检，并经指导教师确认无误后方可通电试车。其自检的方法及步骤与前面任务基本相同，不同点是在热继电器的下端 V 和 W 之间连接有电磁制动器线圈，重点检查线圈的通断情况。

7. 通电试车

学生通过自检和教师确认无误后，可在教师的监护下通电试车。

二、电磁抱闸制动器断电制动控制线路的故障现象分析及检查方法

由于电磁抱闸制动器断电制动控制线路与接触器自锁线路基本相同，其电气故障的检测方法也基本相同，在此仅就制动方面的故障进行介绍，其故障现象分析及检修方法见表 5-2。

表 5-2　故障现象、原因分析及检查方法

故障现象	原因分析	检查方法
电动机起动后,电磁抱闸制动器闸瓦与闸轮过热	闸瓦与闸轮的间距没有调整好,间距太小,造成闸瓦与闸轮有摩擦	检查闸瓦与闸轮的间距,调整间距后起动电动机一段时间后,停车再检查闸瓦与闸轮过热是否消失
电动机断电后不能立即制动	闸瓦与闸轮的间距过大	检查并调整小闸瓦与闸轮的间距,调整间距后起动电动机,停车检查制动情况
电动机堵转	电磁抱闸制动器的线圈损坏或线圈连接线路断路,造成抱闸装置在通电的情况下没有放开	断开电源,拆下电动机的连接线;用电阻法或校验灯法检查故障点

【检查评议】

对任务实施的完成情况进行检查，并将结果填入任务测评表（参见表 2-3）。

【知识拓展】

电磁离合器

电磁离合器制动的原理和电磁抱闸制动器的制动原理相似，所不同的是：电磁离合器是利用动、静摩擦片之间产生足够大的摩擦力，使电动机断电后立即制动的。

1. 电磁离合器的结构

电磁离合器的结构如图 5-4 所示。

2. 电气控制线路

电磁离合器的制动控制线路与电磁抱闸断电控制线路基本相同。

3. 制动原理

电磁离合器制动的原理为：电动机断电时，线圈失电，制动弹簧将静摩擦片紧紧地压在

a) 外形图　　　　　　　　　　　b) 结构示意图

图 5-4　断电制动型电磁离合器的外形图和结构示意图

1—键　2—绳轮轴　3—法兰　4—制动弹簧　5—动铁心

6—励磁线圈　7—静铁心　8—静摩擦片　9—动摩擦片

动摩擦片上，此时电动机通过绳轮轴被制动。当电动机通电运转时，线圈也同时得电，电磁铁的动铁心被静铁心吸合，使静摩擦片分开，于是动摩擦片连同绳轮轴在电动机的带动下正常起动运转。当电动机切断电源时，线圈也同时失电，制动弹簧立即将静摩擦片连同铁心推向转着的动摩擦片，强大的弹簧张力迫使动、静摩擦片之间产生足够大的摩擦力，使电动机断电后立即受制动停转。

任务二　反接制动控制线路的安装与维修

> 知识目标：1. 熟悉速度继电器的功能、基本结构、工作原理及型号含义。
> 　　　　　2. 正确理解三相异步电动机反接制动控制线路的工作原理。
> 　　　　　3. 能正确识读反接制动控制线路的原理图、接线图和布置图。
> 能力目标：1. 会按照工艺要求正确安装三相异步电动机反接制动控制线路。
> 　　　　　2. 能根据故障现象，检修三相异步电动机反接制动控制线路。
> 素质目标：养成独立思考和动手操作的习惯，培养小组协调能力和互相学习的精神。

【工作任务】

电力制动是指使电动机在切断定子电源停转的过程中，产生一个和电动机实际旋转方向相反的电磁力矩（制动力矩），迫使电动机迅速制动停转的方法。电力制动常用的方法有：反接制动、能耗制动、电容制动和再生发电制动等。

如图 5-5 所示为单向起动反接制动控制线路。本次任务的主要内容是：完成对单向起动反接制动控制线路的安装与检修。

【相关理论】

一、反接制动

依靠改变电动机定子绕组的电源相序来产生制动力矩，迫使电动机迅速停转的方法称为

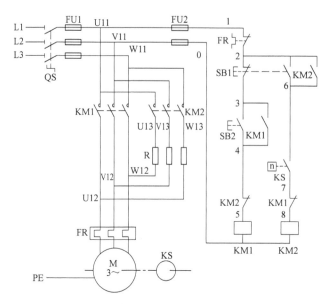

图 5-5　单向起动反接制动控制线路

反接制动。反接制动的原理图如图 5-6 所示。当电动机为正常运行时，电动机定子绕组的电源相序为 L1-L2-L3，电动机将沿旋转磁场方向以 $n < n_1$ 的速度正常运转。当电动机需要停转时，可拉开开关 QS，使电动机先脱离电源（此时转子仍按原方向旋转），当将开关迅速向下投合时，使电动机三相电源的相序发生改变，旋转磁场反转，此时转子将以 $n_1 + n$ 的相对速度沿原转动方向切割旋转磁场，在转子绕组中产生感应电流，其方向可由左手定则判断出来，可见此转矩方向与电动机的转动方向相反，使电动机受制动迅速停转。

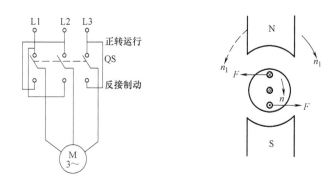

图 5-6　反接制动原理图

值得注意的是：当电动机转速接近零值时，应立即切断电动机的电源，否则电动机将反转。在反接制动设备中，为保证电动机的转速被制动到接近零值时能迅速切断电源，防止反向起动，常利用速度继电器来自动地及时切断电源。

二、速度继电器

速度继电器是反映转速和转向的继电器，其主要作用是以旋转速度的快慢为指令信号，与接触器配合实现对电动机的反接制动控制，故又称为反接制动继电器。

1. 型号意义

常用速度继电器的型号及其含义如下：

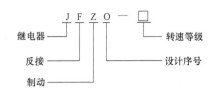

继电器 — J
反接 — F
制动 — Z
O — 设计序号
□ — 转速等级

2. 结构及工作原理

如图 5-7 所示为常用的 JY1 型速度继电器的结构和工作原理。它主要由定子、转子、可动支架、触点系统及端盖等部分组成。转子由永久磁铁制成，固定在转轴上；定子由硅钢片叠成并装有笼型短路绕组，能作小范围偏转；触点系统由两组转换触点组成，一组在转子正转时动作，另一组在转子反转时动作。

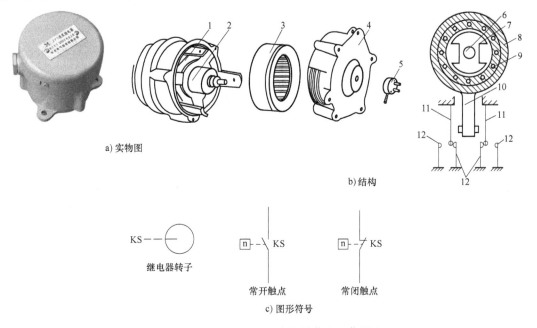

a) 实物图

b) 结构

KS —○— 继电器转子

n ———\— KS　常开触点

n ——/— KS　常闭触点

c) 图形符号

图 5-7　JY1 型速度继电器的结构和工作原理

1—可动支架　2—转子　3—定子　4—端盖　5—连接头　6—电动机轴　7—转子（永久磁铁）
8—定子　9—定子绕组　10—胶木摆杆　11—簧片（动触点）　12—静触点

当电动机旋转时，带动与电动机同轴相连的速度继电器的转子旋转，相当于在空间中产生旋转磁场；从而在定子笼型短路绕组中产生感应电流，感应电流与永久磁铁的旋转磁场相互作用，产生电磁转矩，使定子随永久磁铁转动的方向偏转，与定子相连的胶木摆杆也随之偏转。当定子偏转到一定角度，胶木摆杆推动簧片，使继电器的触点动作。

当转子转速减小到零时，由于定子的电磁转矩减小，胶木摆杆恢复原状态，触点随即复位。

速度继电器的动作转速一般不低于 $100 \sim 300 \text{r/min}$，复位速度约在 100r/min 以下。常用的速度继电器中，JY1 型能在 3000r/min 以下可靠地工作，JFZO 型速度继电器的两组触点改用两个微动开关，使其触点的动作速度不受定子偏转速度的影响。额定工作转速有 300～1000r/min（JFZ0—1 型）和 1000～3600r/min（JFZ0—2 型）两种。

三、电动机单向起动反接制动控制线路分析

1. 电路组成

如图 5-5 所示为电动机单向起动反接制动控制线路，反接制动属于电力制动。电路的主电路和正反转控制线路的主电路基本相同，只是在反接制动时增加了 3 个限流电阻 R。线路中 KM1 为正转运行接触器，KM2 为反接制动接触器，KS 为速度继电器，其轴与电动机轴相连（图 5-7 中用点画线表示）。

2. 工作原理

线路的工作原理如下：先合上电源开关 QS。

【单向起动控制】

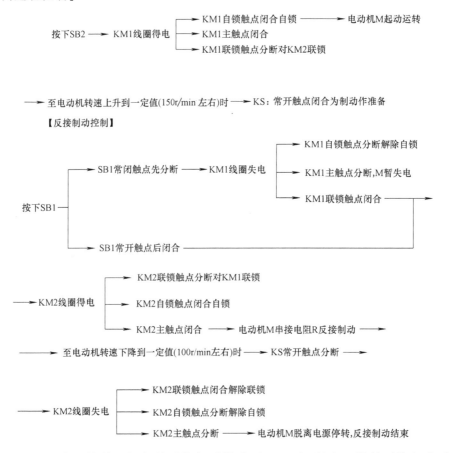

反接制动时，由于旋转磁场与转子的相对转速（$n_1 + n$）很高，故转子绕组中感应电流很大，致使定子绕组中的电流很大，一般约为电动机额定电流的 10 倍左右。因此，反接制动适用于 10kW 以下小容量电动机的制动，并且对 4.5kW 以上的电动机进行反接制动时，需在定子绕组回路中串入限流电阻 R，以限制反接制动电流。

反接制动的优点是制动力强，制动迅速，缺点是制动准确性差，制动过程中冲击强烈，易损坏传动零件，制动能量消耗大，不宜经常制动。因此，反接制动一般适用于制动要求迅速、

系统惯性较大、不经常起动与制动的场合，如铣床、镗床、中型车床等主轴的制动控制。

【任务准备】

实施本任务教学所使用的实训设备及工具材料可参考表 5-3。

表 5-3 实训设备及工具材料

序号	名称	型号规格	单位	数量	备注
1	电工常用工具		套	1	
2	万用表	MF47 型	块	1	
3	三相四线电源	AC3×380/220V,20A	处	1	
4	三相电动机	Y112M-4,4kW,380V,△联结;或自定	台	1	
5	配线板	500mm×600mm×20mm	块	1	
6	组合开关	HZ10-25/3	只	1	
7	接触器	CJ10-20,线圈电压 380V,20A	个	2	
8	熔断器 FU1	RL1-60/25,380V,60A,熔体配 25A	套	3	
9	熔断器 FU2	RL1-15/2,380V,15A,熔体配 2A	套	2	
10	热继电器	JR16-20/3,三极,20A	只	1	
11	按钮	LA10-2H	只	1	
12	速度继电器	JY1	只	1	
13	限流电阻	自定	只	3	
14	木螺钉	$\phi3mm×20\ mm;\phi3mm×15\ mm$	个	30	
15	平垫圈	$\phi4mm$	个	30	
16	圆珠笔	自定	支	1	
17	主电路导线	BVR-1.5,1.5mm²(7×0.52mm)(黑色)	m	若干	
18	控制线路导线	BVR-1.0,1.0mm²(7×0.43mm)	m	若干	
19	按钮线	BVR-0.75,0.75mm²	m	若干	
20	接地线	BVR-1.5,1.5 mm²(黄绿双色)	m	若干	
21	行线槽	18mm×25mm	m	若干	
22	编码套管	自定	m	若干	

【任务实施】

一、电动机单向起动反接制动控制线路的安装与调试

1. 绘制元器件布置图和接线图

根据如图 5-5 所示电动机单向起动反接制动控制线路原理图，读者可自行绘制其元器件布置图和实物接线图，在此不再赘述。

2. 元器件规格、质量检查

1）根据表 5-3 检查其各元器件、耗材与表中的型号、规格是否一致。

2）检查各元器件的外观是否完整无损，附件、备件是否齐全。

3）用仪表检查各元器件和电动机的有关技术数据是否符合要求。

3. 根据元器件布置图安装固定低压电器元件

当元器件检查完毕后，按照所绘制的元器件布置图安装和固定电器元件。在此仅介绍速

度继电器的安装与使用。

1）速度继电器的转轴应与电动机同轴连接，使两轴的中心线重合。速度继电器的轴可用联轴器与电动机的轴连接。

2）速度继电器安装接线时，应注意正反向触点不能接错，否则不能实现反接制动控制。

3）速度继电器的金属外壳应可靠接地。

4. 根据电气原理图和安装接线图进行行线槽配线

当元器件安装完毕后，按照如图5-5所示的原理图和安装接线图进行板前行线槽配线。

> **>> 操作提示**
> ① 布线时要注意线路中的KM2的相序不能接错，否则会使电动机不能制动，而且电动机的转向与起动时相同。
> ② 速度继电器安装接线时，应注意正反向触点不能接错，否则不能实现反接制动控制。

5. 电动机的连接

按照电动机铭牌上的接线方法，正确连接接线端子，然后将电动机定子绕组的电源引入线接到接线端子的U、V、W端子上，最后连接电动机的保护接地线。

6. 自检

当线路安装完毕后，必须经过自检，并经指导教师确认无误后方可通电试车。自检的方法及步骤读者可自行分析，在此不再赘述。

二、电动机单向起动反接制动控制线路的故障现象分析及检修

1. 主电路的故障检修

电动机单方向起停主电路的故障现象和故障检修与前面任务中主电路的故障现象和故障检修相同，在此不再赘述，读者可自行分析，此处仅介绍反接制动时主电路的故障分析与检修。

【故障现象】 电动机正常运行时，当按下停止按钮SB1后，接触器KM1断电，KM2动作，但电动机不能立即停下，继续沿着原来的方向做惯性运动，并且转速很慢，并发出"嗡嗡"声。

【故障分析】 这是典型的反接制动断相运行现象。采用逻辑分析法对故障现象进行分析可知，其最小故障范围可用虚线表示如图5-8所示。

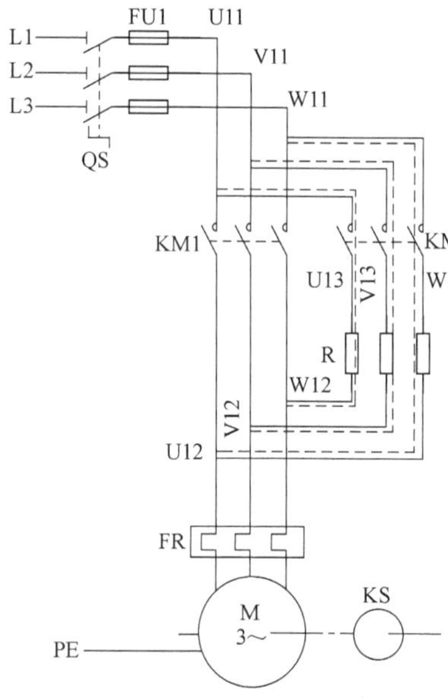

【故障检修】 根据如图5-8所示的故障最小范围，可以采用电压测量法和电阻测量法，以接触器KM2的主触点为分界点进行检测。检测时可参照前面任务所介绍的方法进行操作，在此不再赘述。

2. 控制线路的故障检修

运用前面接触器联锁正反转控制线路任务所学的方法自行分析及维修电动机单向起动反接制动控制线路的故障。在此仅就速度继电器造成控制线路的故障进行分析，见表5-4。

图5-8 最小故障范围

表 5-4　控制线路故障的现象、原因及检查方法

故障现象	原因分析	检查方法
反接制动时速度继电器失效,电动机不制动	1. 胶木摆杆断裂 2. 触点接触不良 3. 弹性动触片断裂或失去弹性 4. 笼型绕组开路	1. 更换胶木摆杆 2. 清洗触点表面油污 3. 更换弹性动触片 4. 更换笼型绕组
电动机不能正常制动	速度继电器的弹性动触片调整不当	1. 将调整螺钉向下旋,弹性动触片弹性增大,速度较高时继电器才动作 2. 将调整螺钉向上旋,弹性动触片弹性减少,速度较低时继电器即动作
制动效果不显著	1. 速度继电器的整定转速过高 2. 速度继电器永磁转子磁性减退 3. 限流电阻 R 阻值太大	首先调松速度继电器的整定弹簧,观察制动效果是否有明显改善。如若制动效果不明显改善,则减小限流电阻 R 阻值,调整后再观察其变化,若仍然制动效果不明显,则更换速度继电器
制动后电动机反转	由于制动太强,速度继电器的整定速度太低,电动机反转	1. 调紧调节螺钉 2. 增加弹簧弹力
制动时电动机振动过大	由于制动太强,限流电阻 R 阻值太小,造成制动时电动机振动过大	适当调整限流电阻

【检查评议】

对任务实施的完成情况进行检查,并将结果填入任务测评表(参见表 2-3)。

【知识拓展】

1. 双向起动反接制动控制线路

如图 5-9 所示是典型的双向起动反接制动控制线路。

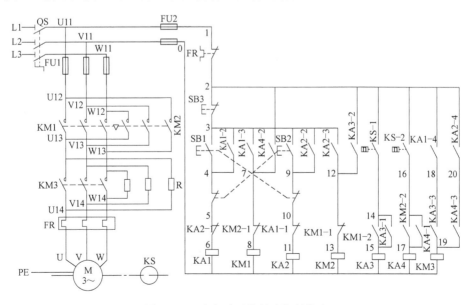

图 5-9　双向起动反接制动控制线路

　　双向起动反接制动控制线路所用电器较多，线路较为复杂，但操作方便，运行安全可靠，是一种比较完善的控制线路。

　　几种常见的双向起动反接制动控制线路如图 5-10、图 5-11、图 5-12 所示，有兴趣的读者可自行分析线路的工作原理。

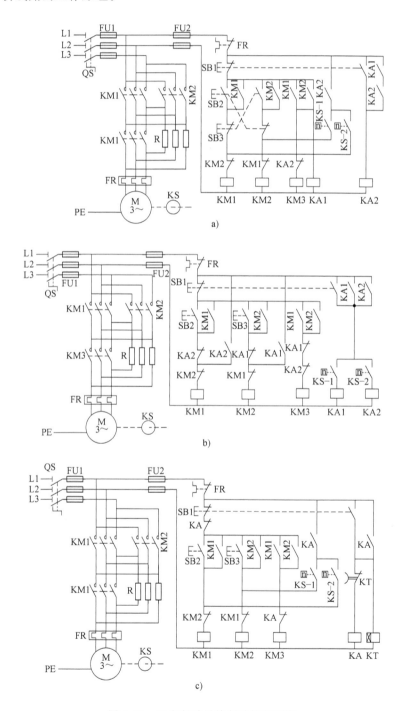

图 5-10　双向起动反接制动控制线路

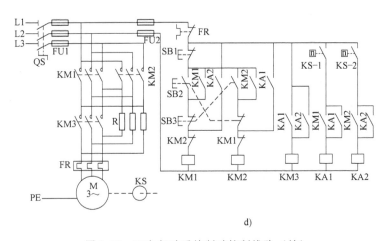

d)

图 5-10   双向起动反接制动控制线路（续）

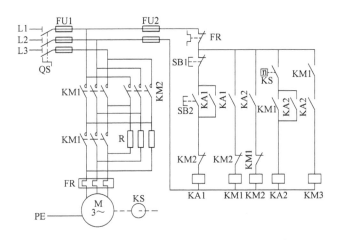

图 5-11   串电阻减压起动及反接制动控制线路

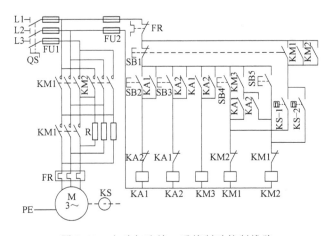

图 5-12   点动与连续、反接制动控制线路

2. 能耗制动控制线路

对于要求频繁制动的情况则采用能耗制动控制，如 C5225 车床工作台主拖动电动机的

制动采用的就是能耗制动控制线路。如图 5-13 所示为典型的无变压器单相半波整流能耗制动控制线路。

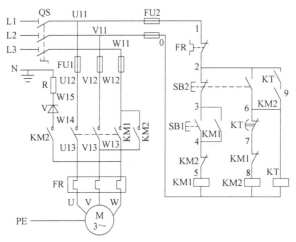

图 5-13　无变压器单相半波整流能耗制动控制线路

几种常见的正反转能耗制动控制线路如图 5-14 所示，有兴趣的读者可自行分析其工作原理。

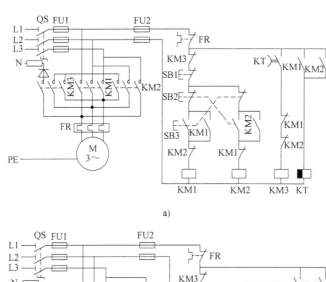

a)

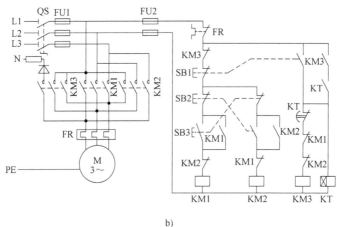

b)

图 5-14　正反转能耗制动控制线路

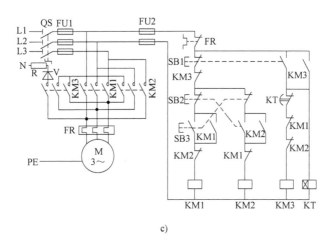

c)

图 5-14 正反转能耗制动控制线路（续）

模块二

典型机床电气控制
线路的安装与维修

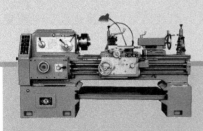

项目六

CA6140型车床电气控制线路的安装与维修

知识目标：1. 了解 CA6140 型车床的结构、作用和运动形式。

2. 熟悉构成 CA6140 型车床的操纵手柄、按钮和开关的功能。

3. 熟悉 CA6140 型车床的元器件的位置、线路的大致走向。

能力目标：能进行 CA6140 型车床的基本操作及调试。

素质目标：养成独立思考和动手操作的习惯，培养小组协调能力和互相学习的精神。

【工作任务】

CA6140 型普通车床是一种工业生产中应用极为广泛的金属切削通用机床，外形如图 6-1 所示。在机加工过程中，主要用于车削外圆、内圆、端面、螺纹、螺杆以及车削定型表面等。普通车床的控制是机械与电气一体化的控制。本次工作任务是，通过观摩操作，认识 CA6140 型普通车床。具体任务要求如下：

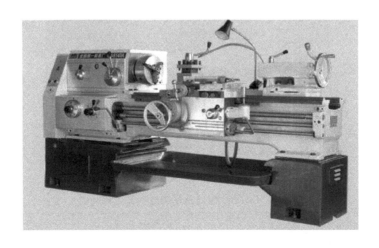

图 6-1　CA6140 型普通车床外形图

1）识别 CA6140 型普通车床主要部件（主轴箱、主轴、进给箱、丝杠与光杠、溜板箱、溜板、刀架等），清楚元器件位置及线路布线走向。

2）通过车床的切削加工演示观察车床的主运动、进给运动及刀架的快速运动，主要观察各种运动的操纵、电动机的运转状态及传动情况。

3）细心观察体会主轴与冷却泵之间的联锁关系。

4）在教师指导下进行 CA6140 型普通车床起、停和快速进给操作。

【相关理论】

一、CA6140 型普通车床的型号规格

CA6140 型普通车床的型号规格及含义如下：

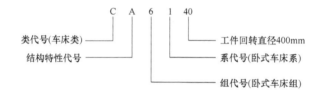

二、CA6140 型普通车床的主要结构及功能

CA6140 型普通卧式车床主要由主轴箱、进给箱、溜板箱、卡盘、方刀架、尾座、交换齿轮架、光杠、丝杠、大溜板、中溜板、小溜板、床身、左床座和右床座等组成，结构如图6-2 所示，其结构及主要功能见表6-1。

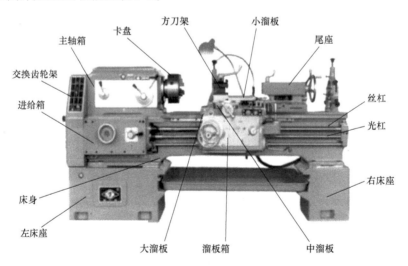

图 6-2　CA6140 型普通车床结构图

表 6-1　CA6140 型普通车床结构及主要功能

序号	结构名称	主要功能
1	主轴箱	由多个直径不同的齿轮组成,实现主轴变速
2	进给箱	实现刀具的纵向和横向进给,并可改变进给速度

（续）

序号	结构名称	主　要　功　能
3	溜板箱	实现大溜板和中溜板手动或自动进给,并可控制进给量
4	卡盘	夹持工件,带动工件旋转
5	交换齿轮架	将主轴电动机的动力传递给进给箱
6	方刀架	安装刀具
7	大溜板	带动刀架纵向进给
8	中溜板	带动刀架横向进给
9	小溜板	通过摇动手轮使刀具纵向进给
10	尾座	安装顶尖、钻头和铰刀等
11	光杠	带动溜板箱运动,主要实现内外圆、端面、镗孔等切削加工
12	丝杠	带动溜板箱运动,主要实现螺纹加工
13	床身	主要起支撑作用
14	左床座	内装主轴电动机和冷却泵电动机、电气控制线路
15	右床座	内装切削液

三、CA6140 型普通车床的主要运动形式

　　CA6140 型普通车床的主要运动形式有主运动、进给运动、辅助运动。主运动是车床主轴的旋转运动；进给运动是刀架带动刀具的直线运动；辅助运动有尾座的纵向移动、工件的夹紧与放松等。如图 6-3 所示是 CA6140 型普通车床的主要运动形式示意图。值得一提的是，车床工作时，绝大部分功率消耗在主轴运动上。

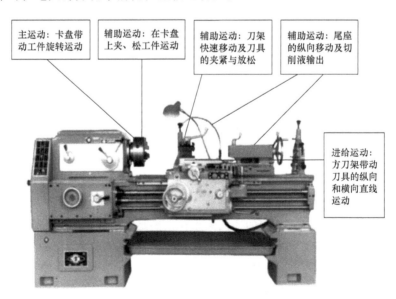

图 6-3　CA6140 型普通车床的主要运动形式示意图

四、CA6140 型普通车床的操纵手柄系统

　　在操纵使用车床前，必须了解车床的各个操纵手柄的位置和用途，以免因操作不当而损

坏车床，CA6140 型普通车床的操纵手柄系统及其功能如图 6-4 及表 6-2 所示。

图 6-4　CA6140 型普通车床的操纵手柄系统示意图

表 6-2　CA6140 型普通车床操纵手柄功能表

图上编号	名称	图上编号	名称
1	主轴高、中、低档手柄	14	尾台顶尖套筒固定手柄
2	主轴变速手柄	15	尾台紧固手柄
3	纵向正、反走刀手柄	16	尾台顶尖套筒移动手轮
4、5、6	螺距及进给量调整手柄、丝杠光杠变换手柄、进给变速手柄	17	刀架纵向、横向进给控制手柄
7、8	主轴正、反转操纵手柄	18	急停按钮
9	开合螺母操纵手柄	19	主轴电动机起动按钮
10	大溜板纵向移动手轮	20	电源总开关
11	中溜板横向移动手柄	21	切削液开关
12	方刀架转位、固定手柄	22	电源信号灯
13	小溜板纵向移动手柄	23	照明灯开关

五、CA6140 型普通车床电气传动的特点

1）主驱动电动机选用三相笼型异步电动机，不进行电气调整，采用齿轮箱进行机械有级调速。为了减小振动，主驱动电动机通过几条 V 带将动力传递到主轴箱。

2）该型号的车床在车削螺纹时，主轴通过机械的方法实现主轴的正反转。

3）刀架移动和主轴转动有固定的比例关系，以满足对螺纹加工的需要。

4）车削加工时，由于刀具及工件温度过高，有时需要冷却，配有冷却泵电动机，在主轴起动后，根据需要决定冷却泵电动机是否工作。

5）具有过载、短路、欠电压和失电压（零压）保护。

6）具有安全可靠的机床局部照明装置。

【任务准备】

实施本任务教学所使用的实训设备及工具材料可参考表 6-3。

表 6-3　实训设备及工具材料

序号	分类	名称	型号规格	数量	单位	备注
1	工具	电工常用工具		1	套	
2	仪表	万用表	MF47 型	1	块	
3		绝缘电阻表	500V	1	只	
4		钳形电流表		1	只	
5	设备器材	CA6140 型普通车床		1	台	

【任务实施】

一、认识 CA6140 型普通车床的主要结构和操作部件

通过观摩 CA6140 型普通车床实物，与图 6-2 所示的车床结构图和图 6-4 所示的操纵手柄示意图进行对照，认识 CA6140 型普通车床的主要结构和操作部件。

二、熟悉 CA6140 型普通车床的电器设备名称、型号规格、代号及位置

首先切断设备总电源，然后在教师指导下，根据表 6-4 的电器元件明细表和如图 6-5 所示的元器件位置图熟悉 CA6140 型普通车床的电器设备名称、型号规格、代号及位置。

表 6-4　CA6140 型普通车床电器元件明细表

代号	名称	型号	规格	数量	用途
M1	主轴电动机	Y112M-4B3	4kW，1450r/min	1	主轴及进给传动
M2	冷却泵电动机	AYB-25	90W，3000r/min	1	供切削液
M3	快速移动电动机	AOS5634	250W，1360r/min	1	刀架快速移动
FR1	热继电器	JR36-20/3	15.4A	1	M1 过载保护
FR2	热继电器	JR36-20/3	0.32A	1	M2 过载保护
KM	交流接触器	CJ10-20	线圈电压 110V	1	控制 M1
KA1	中间继电器	JZ7-44	线圈电压 110V	1	控制 M2
KA2	中间继电器	JZ7-44	线圈电压 110V	1	控制 M3
SB1	急停按钮	LAY3-01ZS/1		1	停止 M1
SB2	起动按钮	LAY3-10/3.11		1	起动 M1
SB3	点动按钮	LA9		1	起动 M3
SB4	旋钮开关	LAY3-10X/20		1	控制 M2
SB	钥匙按钮	LAY3-01Y/2		1	电源开关锁
SQ1 SQ2	行程开关	JWM6-11		2	断电保护
FU1	熔断器	BZ001	熔体 6A	3	M2、M3 短路保护
FU2	熔断器	BZ001	熔体 1A	1	控制线路短路保护
FU3	熔断器	BZ001	熔体 1A	1	信号灯短路保护
FU4	熔断器	BZ001	熔体 2A	1	照明电路短路保护
HL	信号灯	ZSD-0	6V	1	电源指示

（续）

代号	名称	型号	规格	数量	用途
EL	照明灯	JC11	24V	1	工作照明
QF	低压断路器	AM2-40	20A	1	电源开关
TC	控制变压器	JBK2-100	380V/110V/24V/6V	1	控制线路电源
XT0	接线端子板	JX2-1010	380V,10A,10节	1	
XT1	接线端子板	JX2-1015	380V,10A,15节	1	
XT2	接线端子板	JX2-1010	380V,10A,10节	1	
XT3	接线端子板	JX2-1010	380V,10A,10节	1	

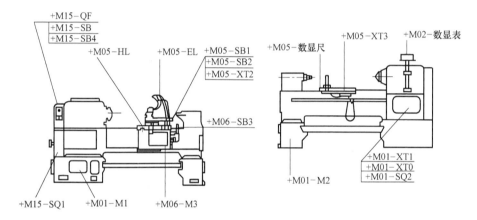

图 6-5　元器件位置图

位置图的识读方法是：代号表示在车床上的部位。例如，+M01表示在车床的床身底座部位，+M01-M1表示主轴电动机M1安装在车床的床身底座内；+M05-SB1表示急停按钮SB1安装在车床的床鞍上。图6-5所示元器件位置图的位置代号索引见表6-5。

表 6-5　位置代号索引

序号	部件名称	代号	安装的元器件
1	床身底座	+M01	-M1、-M2、-XT0、-XT1、-SQ2、-FR1、-FR1、-KM
2	床鞍	+M05	-HL、-EL、-XT0、-SB1、-SB2、-XT2、-XT3、数量尺
3	溜板	+M06	-M3、-SB3
4	传动带罩	+M15	-QF、-SB、-SB4、-SQ1
5	床身底座	+M01	KA1、KA2、FU1、FU2、FU3、FU4、TC

三、CA6140型普通车床试车的基本操作方法和步骤

观察教师示范，熟悉对CA6140型普通车床试车的基本操作方法和步骤。具体操作方法和步骤如下：

1. 开机前的准备工作

打开电气柜门，检查各电器元件安装是否牢固，各电器开关是否合上，接线端子上的电

线是否有松动的现象，把各电器开关合上，各接线端子与连接导线紧固后，关好电气柜门。

2. 试机操作调试方法步骤

（1）开机操作　合上电气柜侧面的总电源开关 QF，此时机床电气部分已通电。

（2）主轴电动机的起动操作　按下起动按钮 SB2，交流接触器 KM 得电吸合并自锁，主轴电动机 M1 得电起动连续旋转，然后向上抬起机械操纵手柄，主轴立即正转（同时通过卡盘带动工件正向旋转），若向下压下机械操纵手柄，则主轴立即变为反转。

（3）冷却泵电动机的起动操作　搬动 SB4 旋转开关至 I 位置，触点闭合，冷却泵起动，将 SB4 旋至 O 位置时，触点断开，冷却泵停止。

（4）主轴电动机的停止操作　按下 SB1 急停按钮时，主轴电动机和冷却泵同时停止，机床处于急停状态。按照按钮上箭头方向（顺时针）旋转急停按钮 SB1，急停按钮将复位。

（5）刀架快速移动电动机 M3 的起动操作　按下起动按钮 SB3，刀架快速移动电动机得电运转，带动刀架快速移动，实现迅速对刀。手松开起动按钮 SB3，刀架快速移动电动机失电停转，刀架立即停止移动。

（6）溜板的进给操作　首先根据加工需求，扳动丝杠、光杠变换手柄，然后再扳动进给操作手柄，实现大溜板的纵向进给或中溜板的横向进给，也可摇动进给手轮，实现各溜板的手动进给。

（7）关机操作　如果车床停止使用，为了确保人身和设备安全，一定要关断电源开关 QF。

四、试车

在老师的监控指导下，按照上述操作方法，学生分组完成对 CA6140 型普通车床的试车操作训练。

由于学生不是正式的车床操作人员，因此，在进行试车操作训练时，可不用安装车刀和工件进行加工，只需按照上述的试车操作步骤进行试车，观察车床的运动过程即可。

>> **操作提示**

1）试车操作过程中，必须做好安全保护措施，如有异常情况必须立即切断电源。

2）必须在教师的监护指导下操作，不得违反安全操作规程。

3）分组操作时，操作过程中围观人数不得太多，防止发生人身和设备安全事故。

【检查评议】

对任务的完成情况进行检查，并将结果填入任务测评表 6-6。

表 6-6　任务测评表

序号	主要内容	考核要求	评分标准	配分	扣分	得分
1	结构识别	1. 正确判断各操纵部件位置及功能 2. 正确判别电器位置、型号规格及作用	1. 对操纵部件位置及功能不熟悉，每处扣 5 分 2. 对电器位置、型号规格及作用不清楚，每只扣 5 分	50		
2	开机操作	正确操作 CA6140 型普通车床	操作方法步骤错误每次扣 10 分	50		

（续）

序号	主要内容	考核要求	评分标准	配分	扣分	得分
3	安全文明生产	1. 严格执行车间安全操作规程 2. 保持实习场地整洁,秩序井然	1. 发生安全事故扣总分30分 2. 违反文明生产要求视情况扣总分5～20分			
工时	60min		合　计			
开始时间			结束时间		成绩	

【问题及防治】

学生在进行 CA6140 型普通车床试车操作过程中，时常会遇到如下问题：

问题： 在进行刀架的快速移动操作时，刀架及溜板的运动部件过于靠近卡盘或过于靠近尾座。

预防措施： 在进行刀架的快速移动操作时，应将刀架及溜板的运动部件置于行程的中间位置，以防刀架及溜板的运动部件与车头或尾座相撞，损坏机床设备。

【知识拓展】

一、电气系统的一般调试方法和步骤

1. 试车前的检查

1）用绝缘电阻表（摇表）对线路进行测试，检查元器件及导线绝缘是否良好，相间或相线与底座之间有无短路现象。

2）用绝缘电阻表对电动机及电动机引线进行对地绝缘测试，检查有无对地短路现象。断开电动机三相绕组间的接头，检查电动机引线相间绝缘，检查有无相间短路现象。

3）用手转动电动机转轴，观察电动机转动是否灵活，有无噪声或卡阻现象。

4）在接入电动机进行试车前，应先按下起动按钮，观察交流接触器是否吸合；松开起动按钮后接触器能否自动保持，然后用万用表500V交流档测量需要接电动机三相定子绕组的接线端子排上有无三相额定电压，是否断相。如果电压正常，按下停止按钮，观察交流接触器是否断开。一切动作正常后，断开总电源，将电动机的三相定子绕组的引线接上。

2. 试车

1）合上总电源开关。

2）先将左手手指触摸在起动按钮上，右手手指触摸在急停按钮上，然后按下起动按钮，电动机起动后，注意听和观察电动机有无异常声音及转向是否正确。如果有异常声音或转向不对，应立即按下急停按钮，使电动机断电。断电后，由于电动机因惯性仍然转动，此

时应注意观察是否有异常声音，若仍有异常声音，则可判定是机械部分的故障；若无异常声音，则可判定是电动机电气部分的故障。如果电动机反转，则将电动机三相定子绕组电源进线中的任意两相对调即可。

3）再次起动电动机前，应用钳形电流表卡住电动机三相定子绕组引线中的任意一根引线，测量电动机的起动电流。电动机的起动电流一般是电动机额定电流的 4 ~ 7 倍。值得一提的是，测量时，钳形电流表的量程应该超过这一数值的 1.2 ~ 1.5 倍，否则容易损坏钳形电流表或造成测量数据不准确。

4）电动机转入正常运转后，用钳形电流表分别测量电动机定子绕组的三相电流，观察三相电流是否平衡，空载和有负载时的电流是否超过额定值。

5）如果电流正常，使电动机运行 30min，运行中应经常测试电动机的外壳温度，检查长时间运行中的温升是否太高或太快。

二、试验记录

1）记录试验设备名称、位置，参加试验人员名单及试验日期等。

2）列出工具、材料清单，如万用表、钳形电流表、绝缘电阻表、导线和调压器等。

3）记录试验中有关的图样、资料以及加工工件的毛坯。

4）列出试验步骤。

5）记录试验中出现的问题、解决方法以及更换的元器件。

6）记录试验中所有的电气参数。

7）试验过程中更改的元器件或控制线路要记录入档，并反映到有关图样资料中去。

任务二　　CA6140 型普通车床的读图分析、测绘和安装调试

知识目标：1. 了解 CA6140 型车床的读图方法。

2. 掌握 CA6140 型车床电气线路的组成及工作原理。

能力目标：1. 能进行 CA6140 型车床的电气安装接线图和电气控制原理图的测绘。

2. 能根据 CA6140 型车床的电气安装接线图和电气控制原理图，进行线路安装及调试。

素质目标：养成独立思考和动手操作的习惯，培养小组协调能力和互相学习的精神。

【工作任务】

在本项目任务一中我们已初识了 CA6140 型普通车床的结构、运动形式和试车操作训练。本次任务的主要内容是：

1）能够通过如图 6-6 所示的 CA6140 型普通车床电气原理图，掌握绘制和识读机床电路图的基本知识及电气线路的工作原理。

2）能进行该车床的电气安装接线图和电气控制原理图的测绘。

3）通过测绘出的电气控制原理图和电气安装接线图进行电气线路的安装与调试。

【相关理论】

一、CA6140 型普通车床电气控制线路分析

1. 绘制和识读机床电气控制原理图的基本知识

常用的机床电路一般比电气拖动基本环节电路复杂，为了便于读图分析、查找图中元器件及其触点的位置，机床电气控制原理图的表示方法有自己相应的特点，主要表现在以下几个方面：

（1）用途栏　机床电气控制原理图的用途栏一般设置在电气控制原理图的上部，按照电气控制原理功能分为若干个单元，通过文字表述的形式将电气控制原理图中每部分电路在机床电气操作中的功能、名称等标注在用途栏内。图 6-6 所示为 CA6140 型普通车床电气控制原理图。从图中我们可以看到 CA6140 型普通车床的电气控制原理图按功能可分为电源保护、电源开关等 13 个单元。

（2）图区栏　机床电气控制原理图的图区栏一般设置在电气控制原理图的下部，通常是一条回路或一条支路划为一个图区，并从左向右依次用阿拉伯数字编号标注在图区栏内。从图 6-6 所示中可以看出电气控制原理图共划分为 12 个图区。

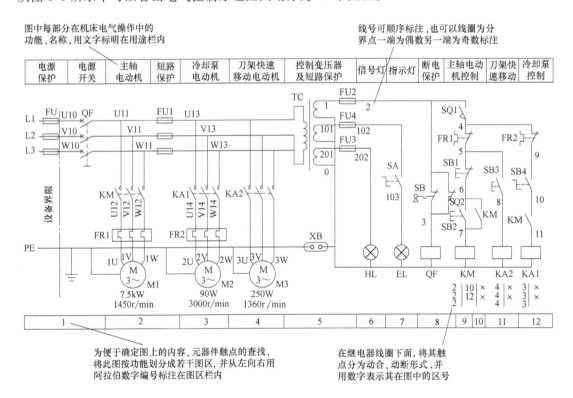

图 6-6　CA6140 型普通车床电气控制原理图

（3）接触器触点在电路图中位置的标记　在电路图中每个接触器线圈的下方画有两条竖线，分成左、中、右三栏，其中左栏表示接触器主触点所在图区的位置，中栏表示辅助常开触点（动合触点）所在图区的位置，而右栏则表示辅助常闭触点（动断触点）所在图区

的位置。对于接触器备而无用的辅助触点（常开或常闭），则在相应的栏区内用记号"×"标出或不标出任何符号。如表6-7就是图6-6所示的CA6140型普通车床电气控制原理图中接触器KM的触点在图中位置标记的注释说明。

表6-7　接触器触点在电气控制原理图中位置的标记说明

栏目	左栏	中栏	右栏
触点类型	主触点所处的图区号	辅助常开触点所处的图区号	辅助常闭触点所处的图区号
KM 2 | 10 | × 2 | 12 | × 2	表示接触器KM的3对主触点均在图区2的位置	表示接触器KM的一对辅助常开触点在图区10的位置，而另一端常开触点在图区12位置	表示接触器的2对辅助常闭触点未用

（4）继电器触点在电气控制原理图中位置的标记　与接触器触点在电气控制原理图中位置的标记不同的是，在电气控制原理图中每个继电器线圈的下方画有一条竖线，分成左、右两栏，其中左栏表示继电器常开触点（动合触点）所在图区的位置，而右栏则表示辅助常闭触点（动断触点）所在图区的位置。对于继电器备而无用的辅助触点（常开或常闭），也是在相应的栏区内用记号"×"标出或不标出任何符号。如表6-8就是如图6-6所示的CA6140型普通车床电气控制原理图中中间继电器KA1、KA2的触点在图中位置标记的注释说明。

表6-8　继电器触点在电气控制原理图中位置的标记说明

栏目	左　栏	右　栏
触点类型	常开触点所处的图区号	常闭触点所处的图区号
KA2 4 | × 4 | × 4	表示继电器KA2的3对常开触点在图区4的位置	表示继电器KA2的2对常闭触点未用
KA1 3 | × 3 | × 3	表示继电器KA1的3对常开触点在图区3的位置	表示继电器KA1的2对常闭触点未用

>> **提示**　　电气控制原理图中的主电路电动机的控制一般采用接触器控制，但读者从表6-8的继电器触点在电气控制原理图中位置的标记说明中可以看到中间继电器KA2和KA1分别有3对触点在图区4刀架快速电动机控制和图区3冷却泵电动机控制的主电路中，这是因为刀架快速电动机（250W）和冷却泵电动机（90W）的额定电流很小，均小于5A，因此可以用中间继电器替代接触器进行控制。

2. CA6140型普通车床的读图及电路分析

（1）主电路　从如图6-6所示的电气控制原理图和本项目任务一中的表6-4的电气元件明细表中可知，本机床的电源采用三相380V交流电源，并通过低压断路器QF引入，总电源短路保护用总熔断器FU。主线路有三台电动机M1、M2和M3，均为正转控制。其中主轴电动机 M1 的短路保护由低压断路器 QF 的电磁脱扣器来实现，而冷却泵电动机 M2 和刀架快速移动电动机 M3 以及控制电源变压器 TC 一次绕组的短路保护由 FU1 来实现。主轴电动机 M1 和冷却泵电动机 M2 的过载保护则由各自的热继电器 FR1 和 FR2 来实现。

另外，机床的主轴电动机 M1 由交流接触器 KM 控制，带动主轴旋转和刀架做进给运动；冷却泵电动机 M2 由中间继电器 KA1 控制，输送切削液；刀架快速移动电动机 M3 则由 KA1 控制，在机械手柄的控制下带动刀架快速做横向或纵向进给运动。主轴的旋转方向、主轴的变速和刀架的移动方向均由机械控制实现。

>> **提示**　　机床电路的读图应从主电路着手，根据主电路电动机的控制形式，分析其控制内容，控制内容主要包括：电动机的起停方式、正反转控制、调速方法、制动控制和自动循环等基本控制环节。

（2）控制线路　控制线路由控制变压器 TC 供电，控制电源电压 110V，由熔断器 FU2 做短路保护。

1）机床电源引入控制。

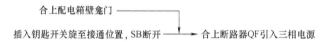

>> **提示**　　钥匙式开关 SB 和行程开关 SQ2 在车床正常工作时是断开的，断路器 QF 的线圈不通电，QF 能合闸。当打开电气控制箱壁龛门时，行程开关 SQ2 闭合，QF 线圈获电，断路器 QF 自动断开，切断车床的电源，以保证设备和人身安全。

2）主轴电动机 M1 的控制。主轴电动机 M1 的控制线路详见如图 6-6 所示中的第 9、10 区所示。其控制过程如下：

< 起动控制 >

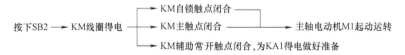

< 停车控制 >

按下停止按钮 SB1→KM 线圈失电→KM 各触点恢复初始状态→主轴电动机 M1 失电停转。

>> **提示**　　在正常工作时，行程开关 SQ1 的常开触点闭合，当打开床头皮带罩后，SQ1 的常开触点断开，切断控制线路电源，以确保人身安全。

3）刀架快速移动电动机 M3 的控制。刀架快速移动电动机 M3 的控制线路详见图 6-6 中的第 11 区。从安全需要考虑，其控制线路是由安装在刀架快速进给操作手柄顶端的按钮 SB3 与中间继电器 KA2 组成的点动控制线路；当需要进行控制时，只要将进给操作手柄扳到所需移动的方向，然后按下 SB3，KA2 得电吸合，电动机 M3 起动运转，刀架沿指定的方向快速接近或离开工件加工部位。

> **≫ 提示**　　由于刀架快速移动电动机 M3 是短时工作制，故未设过载保护。

4）冷却泵电动机 M2 的控制。冷却泵电动机 M2 的控制线路详见图 6-6 中的第 12 区所示。从图中可以看出冷却泵电动机 M2 和主轴电动机 M1 在控制线路中采用了顺序控制的方式，因此只有当主轴电动机 M1 起动后（即 KM 的辅助常开触点闭合），再合上转换开关 SB4，中间继电器 KA1 才能吸合，冷却泵电动机 M2 才能起动。

> **≫ 提示**　　当 M1 停止运行或断开转换开关 SB4 时，M2 随即停止运行。

5）照明、信号（指示）线路。照明、信号（指示）线路详见图 6-6 中的第 6、7 区所示。其控制电源由控制变压器 TC 的二次侧分别提供 6V 和 24V 交流电压，合上电源总开关 QF，电源指示信号灯 HL 亮，FU3 作短路保护；若合上转换开关 SA，机床局部照明灯 EL 点亮，断开转换开关 SA，照明灯 EL 熄灭，FU4 做短路保护。

> **≫ 提示**　　机床控制线路的读图分析可按控制功能的不同，划分成若干控制环节进行分析，采用"化零为整"的方法；在对各个控制环节进行分析时，还应特别注意各个控制环节之间的联锁关系，最后再"积零为整"对整体电路进行分析。

二、电气测绘的基本方法

电气测绘是根据现有的电气线路、机械控制线路和电气装置进行现场测绘，然后经过整理后绘出安装接线图和线路控制原理图。电气测绘的基本方法主要包括以下几个方面：

1. 测绘前的准备

在测绘前，首先要全面了解测绘对象，了解原线路的控制过程、控制顺序、控制方法、布线规律、连接方式等内容，根据测绘需要准备相应的测量工具和测量仪器等。

2. 电气测绘的一般要求

（1）徒手绘制草图　为了便于绘出线路的原理图，可对被测绘对象绘制安装接线示意图，即用简明的符号和线条徒手画出电气控制元器件的位置关系、连接关系、线路走向等，可不考虑遮盖关系。

（2）测绘原则　测绘时一般都是先测绘主电路，后测绘控制线路；先测绘输入端、再测绘输出端；先测绘主干线，再依次按接点测绘各支路；先简单后复杂，最后要一个回路一个回路地进行。

3. 电气测绘注意的事项

1）电气测绘前要检查被测设备或装置是否有电，不能带电作业。确实需要带电测量的，必须采取必要的防范措施。

2）要避免大拆大卸，对去掉的线头要做记号或记录。

3）两人以上协同操作时，要注意协调一致，防止发生事故。

4）由于测绘判断的需要，确定要开动机床或设备时，一定要断开执行元器件或请熟练的操作工操作，同时需要有监护人负责监护。对于可能发生的人身或设备事故，一定要有防范措施。

5）测绘中若发现有掉线或接线错误时，首先做好记录，不要随意把掉线接到某个电气元件上，应照常进行测绘工作，待原理图出来后再去解决问题。

【任务准备】

实施本任务教学所使用的实训设备及工具材料可参考表 6-3。

【任务实施】

一、CA6140 型普通车床的电气安装接线图和电气控制原理图的测绘

1. 测绘安装接线图

通过本项目任务一中的图 6-5 所示的 CA6140 型普通车床元器件位置图知道，机床的电气控制在主轴转动箱的后下方，主轴控制在溜板箱正前方，刀架快速移动控制在中拖板右侧的操作手柄上，机床电源开关和冷却泵控制在机床的左前方。

测绘前，首先切断总电源（断开设备外部的总熔断器 FU）和断开电压断路器 QF，然后打开电气控制箱门，可看到机床控制配线板上各电器的位置分布，经验电笔验电并确认无电后，方可进行电气测绘。

测绘安装接线图时，应先绘制草图，然后再根据草图按照国标电气图形符号、文字代号及制图原则绘出标准的电气安装接线图。绘草图时，先把机床所有的电器分布和位置画出来，然后将各电器上连线的线号依次标注在图中，没有线号的线用万用表测量确认连接关系后补充新线号，这样就完成了草图的绘制。草图经整理后就绘出了如图 6-7 所示的 CA6140 型普通车床电气安装接线图。

 提示 在测绘安装接线图时，要特别注意某些没有通过接线端子排的连线的测绘，不能遗漏。

2. 测绘主电路图

通过前面的测绘工作了解了机床整个线路走线的情况，然后就可以进行原理图主电路部分的测绘。主电路的测绘应从电源引入端开始顺着主线往下查，查的顺序是从左到右。本机床的主电路测绘流程如下：

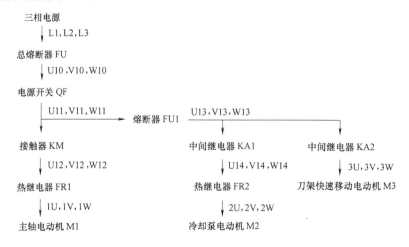

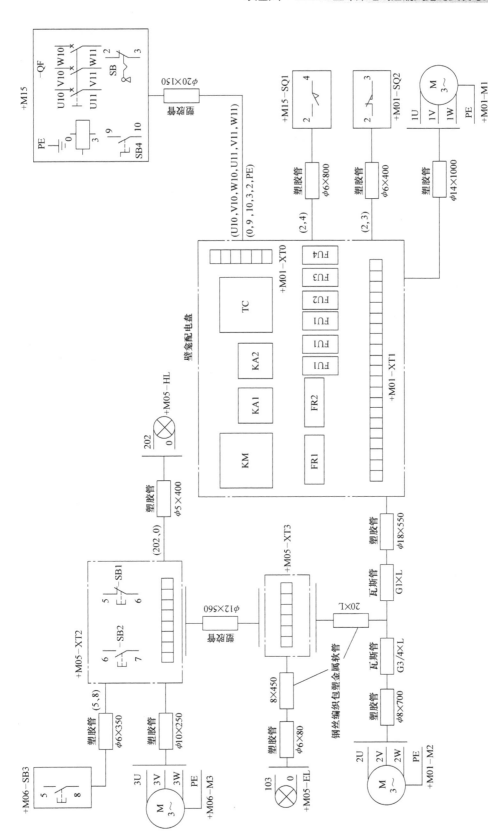

图 6-7 CA6140 型普通车床电气安装接线图

按照上面测绘流程的走线，用图形符号表示出来，就得到如图 6-8 所示的 CA6140 型普通车床电气主电路原理图。

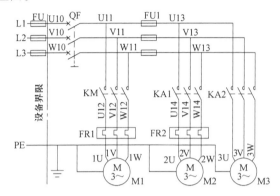

图 6-8　CA6140 型普通车床电气主电路原理图

3. 测绘控制线路图

控制线路的电源均是由控制变压器 TC 二次绕组提供的，因此测绘时的查线也要从控制变压器 TC 二次绕组开始进行查测。

（1）测绘 0～6.3V 和 0～24V 绕组回路

1）0～24V 绕组回路。照明灯电路测绘流程如下：

$$TC (24V) \nearrow \xrightarrow{101^{\#}} FU4 \xrightarrow{102^{\#}} XT1 \xrightarrow{102^{\#}} XT3 \xrightarrow{102^{\#}} SA \xrightarrow{103^{\#}} EL$$
$$\searrow \xrightarrow{0^{\#}} XT1 \xrightarrow{0^{\#}} XT3 \xrightarrow{0^{\#}} EL$$

2）0～6.3V 绕组回路。信号灯电路测绘流程如下：

$$TC (6V) \nearrow \xrightarrow{201^{\#}} FU3 \xrightarrow{202^{\#}} XT1 \xrightarrow{202^{\#}} XT2 \xrightarrow{202^{\#}} HL$$
$$\searrow \xrightarrow{0^{\#}} XT1 \xrightarrow{0^{\#}} XT2 \xrightarrow{0^{\#}} HL$$

 提示　在上述测绘流程中的 "#" 表示节点号。如 101#表示 101 号线。

按照上面测绘流程的走线，用图形符号表示出来，就得到如图 6-9 所示的 CA6140 型普通车床电气信号灯及局部照明控制线路图。

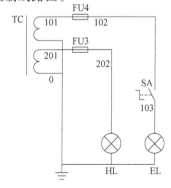

图 6-9　CA6140 型普通车床电气信号灯及局部照明控制线路图

（2）测绘控制变压器 TC110V 绕组回路

该绕组回路是整个机床控制线路的核心，线路较复杂，测绘时以控制接触器为中心，向两边测绘。

1）主轴电动机 M1 控制线路的测绘。主轴电动机 M1 控制线路的测绘流程如下：

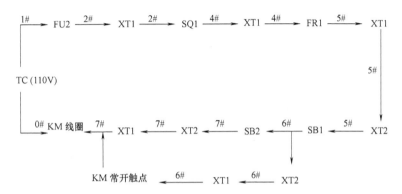

按照上面测绘流程的走线，用图形符号表示出来，就得到如图 6-10a 所示的 CA6140 型普通车床主轴电动机控制线路图。

2）刀架快速移动电动机 M2 控制线路的测绘。刀架快速移动电动机 M2 控制线路的测绘流程如下：

$$XT_2 \xrightarrow{5^\#} SB3 \xrightarrow{8^\#} XT_2 \xrightarrow{8^\#} KA2\ 的线圈 \xrightarrow{0^\#} KM\ 线圈 \xrightarrow{0^\#} TC（110V）$$

按照上面测绘流程的走线，用图形符号表示出来，就得到如图 6-10b 所示的 CA6140 型普通车床刀架快速移动电动机控制线路图。

3）冷却泵电动机 M3 控制线路的测绘。冷却泵电动机 M3 控制线路的测绘流程如下：

$$FR2\ 常闭触点 \xrightarrow{9^\#} XT0 \xrightarrow{9^\#} SB4 \xrightarrow{10^\#} XT0 \xrightarrow{10^\#} KM\ 常开触点 \xrightarrow{11^\#} KA1\ 线圈 \xrightarrow{0^\#} KA2\ 线$$

$$圈 \xrightarrow{0^\#} KM\ 线圈 \xrightarrow{0^\#} TC（110V）$$

按照上面测绘流程的走线，用图形符号表示出来，就得到如图 6-10c 所示的 CA6140 型普通车床主轴电动机控制线路图。

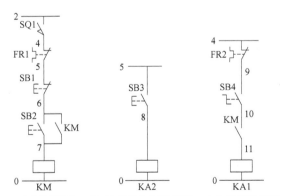

a) 主轴控制线路　　b) 刀架快速移动控制线路　　c) 冷却泵控制线路

图 6-10　CA6140 型普通车床电动机部分控制线路图

想一想

　　机床的断电保护控制线路如何测绘？请根据以上介绍的控制线路的测绘方法，写出断电保护控制线路测绘的流程，并将其转换成电气控制线路图。

二、CA6140 型普通车床的配线与安装

1. 电气配电板的制作

根据如图 6-6 所示的电气控制原理图和如图 6-11 所示的电气安装图进行电气配电板的制作。

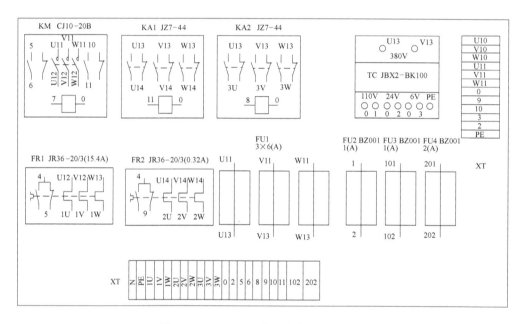

图 6-11　CA6140 型普通车床电气安装图

　　（1）电气配电板的选料　电气配电板可用 2.5 ~ 3mm 钢板制作，上面覆盖一张 1mm 左右的布质酚醛层压板，也可以将钢板涂以防锈漆。电气配电板的尺寸要小于配电柜门框的尺寸，同时也要考虑到电器元件安装后电气配电板能自由进出柜门。

　　（2）电气配电板的制作　先将所有的电器元件备齐，然后在桌面上将这些电器元件进行模拟排列。电器元件布局要合理，总的原则是力求连接导线短，各电器元件排列的顺序应符合其动作规律。钢板要求无毛刺并倒角，四边呈 90°角，表面平整。用划针在底板上画出电器元件的装配孔位置，然后拿开所有的电器元件。校对每一个电器元件的安装孔尺寸，然后钻中心孔、钻孔、攻螺纹，最后刷漆。

2. 电器元件的安装

要求电器元件与底板保持横平竖直，所有电器元件在底板上要固定牢固，不得有松动现象。安装接触器时，要求散热孔朝上。

3. 连接主电路

主电路的连接导线一般采用较粗的 2.5mm^2 单股塑料铜芯线，或按照图样要求的导线规

格进行接线。配线的方法及步骤如下：

1）连接电源端子 U11、V11、W11 与熔断器 FU1 和接触器 KM 之间的导线。

2）连接 KM 与热继电器 FR1 之间的导线。

3）连接热继电器 FR1 与端子 1U、1V、1W 之间的导线。

4）连接熔断器 FU1 与中间继电器 KA1、KA2 之间的导线。

5）连接热继电器 FR2 与中间继电器 KA1 和端子 2U、2V、2W 之间的导线，同样连接好中间继电器 KA2 与端子 3U、3V、3W 之间的导线。

6）全部连接好后检查有无漏线、接错。

4. 连接控制线路

控制线路一般采用 1.5mm^2 单股塑料铜芯线，或按照图样要求的导线规格（如 1.5mm^2 的多股铜芯软线）进行接线。配线的方法及步骤如下：

1）连接控制电源变压器 TC 与熔断器 FU2、FU3、FU4 之间的导线。

2）连接热继电器 FR1 与 FR2 之间的连线和与接线端子 XT 之间的导线。

3）连接接触器 KM 线圈与辅助常开触点和接线端子 XT 之间的导线。

4）连接中间继电器 KA1 线圈与接触器 KM 辅助常开触点和接线端子 XT 之间的导线。

5）连接中间继电器 KA2 线圈与接线端子 XT 之间的导线。

6）分别连接熔断器 FU2、FU3、FU4 与接线端子 XT 之间的导线。

7）分别连接 KM、KA1、KA2、QF、HL 和 EL 的工作地线，并分别与控制电源变压器 TC 和端子 XT 连接好。

5. 电气配电板接线检查

1）检查布线是否合理、正确，所有接线螺钉是否拧紧、牢固，导线是否平直、整齐。

2）对照电气控制原理图及接线安装图，详细检查主电路和控制线路各部分接线、电气编号等有无遗漏或错误，如有应予以纠正。一切就绪后即可进行安装。

6. 机床的电气安装

（1）电动机的安装　电动机的安装一般采用起吊装置，先将电动机水平吊起至中心高度并与安装孔对正，装好电动机与齿轮箱的连接件并相互对准，吊装方法如图 6-12 所示。再将电动机与齿轮连接件啮合，对准电动机安装孔，旋紧螺栓，最后撤去起吊装置。

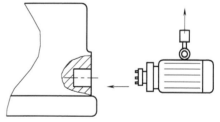

图 6-12　电动机的吊装

>> **提示**　在进行电动机吊装时应在教师的指导下与机械装配人员配合完成，并注意安全。另外，如果是在原有的机床上进行，电动机已事先装好，该步骤可省掉不做。

（2）限位开关的安装

1）安装前检查限位开关 SQ1、SQ2 是否完好，即用手按压或松开触点，听开关动作和复位的声音是否正常。检查限位开关支架和撞块是否完好。

2) 安装限位开关时要将限位开关放置在撞块安全撞压区内（撞块能可靠撞压开关，但不能撞坏开关），固定牢固。

（3）敷设连接线　敷设的连接线包括板与按钮、板与限位开关、板与电动机、板与照明灯和信号灯等之间的连线。敷设的过程如下。

1）测量距离。测量要连接部件的距离（要留有连接余量及机床运动部件的运动延伸长度），裁剪导线（选用塑料绝缘软铜线）。

2）套保护套管。机床床身上各电气部件间的连接导线必须用塑料套管保护。

3）敷设连接线。将连接导线从床身或穿线孔穿到相应的位置，在两端临时把套管固定。然后，用万用表校对连接线，套上号码管。校对方法如图6-13所示。确认某一根导线作为公共线，剥出所有导线芯，将一端与公共线搭接，用 R×1 的电阻档测量另一端。测完全部导线后在两端套上号码管。

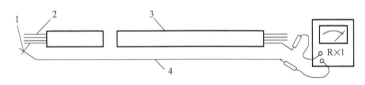

图 6-13　校对方法

1—搭接点　2—导线　3—塑料护管　4—公共线

（4）电气控制板的安装　安装电气控制板时，应在电气控制板和控制箱壁之间垫上螺母和垫片，以不压迫连接线为宜。同时将连接线从接线端子排一侧引出，便于机床的电气连接。

（5）机床的电气连接　机床的电气连接主要是电气控制板上的接线端子排与机床上各个电气部件如按钮、限位开关、电动机、照明灯和信号灯等之间的连接，形成一个整体系统。它的总体要求是安全、可靠、美观、整齐。具体要求如下：

1）机床上的电器元件上端子的接线可用剥线钳剪切出适当的长度，剥出接线头（不宜太长，取连接时的压接长度即可），除锈，然后镀锡，套上号码管，接到接线端子上用螺钉拧紧即可。

2）由于电气控制板与机床电气之间的连线采用的是多股软线，因此对成捆的软导线要进行绑扎，要求整齐美观；所有接线应连接可靠，不得有松动。安装完毕后，对照原理图和安装接线图认真检查，有无错接、漏接现象。经教师检查验证正确无误后，则将按钮盒安装就位，关上电气箱的门，即可准备试车。

三、CA6140 型普通车床的调试

1. 调试前的准备

（1）图样、资料　将有关 CA6140 型普通车床的图样和安装、使用、调试说明书准备好。

（2）工具、仪表　将电工工具、绝缘电阻表、万用表和钳形电流表准备好。

（3）电器元件的检查

1）测量电动机 M1、M2、M3 绕组间、对地绝缘电阻是否大于 0.5MΩ，否则要进行浸

漆烘干处理；测量线路对地电阻是否大于 3MΩ；检查电动机是否转动灵活，轴承有无缺油等异常现象。

2）检查低压断路器、熔断器是否和电器元件明细表一致，热继电器调整是否合理。

3）检查主电路、控制线路所有电器元件是否完好、动作是否灵活，有无接错、掉线、漏接和螺钉松动现象；接地系统是否可靠。

（4）短路检查　检查是否短路的方法及步骤如下：

1）检查主电路。断开电源和控制电源变压器 TC 的一次绕组，用绝缘电阻表测量相与相之间、相对地之间是否有短路或绝缘损坏现象。

2）检查控制线路。断开控制电源变压器 TC 的二次回路，用万用表 R×1 档测量电源线与零线或保护性 PE 之间是否短路。

（5）检查电源　首先接通试车电源，用万用表检查三相电源电压是否正常，然后拔去控制线路的熔断器，接通机床电源开关，观察有无异常现象，如打火、冒烟、熔丝熔断、有异味，检测电源控制电源变压器 TC 输出电压是否正常。如有异常，应立即关断机床电源，再切断试车电源，然后进行检查处理。如检查一切正常，可开始机床电气的整体调试。

2. 机床电气的调试

（1）控制线路的试车　先将电动机 M1、M2、M3 接线端的接线断开，并包好绝缘，然后在教师的指导下，按下列试车调试方法和步骤进行操作：

1）先合上低压断路器 QF，检查熔断器 FU1 前后有无 380V 电压。

2）检查电源控制变压器 TC 一次和二次绕组的电压是否分别为 380V、24V、6.3V 和 110V，再检查 FU2、FU3 和 FU4 后面的电压是否正常。电源指示灯 HL 应该亮。

3）按下起动按钮 SB2，接触器 KM1 应吸合，按下急停按钮 SB1，接触器 KM1 应释放。操作过程中，注意观察接触器有无异常响声。

4）采用同样的方法按下按钮 SB3 观察中间继电器 KA2 是否动作正常和有无异常响声。

5）按下起动按钮 SB2 后接通冷却泵旋钮开关 SB4 可观察中间继电器 KA1 的情况。

6）接通照明旋钮开关 SA，照明灯 EL 亮。

（2）主电路通电试车　在控制线路通电调试正常后方可进行主电路的通电试车。为了安全起见，首先断开机械负载。分别连接电动机与接线端子 1U、1V、1W、2U、2V、2W、3U、3V、3W 之间的连线；然后按照控制线路试车中的第 3）至第 6）项的顺序进行试车。检查主轴电动机 M1、冷却泵电动机 M2 和刀架快速移动电动机 M3 运转是否正常。试车的内容包括以下几个方面：

1）检查电动机旋转方向是否与工艺要求相同，检查电动机空载电流是否正常。

2）经过一段时间的试运行，观察、检查电动机有无异常响声、异味、冒烟、振动和温升过高等异常现象。

3）让电动机带上机械负载，然后按照控制线路试车中的第 3）至第 6）项的顺序进行试车，检查能否满足工艺要求而动作，并按最大切削负载运转，并检查电动机电流是否超过额定值，然后再观察、检查电动机有无异常响声、异味、冒烟、振动和温升过高等异常现象。

以上各项调试完毕后，全部合格才能验收，交付使用。

>> **操作提示**　　在实施电气线路的安装与调试时应特别注意以下几个方面的内容：

①电动机和线路的接地要符合要求。严禁采用金属作为接地通道。

②在电气控制箱外部进行敷设连接线时，导线必须穿在导线通道或敷设在机床底座内的导线通道里或套管内，导线的中间不允许有接头。

③在进行刀架快速移动调试时，要注意将运动部件置于行程的中间位置，以防运动部件与车头或尾座相撞，造成设备和人身事故。

④在进行试车调试时，要先合上电源开关，再按下起动按钮；停车时，要先按停止按钮，后断开电源开关。

⑤在进行通电试车调试时必须在教师的监护下进行，必须严格遵守安全操作规程。

>> **提示**　　在实施本任务中的电气配电板的制作、线路安装和调试的实训时，读者可根据自己的实际情况进行，若受现场安装调试条件限制也可按照如图6-11所示的电气安装图，选用木质材料的模拟电气配电板进行板前配线安装和调试技能训练。在模拟电气配电板上进行训练的具体安装与调试步骤及工艺要求可参照表6-9内的内容实施。

表 6-9　CA6140 普通车床控制线路的安装与调试

安装步骤	工艺要求
1. 选配并检验电器元件和电气设备	（1）按照图6-6和表6-3的电器元件明细表配齐电气设备和电器元件，并逐个检验其规格和质量 （2）根据电动机的容量、线路走向和各电器元件的安装尺寸，正确选配导线的规格、数量、接线端子排、配电板、紧固体等
2. 在控制配电板上固定电器元件，并在电器元件附近做好与电路图上相同代号的标记	电器元件安装整齐、合理、牢固、美观
3. 在控制配电板上进行硬线板前配线，并在导线的端部套上号码管	按照板前配线的工艺要求进行配线
4. 进行控制配电板以外的电器元件固定和连线	合理选择导线的走向，并在各线头上套上与电路图相同的线号套管
5. 自检	按照试车前的准备和检查方法分别对主电路和控制线路进行通电试车前的检查
6. 通电调试	按照机床通电调试步骤进行通电调试

【检查评议】

对任务的完成情况进行检查，并将结果填入任务测评表6-10。

表 6-10　任务测评表

序号	主要内容	考核要求	评分标准	配分	扣分	得分
1	电气测绘	测绘出电气安装接线图和电气控制原理图	1. 按照机床电气测绘的原则、方法和步骤进行电气测绘,并测绘出电气安装接线图和电气控制原理图,不按规定做扣 5～10 分 2. 测绘出的电气安装接线图和电气控制原理图正确,图形符号和文字符号标注规范。符号标注错误,每个扣 1 分,线路图不正确,每项扣 5 分,直到扣完本项分数	30		
2	安装前的检查	电器元件的检查	电器元件漏检或错检每处扣 2 分	5		
3	电气线路安装	根据电气安装接线图和电气控制原理图进行电气线路的安装	1. 电器元件安装合理、牢固,否则每个扣 2 分,损坏电器元件每个扣 10 分,电动机安装不符合要求每台扣 5 分 2. 板前配线合理、整齐美观,否则每处扣 2 分 3. 按图接线,功能齐全,否则扣 20 分 4. 控制配电板与机床电气部件的连接导线敷设符合要求,否则每根扣 3 分 5. 漏接接地线扣 10 分	35		
4	通电试车	按照正确的方法进行试车调试	1. 热继电器未整定或整定错误每只扣 5 分 2. 通电试车的方法和步骤正确,否则每项扣 5 分 3. 试车不成功扣 30 分	30		
5	安全文明生产	1. 严格执行车间安全操作规程 2. 保持实习场地整洁,秩序井然	1. 发生安全事故扣总分 30 分 2. 违反文明生产要求视情况扣总分 5～20 分			
工时	12h	其中控制配电板的板前配线 5h,上机安装与调试 7h;每超过 5min 扣 5 分		合　计		
开始时间			结束时间		成绩	

【问题及防治】

学生在进行 CA6140 型普通车床电气测绘和线路安装与调试的过程中,时常会遇到如下问题:

问题 1:在测绘过程中当发现有掉线或接线错误时,随意把掉线接到某个电器元件上,或者是干脆放弃测绘。

预防措施:在测绘过程中当发现有掉线或接线错误时,应首先做好记录,不要随意把掉线接到某个电器元件上,应照常进行测绘工作,待原理图出来后再去解决问题。

问题 2:在测绘过程中测绘的顺序混乱,无条理性。

预防措施:在测绘前应熟悉电气测绘的基本原则和方法,测绘时一般都是先测绘主电路,后测绘控制线路;先测绘输入端、再测绘输出端;先测绘主干线,再依次按接点测绘各支路;先简单后复杂,最后要一个回路一个回路地进行。

问题 3:在进行电气控制箱中的控制配电板与控制箱外部的机床电气部件的穿管连线时,测量距离不够准确,所留导线的余量不够,在管内进行导线加长的连接。

预防措施： 在电气控制箱外部进行敷设连接线时，导线必须穿在导线通道或敷设在机床底座内的导线通道里或套管内，导线的中间不允许有接头。如果由于测量距离不够准确，所留导线的余量不够时，应重新更换导线。

【知识拓展】

控制配电板的安装与接线

1）控制箱内外所有电气设备和电器元件的编号，必须与电气控制原理图上的编号完全一致。安装和检查时都要对照原理图进行。

2）安装接线时为了防止差错，主、辅线路要分开先后接线，控制线路应一个回路一个回路地接线，安装好一部分，检测一部分，就可避免在接线中出现差错。

3）接线时要注意，不可把主电路用线和辅助电路用线搞错。

4）为了使今后不致因一根导线损坏而全部更新导线，在导线穿管时，应多穿 1~2 根备用线。

5）配电板配线时要求线路整齐美观，导线去向清楚，便于查找故障。当板内空间较大时可采用塑料线槽配线方式。塑料线槽布置在配电板四周和电器元件上下。塑料线槽用螺钉固定在底板上。

6）配电板暗配线时在每一个电器元件的接线端处钻出比连接导线外径略大的孔，在孔中插进塑料套管即可穿线。

7）连接线的两端根据电气控制原理图或接线图套上相应的线号。线号的材料有：用压印机压在异型塑料管上的编号，印有数字或字母的白色塑料套管，也有人工书写的线号。

8）根据接线端子的要求，将剥削绝缘的线头按螺钉拧紧方向弯成圆环（线耳）或直接接上，多股线压头处应镀上焊锡。

9）在同一接线端子上压两根以上不同截面导线时，大截面放在下层，小截面放在上层。

10）所有压接螺栓需配置镀锌的平垫圈、弹簧垫圈，并要牢固压紧，以防止松动。

11）接线完毕，应根据原理图、接线图仔细检查各电器元件与接线端子之间及它们相互之间的接线是否正确。

任务三　　CA6140 型普通车床主轴控制线路的电气故障维修

知识目标：1. 了解机床检修的一般方法和步骤。
　　　　　2. 掌握主轴电动机电气控制线路常见电气故障的分析和检测方法。
能力目标：能熟练检修 CA6140 型普通车床主轴电动机电气控制线路的常见故障。
素质目标：养成独立思考和动手操作的习惯，培养小组协调能力和互相学习的精神。

【工作任务】

常用的机床电气设备在运行的过程中产生故障，会致使设备不能正常工作，不但影响生产效率，严重时还会造成人身或设备事故。机床电气故障的种类繁多，同一种故障症状可有多种引起故障的原因；而同一种故障原因又可能有多种故障症状的表现形式。快速排除故障，保持机床电气设备的连续运行是电气维修人员的职责，也是衡量电气维修人员水平的标志。机床电气故障无论是简单的还是复杂的，在进行检修时都有一定的规律和方法可循。

本次任务的主要内容是：通过 CA6140 型普通车床主轴电动机控制线路常见电气故障的分析与检修，掌握常用机床电气设备的维修要求、故障检修和维修的步骤，同时能熟练地使用量电法（电压测量法、验电笔测试法）、电阻测量法（通路法）检测故障。

【相关理论】

一、电气设备维修的一般要求

对电气设备维修的要求一般包括以下几个方面：

1）检修工作时，所采取的维修步骤和方法必须正确，切实可行。

2）检修工作时，不得损坏完好的元器件。

3）检修工作时，不得随意更换元器件及连接导线的型号及规格。

4）检修工作时，应保持原有线路的完好性，不得擅自改动线路。

5）检修工作时，若不小心损坏了电气装置，在不降低其固有性能的前提下，对损坏的电气装置应尽量修复使用。

6）检修后的电气设备的各种保护性能必须满足使用的要求。

7）检修后的电气绝缘必须合格，通电试车能满足线路要求的各种功能，控制环节的动作程序符合控制要求。

8）检修后的电气装置必须满足其质量标准。电气装置的检修质量标准如下：

① 检修后的电气装置外观整洁，无破损和碳化现象。

② 电气装置和元器件所有的触点均应完整、光洁，并接触良好。

③ 电气装置和元器件的压力弹簧和反作用弹簧具有足够的弹力。

④ 电气装置和元器件的操纵、复位机构都必须灵活可靠。

⑤ 各种电气装置的衔铁运动灵活，无卡阻现象。

⑥ 带有灭弧装置的电气装置和元器件，其灭弧罩必须完整、清洁，安装牢固。

⑦ 电气装置的整定数值大小应符合线路使用的要求，如热继电器、过电流继电器等。

⑧ 电气设备的指示装置能正常发出信号。

二、电气设备的日常维护和保养

电气设备的日常维护和保养主要包括电动机和控制设备的日常维护和保养。加强对电气设备的日常检查、维护和保养，及时发现一些非正常因素，并进行及时的修复和更换处理，将故障消灭在萌芽状态，是减低故障造成的损失和增加电气设备连续运转周期，保证电气设备正常运行的有效措施。

1. 电动机的日常维护

电动机是机床设备实现电力拖动的核心部分，因此在日常检查和维护中显得尤为重要。在电动机的日常检查和维护时应做到：电动机表面清洁，通风气畅，运转声音正常，运行平稳，三相定子绕组的电流平衡，各相绕组之间的绝缘电阻和绕组对外壳的绝缘电阻应大于

0.5MΩ，温升正常，绕线转子电动机和直流电动机电刷下的火花应在允许的范围内。

2. 控制设备的日常维护保养

控制设备的日常维护保养的主要内容包括以下几个方面：

1）控制设备操纵台上的所有操纵按钮、主令开关的手柄、信号灯及仪表护罩都应保持清洁完好。

2）控制设备上的各类指示信号装置和照明装置应完好。

3）电气柜的门、盖应关闭严密，柜内保持清洁、无积尘和异物，不得有水滴、油污和金属切屑等，以免损坏电器造成事故。

4）接触器、继电器等电器的吸合良好，无噪声、卡阻和迟滞现象。触点接触面有无烧蚀、毛刺或穴坑；电磁线圈是否过热；各种弹簧弹力是否适当；灭弧装置是否完好无损等。

5）试验位置开关能否起到限位保护作用，各电器的操作机构应灵活可靠。

6）控制设备各线路接线端子连接牢靠，无松脱现象。同时各部件之间的连接导线、电缆或保护导线的软管，不得被切削液、油污等腐蚀。

7）电气柜及导线通道的散热情况应良好。

8）控制设备的接地装置必须可靠。

三、电气设备的维护保养周期

对设置在电气柜（配电箱）内的电器元件，一般不需要经常进行开门监护，主要靠日常定期的维护和保养来实现电气设备较长时间的安全稳定运行。其维护保养周期应根据电气设备的构造、使用情况及环境条件等来确定。在进行电气设备的维护保养时，一般可配合生产机械的一、二级保养同时进行，其保养的周期及内容见表6-11。

表6-11　电气设备的维护保养周期及内容

保养级别	保养周期	机床作业时间	电气设备保养内容
一级保养	一季度左右	6～12h	1. 清扫配电箱的积尘异物 2. 修复或更换即将损坏的电器元件 3. 整理内部接线，使之整齐美观。特别是在平时应急修理处，应尽量复原成正规状态 4. 紧固熔断器的可动部分，使之接触良好 5. 紧固接线端子和电器元件上的压线螺钉，使所有压接线头牢固可靠，以减小接触电阻 6. 对电动机进行小修和中修检查 7. 通电试车，使电器元件的动作程序正确可靠
二级保养	一年左右	3～6d	1. 机床一级保养时，对机床电器所进行的各项维护保养工作 2. 检修动作频繁且电流较大的接触器、继电器触点 3. 检查有明显噪声的接触器和继电器 4. 校验热继电器，看其是否能正常工作，校验效果应符合热继电器的动作特性 5. 校验时间继电器，看其延时时间是否符合要求

四、电气设备故障检修步骤

机床电气设备故障的类型大致可分为两大类：一类是有明显外表特征并容易发现的故障，如电动机、电器元件的显著发热、冒烟甚至发出焦臭味或电火花等。另一类是没有明显外表特征的故障，此类故障多发生在控制线路中，由于电器元件调整不当，机械动作失灵，触点及压接线端子接触不良或脱落以及小零件损坏，导线断裂等原因所引起。尽管机床电气设备通过日常维护保养后，大大地降低了电气故障的发生率，但绝不能杜绝电气故障的发生。因此，电气维修人员除了掌握日常维护保养技术外，还必须在电气故障发生后，能够及时采用正确的判断方法和正确的故障检修及步骤，找出故障点并排除故障。

当电气设备出现故障时，不应盲目动手进行检修，应遵循电气故障检修的步骤进行检修，其检修的步骤流程如图 6-14 所示。

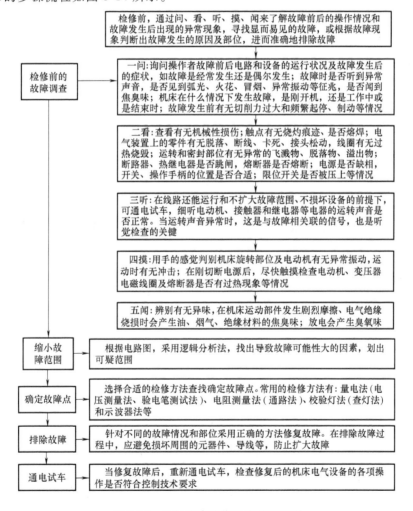

图 6-14　电气故障检修的步骤流程图

五、CA6140 型普通车床主轴电气控制线路

在进行 CA6140 型普通车床主轴电气控制线路常见的电气故障分析和检修时，首先必须

要熟悉其电气控制原理图和在机床实物（或模拟机床控制线路板）上电气线路实际走线路径及电器元件所在的位置。图 6-15 所示是根据 CA6140 型普通车床电气控制原理图和项目六的任务二测绘出的主轴电气控制原理图。

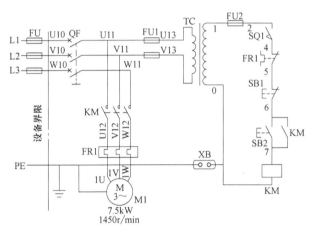

图 6-15　主轴电气控制原理图

【任务准备】

实施本任务教学所使用的实训设备及工具材料可参考表 6-3。

【任务实施】

一、CA6140 型普通车床主轴控制线路常见故障分析与检修

首先由教师在 CA6140 型车床（或车床模拟实训台）上人为设置自然故障点，并进行故障分析和故障检修操作示范，让学生仔细观察教师示范检修过程。然后，在教师的指导下，让学生分组自行完成故障点的检修实训任务。本书后续故障分析与检修均建议按照此方法。CA6140 型车床主轴控制线路常见故障现象和故障检修如下：

【故障现象1】　合上低压断路器 QF，信号灯 HL 亮，合上照明灯开关 SA，照明灯 EL 亮，按下起动按钮 SB2，主轴电动机 M1 转得很慢甚至不转，并发出"嗡嗡"声。

【故障分析】　采用逻辑分析法对故障现象进行分析可知，当按下起动按钮 SB2 后，主轴电动机 M1 转得很慢甚至不转，并发出"嗡嗡"声，说明接触器 KM 已吸合，电气故障为典型的电动机断相运行，因此故障范围应在主轴电气控制的主线路上，通过逻辑

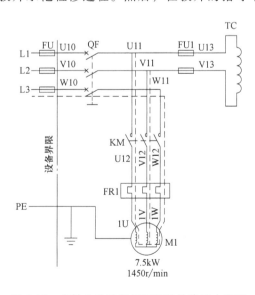

图 6-16　主轴电动机断相运行的故障最小范围

分析法可用虚线画出该故障的最小范围，如图6-16所示。

【故障检修】　当试机时，发现是电动机断相运行，应立即按下急停按钮SB1，使接触器KM主触点处于断开状态，然后根据如图6-16所示的故障最小范围，分别采用电压测量法和电阻测量法进行故障检测。具体的检测方法及实施过程如下：

步骤一：首先以接触器KM主触点为分界点，在主触点的上方采用电压测量法，即采用万用表交流500 V档分别检测接触器KM主触点输入端三相电压U_{U11V11}、U_{U11W11}、U_{V11W11}的电压值，如图6-17所示。若三相电压值正常，就切断低压断路器QF的电源，在主触点的下方采用电阻测量法，借助电动机三相定子绕组构成的回路，用万用表R×100（或R×1k）档分别检测接触器KM主触点输出端的三相回路（即U12与V12之间、U12与W12之间、V12与W12之间）是否导通，若三相回路正常导通，则说明故障在接触器的主触点上。

步骤二：当判断出故障范围在接触器KM的主触点上时，应在断开断路器QF和拔下熔断器FU1的情况下，按下接触器KM动作试验按钮，分别检测接触器KM的3对主触点接触是否良好，若测得电阻值为无穷大，则说明该触点接触不良，若电阻值为零则说明无故障，可进入下一步检修。检测方法如图6-18所示。

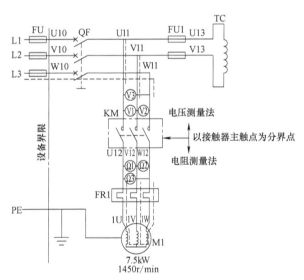

图6-17　主电路的测试方法

图6-18　主触点的检测

步骤三：若检测出接触器KM主触点输入端三相电压值不正常，则说明故障范围在接触器主触点输入端上方。若检测出接触器KM主触点输出端三相回路导通不正常，则说明故障范围在接触器主触点输出端下方。

【故障现象2】　按下起动按钮SB2后，接触器KM不吸合，主轴电动机M1不转。

由于机床电气控制是一个整体的电气控制系统，当出现按下起动按钮SB2后，接触器KM不吸合，主轴电动机M1不转的故障现象时，不能盲目地对故障范围下结论，并且不能盲目地采取检测方法检修，应首先进行整体的试车，仔细观察现象，然后根据现象确定故障的最小范围，再采用正确合理的检测方法找出故障点，排除故障。一般造成按下起动按钮SB2后接触器KM不吸合，主轴电动机M1不转故障现象的故障描述一般分为下列几种：

故障描述一：该故障现象见表 6-12。

【故障分析】 采用逻辑分析法对故障现象进行分析可知，故障范围应在控制电源变压器 TC 一次绕组的电源回路上，其最小故障范围可用虚线表示，如图 6-19 所示。

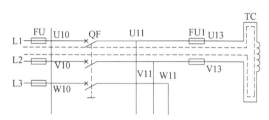

图 6-19　故障 2 的故障最小范围

【故障检修】 根据如图 6-19 所示的故障最小范围，可以采用电压测量法或者采用验电笔测量法进行检测。

（1）电压测量法检测　采用电压测量法进行检测时，先将万用表的量程选择开关拨至交流 500V 档，具体检测过程详见表 6-12。

表 6-12　电压测量法查找故障点

故 障 现 象	测试方法	测量标号	电压数值	故 障 点
合上低压断路器 QF，信号灯 HL 不亮，合上照明灯开关 SA，照明灯 EL 不亮，然后打开壁龛门，压下 SQ2 传动杆，合上低压断路器 QF，信号灯 HL 不亮，合上照明灯开关 SA，照明灯 EL 不亮，再按下起动按钮 SB2，接触器 KM 不吸合，主轴电动机 M1 不转，按下刀架快速进给按钮 SB3，中间继电器 KA2 不能吸合，拨通冷却泵开关 SB4，中间继电器 KA1 不能吸合	电压测量法	U13 – V13	正常	故障在变压器 TC 的一次绕组上
		U13 – V13	异常	V 相的 FU1 熔丝断（若 U13 – V11 异常、U11 – V13 正常，则可判断 U 相的 FU1 熔丝断）
		U13 – V11	正常	
		U11 – V13	异常	
		U11 – V11	异常	断路器 QF 的 U 相触点接触不良（若 U10 – V11 异常、U11 – V10 正常，则为断路器 QF 的 V 相触点接触不良）
		U10 – V10	正常	
		U10 – V11	正常	
		U11 – V10	异常	
		U10 – V10	异常	V 相的 FU 熔丝断（若 V10 – L1 正常，则可判断 U 相的 FU 熔丝断）
		U10 – L2	正常	

（2）验电笔测量法检测　在进行该故障检测时，也可用验电笔测量法进行检测，而且检测的速度较电压测量法要快，但前提条件是必须拔下熔断器 FU1 中的 U、V 两相任意一个熔断器，断开控制电源变压器一次绕组的回路，避免因电流回路造成检测时的误判。具体的检测方法及判断如下：以熔断器 FU1 为分界点，验电笔检测示意图如图 6-20 所示。首先拔下 U11 与 U13 之间的熔断器 FU1，然后用验电笔分别检测 U11 与 U13 之间的熔断器 FU1 两端是否有电（验电笔氖管的亮度是否正常），来判断故障点所在的位置，具体检测流程图如图 6-21 所示。

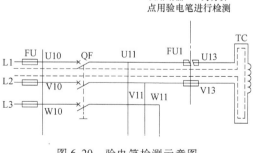

图 6-20　验电笔检测示意图

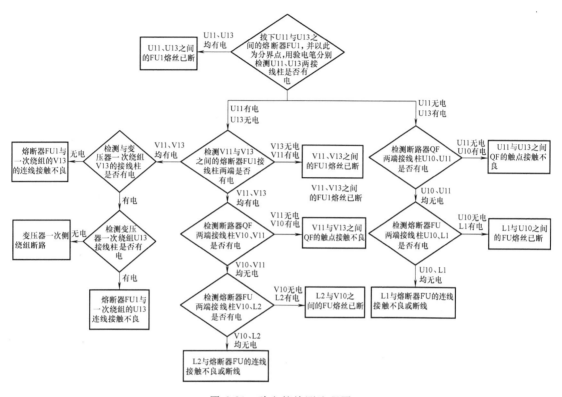

图 6-21 验电笔检测流程图

>> **提示**

　　在使用验电笔测量法进行该故障检测时，虽然检测的速度较电压测量法要快，但前提条件是必须断开熔断器 FU1 中的 U、V 两相任意一个熔断器，由此断开控制电源变压器一次绕组的回路，避免因电流回路造成检测时的误判。

　　故障描述二： 合上低压断路器 QF，信号灯 HL 不亮，合上照明灯开关 SA，照明灯 EL 不亮，然后打开壁龛门，压下 SQ2 传动杆，合上低压断路器 QF，信号灯 HL 亮，合上照明灯开关 SA，照明灯 EL 亮，再按下起动按钮 SB2，接触器 KM 不吸合，主轴电动机 M1 不转，按下刀架快速进给按钮 SB3，中间继电器 KA2 不能吸合，拨通冷却泵开关 SB4，中间继电器 KA1 不能吸合。

　　【故障分析】 采用逻辑分析法对故障现象进行分析可知，故障范围应在控制电源变压器 TC 二次绕组的控制线路上。其最小故障范围可用虚线表示如图 6-22 所示。

　　【故障检修】 打开壁龛门，压下 SQ2 传动杆，合上低压断路器 QF，用电压测量法首先测量控制电源变压器 TC 的 110V 二次绕组的 $1^{\#}$ 与 $0^{\#}$ 之间的电压值是否正常，若不正常则说明控制电源变压器 TC 的 110V 二次绕组断路。若电压值正常，则测量熔断器 FU2 的 $2^{\#}$ 接线柱与 $0^{\#}$ 之间电压值，如果所测得电压值不正常，则说明熔断器 FU2 的熔丝已断；如果所测得电压值正常，就继续测量与 SQ1 连接的 $2^{\#}$ 接线柱与 $0^{\#}$ 之间的电压值，若电压值不正常，则说明故障在连接熔断器 FU2 和 SQ1 之间的 $2^{\#}$ 连线上，若所测得电压值正常，则说明故障

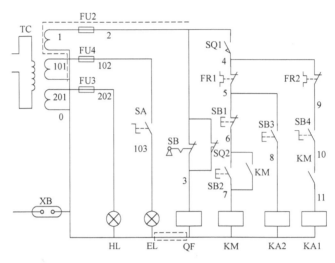

图 6-22　故障最小范围

在与 QF 线圈的 0# 连线上。

【故障现象3】　按下起动按钮 SB2，主轴电动机 M1 运转，松开 SB2 后，主轴电动机 M1 停转。

【故障分析】　分析线路工作原理可知，造成这种故障的主要原因是接触器 KM 的自锁触点接触不良或导线松脱，使线路不能自锁。其故障最小范围如图 6-23 所示。

【故障检修】　打开壁龛门，压下 SQ2 传动杆，合上低压断路器 QF，在人为接通 SQ1 后，采用电压测量法检测接触器 KM 自锁触点两端 6# 与 7# 之间的电压值是否正常；如果电压值不正常，则说明故障在自锁回路上，然后用验电笔检测接触器 KM 自锁触点 6# 接线柱是否有电，若无电则故障在 6# 连线上；若有电则说明故障在 7# 连线上。如果检测出接触器 KM 自锁触点两端 6# 与 7# 之间的电压值正常，则说明故障原因是接触器 KM 自锁触点闭合时接触不良。

检测自锁触点是否接触良好，应先切断低压断路器 QF，使 SQ1 处于断开位置，然后人为按下接触器 KM，用万用表电阻 R×10 档检测接触器自锁触点接触是否良好。如果接触不良，则修复或更换触点。检测自锁触点接触情况如图 6-24 所示。

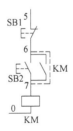

图 6-23　主轴电动机不能连续运行故障最小范围

图 6-24　检测自锁触点接触情况

【故障现象4】　按下急停按钮 SB1，主轴电动机 M1 不能停止。

【故障分析】　按下 SB1 后，主轴电动机 M1 不能停止的主要原因分别是 KM 主触点熔焊；SB1 被击穿短路或线路中 5、6 两点连接导线短路；KM 铁心端面被油垢粘牢不能脱开。

【故障检修】 当出现该故障现象时，应立即断开断路器 QF，若 KM 释放，说明故障是 SB1 被击穿或导线短路；若 KM 过一段时间释放，则故障为铁心端面被油垢粘牢；若 KM 不释放，则故障为 KM 主触点熔焊。可根据情况采取相应的措施修复，在此不再赘述。

>> **操作提示**

① 检修前要认真识读分析电路图、电器布置图和接线图，熟练掌握各个控制环节的作用及原理，掌握电器的实际位置和走线路径。

② 认真观摩教师的示范检修，掌握车床电气故障检修的一般方法和步骤。

③ 检修过程中要注意人身安全，所使用的工具和仪表应符合使用要求。

④ 检修时，严禁扩大故障范围或产生新的故障点。

⑤ 故障检测时应根据电路的特点，通过相关和允许的试车，尽量缩小故障范围。

⑥ 当检测出是主电路的故障时，为避免因断相在检修试车过程中造成电动机损坏的事故，继电器主触点以下部分最好采用电阻测量法进行检测。

⑦ 控制线路的故障检测应尽量采用量电法（即电压测量法和验电笔测量法），当故障检测出后，应断开电源后方可排除故障。

⑧ 停电后要进行验电，带电检修时，必须有指导教师在现场监护，以确保操作安全，同时要做好检修记录。

【检查评议】

对任务的完成情况进行检查，并将结果填入任务测评表6-13。

表 6-13 任务测评表

序号	考核内容	考核要求	评分标准	配分	扣分	得分
1	故障现象	正确观察机床的故障现象	能正确观察机床的故障现象，若故障现象判断错误，每个故障扣10分	20		
2	故障范围	用虚线在电气控制原理图中划出最小故障范围	能用虚线在电气控制原理图中划出最小故障范围，错判故障范围，每个故障扣10分；未缩小到最小故障范围每个扣5分	20		
3	故障检修	检修步骤正确	1. 仪表和工具使用正确，否则每次扣5分 2. 检修步骤正确，否则每处扣5分	30		
4	故障排除	故障排除完全	故障排除完全，否则每个扣10分；不能查出故障点，每个故障扣20分；若扩大故障每个扣20分，如损坏电器元件，每只扣10分	30		
5	安全文明生产	1. 严格执行车间安全操作规程 2. 保持实习场地整洁，秩序井然	1. 发生安全事故扣总分30分 2. 违反文明生产要求视情况扣总分5～20分			
工时	30min		合 计			
开始时间			结束时间		成绩	

【问题及防治】

学生在进行 CA6140 型普通车床主轴电气故障检修的过程中，时常会遇到如下问题：

问题 1：在检测主轴电动机 M1 断相运行的电气故障时，没有按下停止按钮 SB1，直接在接线端子排上测量主轴电动机 1U、1V、1W 之间的三相电压是否正常。

后果：会造成主轴电动机长时间断相运行，严重时会损坏电动机。

预防措施：当发现主轴电动机 M1 断相运行的电气故障时，应立即按下停止按钮 SB1，使接触器 KM 主触点处于断开状态，断开主轴电动机 M1 三相定子绕组的电源，然后在接触器 KM 主触点输入端采用电压测量法进行检测，然后断开总电源，在接触器 KM 主触点输出端采用电阻测量法进行检测。

问题 2：当按下 SB2 起动按钮后，接触器 KM 不能吸合，就将故障范围确定在接触器 KM 的控制线路上，不能确定故障的最小范围。

后果及原因：在进行故障检测时应根据电路的特点，通过整体的试车，尽量缩小故障范围。如果故障出现在熔断器 FU1 的熔丝熔断，也会造成当按下 SB2 起动按钮后，接触器 KM 不能吸合；如果将整个控制线路都作为故障范围是无法排除故障的。

预防措施：由于车床电气控制是一个整体的电气控制系统，因此应先进行整体的试车，通过观察相互联系的电器元件的动作情况，然后通过逻辑分析法进行分析确定故障的最小范围，再采取正确合理的检测方法查找故障点，并排除故障。具体方法参见任务实施环节中的故障现象 2 的故障检修。

问题 3：在进行控制线路的故障检测时，从头到尾都采用电阻测量法进行检测。

后果及原因：在进行控制线路的故障检测时，从头到尾都采用电阻测量法进行检测是不切换实际的，这是因为车床的电气控制配电板是安装在电气控制箱内，而起动按钮和停止按钮是安装在电气控制箱外，并且与电气控制配电板的相距甚远，万用表的表笔不够长，给检测带来一定的难度，一般不提倡。

预防措施：在控制线路的故障检测时，应尽量采用量电法（即电压测量法和验电笔测量法），这样既能快速查找出故障点，又能保证测试的准确性；值得注意的是，当故障检测出后，应断开电源后方可排除故障，以免发生触电事故。

【知识拓展】

电气故障的修复及注意事项

当查找出电气设备的故障点后，就要着手进行修复、试运转、记录等，然后交付使用，但必须注意以下事项：

1）在查找出故障点和修复故障时，应注意不能把找出的故障点作为寻找故障的终点，还必须进一步分析查明产生故障的根本原因。例如，在处理某台电动机因过载烧毁的事故时，绝不能认为将烧毁的电动机重新修复或换上一台同一型号的新电动机就可以了，而应进一步查明电动机过载的原因，查明是因负载过重，还是电动机选择不当、功率过小所致，因为两者都将导致电动机过载烧毁。所以在处理故障时，修复故障应在找出故障原因并排除之后进行。

2）查找出故障点后，一定要针对不同故障情况和部位，相应地采取正确的修复方法，不要轻易更换元器件和补线等方法，更不允许轻易改动线路或更换规格不同的元器件，以防产生人为故障。

3）在故障点的修理工作中，一般情况下应尽量做到复原。但是，有时为了尽快恢复机床的正常运行，根据实际情况也允许采取一些适当的应急措施，但绝不可凑合行事。

4）当发现熔断器熔断故障后，不要急于更换熔断器的熔丝，而应该仔细分析熔断器熔断的原因。如果是负载电流过大或有短路现象，应进一步查出故障，排除故障因素后，再更换熔断器熔丝；如果是容量选小了，应根据所接负载重新核算选用合适的熔丝；如果是接触不良引起的，应对熔断器座进行修理或更换。

5）如果查出是电动机、变压器、接触器等出了故障，可按照相应的方法进行修理。如果损坏严重无法修理，则应更换新的。为了减少设备的停机时间，也可先用新的电器将故障电器替换下来再修。

6）当接触器出现主触点熔焊故障，这很可能是由于负载短路造成的，一定要将负载短路的问题解决后，才能再次通电试验。

7）由于机床故障的检测，在许多情况下需要带电操作，所以一定要严格遵守电工操作规程，注意安全。

8）电气故障修复完毕，需要通电试运行时，应和操作者配合，避免出现新的故障。

9）每次排除故障后，应及时总结经验，并做好维修记录。记录的内容包括：机床设备的型号、名称、编号、故障发生日期、故障现象、部位、损坏的电器、故障原因、修复措施及修复后的运行情况等。记录的目的是以此作为档案，以备日后维修时参考，并通过对历次故障的分析，采取相应的有效措施，防止类似故障的再次发生，或对电气设备本身的设计提出改进意见等。

任务四　CA6140 型普通车床冷却泵和刀架快速移动电动机控制线路的电气故障的维修

知识目标： 1. 了解冷却泵和刀架快速移动电动机的工作原理。
2. 掌握冷却泵和刀架快速移动电动机电气控制线路常见电气故障的分析和检测方法。
能力目标： 能熟练检修 CA6140 型普通车床冷却泵和刀架快速移动电动机电气控制线路的常见故障。
素质目标： 养成独立思考和动手操作的习惯，培养小组协调能力和互相学习的精神。

【工作任务】

虽然车床工作时，绝大部分功率消耗在主轴运动上，但是在进行某些金属切削加工（如螺纹的加工）时，往往需要用切削液配合进行加工，冷却泵电气控制线路的好坏会直接影响到切削加工生产的正常进行；同时作为主要辅助运动的刀架快速移动控制则是为了提高生产效率。车床的主要运动形式是相辅相成的，我们除了要掌握主轴电动机控制线路常见电气故障的分析与检修，还必须掌握冷却泵和刀架快速移动电动机控制线路常见电气故障的分析和检测方法。

本次任务就是：通过常用机床电气设备的维修要求、故障检修和维修的步骤，进行 CA6140 型普通车床冷却泵和刀架快速移动电动机控制线路电气故障检修。

【相关理论】

一、冷却泵和刀架快速移动电动机控制线路

通过对本项目任务二中图 6-6 所示的 CA6140 型普通车床的电气控制原理图的简化，可得出如图 6-25 所示的冷却泵电动机和刀架快速移动电动机控制的电气线路图。

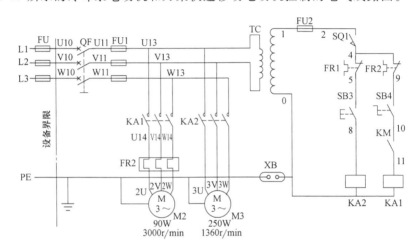

图 6-25　冷却泵电动机和刀架快速移动电动机控制的电气线路图

二、冷却泵和刀架快速移动电动机控制线路的分析

1. 主电路

从主电路可看出两台电动机均为正转控制。其中冷却泵电动机 M2 由中间继电器 KA1 控制，输送切削液；而刀架快速移动电动机 M3 由 KA2 控制，在机械手柄的控制下带动刀架快速做横向或纵向进给运动。

冷却泵电动机 M2 设有过载保护；刀架快速移动电动机 M3 未设过载保护。另外熔断器 FU1 作为冷却泵电动机 M2、刀架快速移动电动机 M3 和控制电源变压器 TC 一次绕组的短路保护。

2. 控制线路

与主轴电动机 M1 电气控制线路一样，冷却泵电动机 M2 和刀架快速移动电动机 M3 的控制线路电源也是由控制电源变压器 TC 提供，控制电源电压为 110V，熔断器 FU2 做短路保护。

（1）冷却泵电动机 M2 的控制　冷却泵电动机 M2 和主轴电动机 M1 在控制线路中采用了顺序控制的方式，因此只有当主轴电动机 M1 起动后（即 KM 的辅助常开触点闭合），再合上转换开关 SB4，中间继电器 KA1 才能吸合，冷却泵电动机 M2 才能起动。当 M1 停止运

行或断开转换开关 SB4 时，M2 随即停止运行。FR2 为冷却泵电动机提供过载保护。

（2）刀架快速移动电动机 M3 的控制　从安全需要考虑，刀架快速移动电动机 M3 采用点动控制，按下点动按钮 SB3，就可以控制刀架的快速移动。

【任务准备】

实施本任务教学所使用的实训设备及工具材料可参考表 6-3。

【任务实施】

一、指认冷却泵和刀架快速移动电动机控制线路

在教师的指导下，根据前面任务测绘出的 CA6140 型普通车床的电气接线图和电器位置图，在车床上找出冷却泵与刀架快速移动电动机的电气控制线路实际走线路径，并与如图 6-25 所示的电气线路图进行比较，为故障分析和检修做好准备。

二、CA6140 型普通车床冷却泵和刀架快速移动电动机常见故障分析与检修

【故障现象 1】　车床切削加工时，无切削液输送或切削液输送很少，同时冷却泵电动机 M2 发出"嗡嗡"声。

从故障现象可知是冷却泵电动机断相运行造成的，此时应立即将冷却泵控制的转换开关 SB4 拨到断开的位置，使中间继电器 KA1 断电，切断冷却泵电动机三相定子绕组的电源，以防冷却泵因长时间断相运行而损坏。然后观察主轴电动机的运行是否正常，若正常，还应观察刀架快速移动电动机的运行是否正常，由此才能确定造成冷却泵电动机断相运行的故障最小范围，进而通过正确合理的检测方法，查找出故障点，并将故障排除。因此，在车床切削加工时，无切削液输送或切削液输送很少，同时冷却泵电动机 M2 发出"嗡嗡"声的故障现象的故障描述为：

合上低压断路器 QF，信号灯 HL 亮，合上照明灯开关 SA，照明灯 EL 亮，按下起动按钮 SB2，主轴电动机 M1 运转正常。拨通冷却泵开关 SB4，无切削液输送或切削液输送很少，同时冷却泵电动机 M2 发出"嗡嗡"声。

【故障分析】　遇到该故障现象时，应立即按下主轴急停按钮 SB1 或将冷却泵开关 SB4 拨至断开位置，避免冷却泵长时间断相运行；然后通过按下点动按钮 SB3，观察刀架快速移动电动机的运行是否正常，确定故障的最小范围。

1）按下点动按钮 SB3，刀架快速移动电动机也发出"嗡嗡"声。采用逻辑分析法对故障现象进行分析可知，故障范围应在冷却泵电动机和刀架快速移动电动机控制主电路的公共线路区域，通过逻辑分析法可用虚线画出该故障的最小范围，如图 6-26 所示。

故障检修：通过如图 6-26 所示知道造成该故障的最小范围后，以 W 相的熔断器 FU1 为检测分界点，可采用验电笔测试法，直接检测熔断器 FU1 两端的 W11、W13 接线柱上是否有电，若两端的接线柱均有电，则说明与熔断器 FU1 接线柱连接的 W13 连线接触不良；若两端的接线柱均无电，则说明是与熔断器 FU1 接线柱连接的 W11 连线接触不良；若 W11 有电而 W13 无电，则说明 W 相的熔断器 FU1 的熔丝已断。

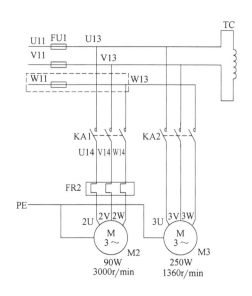

图 6-26　故障 1 的故障最小范围

>> **提示**　　在检测没有变压器回路的电路时，采用验电笔测试法进行检测要比电压测量法和电阻测量法快，但测量时必须事先将验电笔在正常的电源上进行试电，确认验电笔的完好和氖管亮度后，再进行故障检测，保证检测的准确性。

2）按下点动按钮 SB3，刀架快速移动电动机运行正常。采用逻辑分析法对故障现象进行分析可知，故障范围应在冷却泵电动机控制主电路上，通过逻辑分析法可用虚线画出该故障的最小范围，如图 6-27 所示。

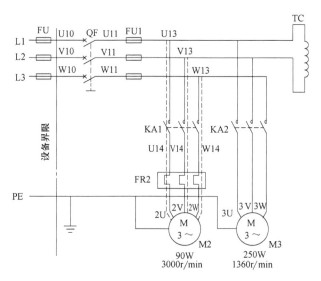

图 6-27　故障 1 的故障最小范围

故障检修：根据如图 6-27 所示的故障最小范围，应以中间继电器 KA1 主触点为分界点，分别采用电压测量法和电阻测量法进行故障检测。具体的检测方法及实施过程与本项目任务三中的主轴电动机断相运行的故障检修方法相似，在此不再赘述，读者可参照实施。

【故障现象 2】　冷却泵电动机 M2 不能起动运转。

当拨通转换开关 SB4，冷却泵电动机 M2 不能起动运转时，不能盲目地对故障范围下结论和盲目地采取检测方法进行检修，特别是冷却泵与主轴电动机实现的是顺序控制方式，如果主轴电动机不能起动，也会导致冷却泵电动机不能起动运转，因此应首先进行整体的试车，仔细观察故障现象，然后根据现象确定故障最小范围后，再采用正确合理的检测方法找出故障点，排除故障。一般出现冷却泵电动机 M2 不能起动运转现象的故障范围描述有以下两种：

故障描述一：合上低压断路器 QF，信号灯 HL 不亮，合上照明灯开关 SA，照明灯 EL 不亮，按下起动按钮 SB2，接触器 KM 不吸合，主轴电动机 M1 不转，按下刀架快速进给按钮 SB3，中间继电器 KA2 不能吸合，拨通冷却泵开关 SB4，中间继电器 KA1 不能吸合。然后打开壁龛门，压下 SQ2 传动杆，合上低压断路器 QF，信号灯 HL 不亮，合上照明灯开关 SA，照明灯 EL 不亮，再按下起动按钮 SB2，接触器 KM 不吸合，主轴电动机 M1 不转，按下刀架快速进给按钮 SB3，中间继电器 KA2 不能吸合，拨通冷却泵开关 SB4，中间继电器 KA1 不能吸合。

故障分析：采用逻辑分析法对故障现象进行分析可知，冷却泵电动机 M2 不能起动运转的原因是主轴电动机控制接触器 KM 未能吸合。

故障检修：只要按本项目任务三中的主轴电动机电气线路故障检修的方法将主轴电气线路的故障排除即可。

故障描述二：合上低压断路器 QF，信号灯 HL 亮、合上照明灯开关 SA，照明灯 EL 亮；按下起动按钮 SB2，接触器 KM 吸合，主轴电动机 M1 运转，按下刀架快速进给按钮 SB3，中间继电器 KA2 吸合，拨通冷却泵开关 SB4，中间继电器 KA1 不能吸合。

故障分析：采用逻辑分析法对故障现象进行分析，可用虚线画出该故障的最小范围，如图 6-28 所示。

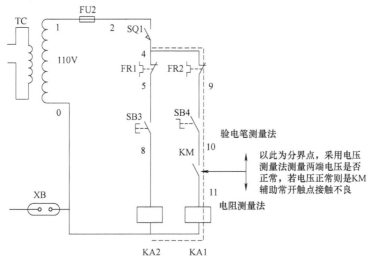

图 6-28　故障 2 的最小故障范围及检测方法示意图

故障检修：打开壁龛门，压下 SQ2 传动杆，合上低压断路器 QF，人为接通 SQ1，并拨通 SB4，在主轴停止的状态下，采用电压测量法、验电笔测量法和电阻测量法配合进行检测，如图 6-28 所示。具体的检测方法及步骤如下：

1）以连接在 $10^\#$ 和 $11^\#$ 之间的 KM 辅助常开触点为分界点，采用电压测量法检测 KM 辅助常开触点两端的电压是否正常（110V），若电压正常，则说明故障是 KM 辅助常开触点接触不良。

2）若 KM 辅助常开触点两端的电压不正常，可采用验电笔测量法来判断故障的范围，即用验电笔检测与 $10^\#$ 连接的 KM 辅助常开触点接线柱是否有电，若有电，则说明故障范围在与 KM 辅助常开触点 $11^\#$ 接线柱连接的支路上。由于该故障线路都是在接触器 KM 与接线端子排上，连接线之间的距离较近，此时可以用电阻测量法进行检测。检测时，首先必须断开电源，然后采用电阻分段测量法，按照故障线路路径分段检测，找出故障点并排除故障。

想一想

若不是采用电阻测量法，而是采用电压测量法，应如何检测？

3）若用验电笔检测与 $10^\#$ 连接的 KM 辅助常开触点接线柱无电，则说明故障范围在与 KM 辅助常开触点 $10^\#$ 接线柱连接的支路上。

由于该故障线路的路径是 110V 的相线，而且在该线路路径中的冷却泵控制开关 SB4 与电气配电板相距较远，因此采用验电笔测试法较为实用。检测方法是，按照故障线路路径上的节点，采用验电笔测试法逐一进行检测即可。

>> 操作提示

采用验电笔测试法判断故障的原则是：故障点总是在检测的一个节点有电与另一个检测节点无电之间。

想一想

若合上电源开关 QF，按下点动按钮 SB3，中间继电器 KA2 不吸合，刀架快速移动电动机 M3 不能点动（主轴电动机 M1 正常、冷却泵电动机 M2 不正常）的故障最小范围在哪里？如何检修？

【检查评议】

对任务实施的完成情况进行检查，并将结果填入任务测评表（参见表 6-13）。

【问题及防治】

学生在进行 CA6140 型普通车床冷却泵和刀架快速移动控制线路电气故障检修的过程中，时常会遇到如下问题：

问题 1：检修冷却泵电动机 M2 断相运行时，只观察主轴电动机 M1 是否断相，而忽视观察刀架快速移动电动机 M3 是否断相运行。

后果：如果在检修冷却泵电动机 M2 断相运行时，只观察主轴电动机 M1 是否断相，而忽视观察刀架快速移动电动机 M3 是否断相运行，会造成不能缩小故障的最小范围，延长了故障检测时间，甚至会造成误判。

预防措施：在检修冷却泵电动机 M2 断相运行时，除了观察主轴电动机 M1 是否断相外，还应观察刀架快速移动电动机 M3 是否断相运行。通过观察刀架快速移动电动机 M3 是否断相运行，能在很短的时间内缩小故障的最小范围。例如：M1 正常，M2、M3 断相运行，故障范围则在冷却泵电动机和刀架快速移动电动机控制主电路的公共线路区域上；若 M1、M2 正常，而 M3 断相运行，则故障范围在冷却泵电动机控制主电路上。

问题 2：未起动主轴就拨通冷却泵控制开关 SB4，发现冷却泵电动机不能起动运行，就盲目地对冷却泵控制线路进行检测。

预防措施：检修时，应通过合理的试车才能判断故障的最小范围。首先应起动主轴，如果 KM 不能吸合，造成冷却泵不能起动的原因则是主轴控制线路的故障；若主轴能起动，造成冷却泵不能起动的原因则是冷却泵控制线路。

【知识拓展】

在 CA6140 型普通车床或模拟车床电气线路板上人为设置故障点时，故障的设置应注意以下几点：

1）人为设置的故障点必须是模拟车床在工作中由于受外界因素影响而造成的自然故障。

2）不能设置更改线路或更换元器件等由于人为原因而造成的非自然故障。

3）设置故障不能损坏电路中的元器件，不能破坏线路的美观；不能设置容易造成人身事故的故障；尽量不设置容易引起设备事故的故障，例如电动机主电路故障等，若有必要应在教师监督和现场密切注意的前提下进行。

4）故障的设置应先易后难，先设置单个故障点，然后过渡到两个故障点或多个故障点。

任务五　CA6140 型普通车床照明、信号灯电气控制线路的常见故障维修

> **知识目标**：1. 掌握照明和信号灯电气控制线路工作原理。
>
> 　　　　　　2. 了解照明和信号灯电气控制线路实际走线路径。
>
> 　　　　　　3. 掌握照明和信号灯电气控制线路常见电气故障分析与故障检修。
>
> **能力目标**：能熟练检修 CA6140 型普通车床照明和信号灯电气控制线路的常见故障。
>
> **素质目标**：养成独立思考和动手操作的习惯，培养小组协调能力和互相学习的精神。

【工作任务】

当 CA6140 型普通车床的主电源开关 QF 接通时，由控制电源变压器 6V 绕组供电的信号灯 HL 亮，表示车床已接通电源，可以开始工作。若需要进行加工生产时，则合上开关 SA2，点亮车床局部照明灯。当信号灯出现故障时会影响操作者对机床控制电源是否有电造成误判；而机床照明灯的故障却直接影响到生产的正常进行。因此本次任务的内容就是：完成对 CA6140 型普通车床照明、信号灯电气控制线路常见故障的检修。

【相关理论】

一、CA6140 型普通车床照明、信号灯电气控制线路

通过对本项目任务二中的图 6-6 所示的 CA6140 型普通车床的电气原理图的简化，可得出如图 6-29 所示的照明、信号灯电气控制的电气线路图。

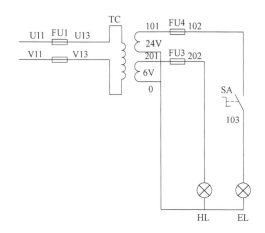

图 6-29　照明、信号灯电气控制的电气线路图

二、CA6140 型普通车床照明、信号灯电气控制线路工作原理分析

CA6140 型普通车床的照明、信号灯电气控制线路如图 6-29 所示。图中的控制变压器 TC 二次侧输出的 24V 和 6V 交流电压，分别作为车床低压照明灯和电源指示信号灯的电源。其中，EL 作为车床的低压照明灯，使用的电源电压为 24V，由转换开关 SA 控制，FU4 做短路保护。HL 为电源信号指示灯，使用的电源电压为 6V，FU3 做短路保护。

1. 机床电源信号指示灯的控制

当合上电源总开关 QF→信号灯 HL 发光→表明车床主电源已接通；

当拉下电源总开关 QF→信号灯 HL 熄灭→表明车床主电源已断开。

2. 机床局部照明电路的控制

开灯控制：合上电源总开关 QF→拨通转换开关 SA→照明灯 EL 点亮

关灯控制：断开转换开关 SA→照明灯 EL 熄灭。

【任务准备】

实施本任务教学所使用的实训设备及工具材料可参考表 6-3。

【任务实施】

一、指认 CA6140 型普通车床照明、信号灯电气控制线路

在教师的指导下，根据前面任务测绘出的 CA6140 型普通车床的电气接线图和电器位置图，在车床上找出照明、信号灯电气控制线路的实际走线路径，并与如图 6-29 所示的电气线路图进行比较，为故障分析和检修做好准备。

1. 照明灯电路实际走线路径

$$TC(24V) \quad \xrightarrow{101^{\#}} FU4 \xrightarrow{102^{\#}} XT1 \xrightarrow{102^{\#}} XT3 \xrightarrow{102^{\#}} SA \xrightarrow{103^{\#}} EL$$
$$\xrightarrow{0^{\#}} XT1 \xrightarrow{0^{\#}} XT3 \xrightarrow{0^{\#}} EL$$

2. 信号灯电路实际走线路径

$$TC(6V) \quad \xrightarrow{201^{\#}} FU3 \xrightarrow{202^{\#}} XT1 \xrightarrow{202^{\#}} XT2 \xrightarrow{202^{\#}} HL$$
$$\xrightarrow{0^{\#}} XT1 \xrightarrow{0^{\#}} XT2 \xrightarrow{0^{\#}} HL$$

二、CA6140 型普通车床照明、信号灯电气控制线路常见故障分析与检修

【故障现象 1】 合上电源总开关 QF，信号灯 HL 不亮

当合上电源总开关 QF 信号灯 HL 不亮时，不能盲目地去检测信号灯电路，还应进行车床的综合试车。如拨通车床照明灯开关，观察照明灯 EL 是否点亮，或者按下起动按钮 SB2，观察主轴是否起动等，有助于缩小故障最小范围，避免故障检测的盲目性，提高故障检修效率。合上电源总开关 QF，信号灯 HL 不亮的故障范围的情况分析主要有以下两种：

故障分析一：当合上电源总开关 QF，信号灯 HL 不亮，然后拨通车床照明灯开关 SA，观察照明灯 EL 是否点亮；或者按下起动按钮 SB2，观察主轴是否能起动运行。如果照明灯 EL 不亮或主轴电动机 M1 不能起动，则说明故障范围应在与控制电源变压器 TC 一次侧连接的回路上，可用虚线画出其最小故障范围，如图 6-30 所示。

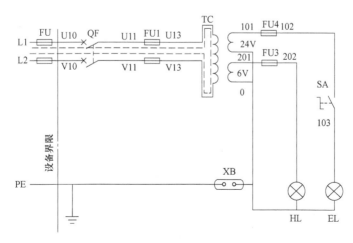

图 6-30 故障最小范围 1

故障检修：该回路的检测方法在本项目任务三中已做叙述，在此不再赘述。

故障分析二：当合上电源总开关 QF，信号灯 HL 不亮，然后拨通车床照明灯开关 SA 后，照明灯 EL 点亮；则说明故障范围应在与控制电源变压器 TC 的 6V 二次绕组连接的回路上，可用虚线画出其最小故障范围，如图 6-31 所示。

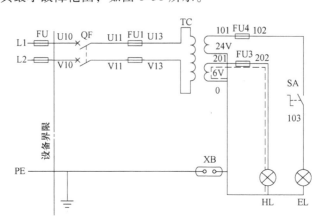

图 6-31　故障最小范围 2

故障检修：由于故障出自与变压器 6V 二次绕组连接的回路上，所以不能采用验电笔测试法进行检测；而且由于信号指示灯与控制电源变压器距离较远，采用电阻测量法比较麻烦，因此提倡采用电压测量法进行检测。具体的检测方法如下：

1）以熔断器 FU3 为分界点，首先测量 $201^{\#}$ 与 $0^{\#}$ 之间的电压是否正常，若不正常则说明故障是 6V 二次绕组断路；若电压正常，就继续测量 $202^{\#}$ 与 $0^{\#}$ 之间的电压是否正常，如果所测的电压值不正常，则说明熔断器 FU3 的熔丝已断。

2）当确定熔断器 FU3 完好后，就检测信号灯 HL 灯座两端是否有 6V 电压，若电压正常，则说明信号灯已坏或信号灯与灯座接触不良。若电压不正常，就将万用表的一支表笔固定在车床的金属外壳上，另一支表笔搭接在灯座的 $202^{\#}$ 接线柱上，如果电压正常，说明故障在 $0^{\#}$ 连线上；如果电压不正常，则说明是 $202^{\#}$ 连线接触不良。

【故障现象 2】　合上电源开关 QF，信号灯 HL 亮，拨通开关 SA，照明灯 EL 不亮。

【故障分析】　采用逻辑分析法可将故障的最小范围用虚线表示，如图 6-32 所示。

【故障检修】　在检修机床照明灯 EL 不亮的故障时，一般采取直观法和电压测量法。具体检测的方法和步骤如下：

1）首先用直观法观察机床照明灯的灯丝是否烧断，如果灯泡的灯丝完好，就将灯泡取下，然后采用电压测量法进行检测。具体检测方法是，拨通 SA，将万用表的量程开关拨至交流 50V 档，将一支表笔搭接在车床的导轨上，另一支表笔分别与照明灯 EL 的螺口灯头的中心弹簧片、金属螺纹圈搭接，观察两次测量的电压值。如果其中一次电压正常（万用表读数为 24V），另一次电压为 0V，则说明与灯头连接的 $0^{\#}$ 连线已断或接触不良。如果所测量的两次电压值都为 0V，则说明故障范围在与照明灯 EL 灯头连接的 $103^{\#}$ 的连线支路上。

2）当确定故障范围在与照明灯 EL 灯头连接的 $103^{\#}$ 的连线支路上时，就打开壁龛门，压下 SQ2 传动杆，合上低压断路器 QF，以熔断器 FU4 为分界点，首先测量 $101^{\#}$ 与 $0^{\#}$ 之间的电压是否正常，若电压不正常则说明故障是 24V 二次绕组断路；若电压正常，就继续测量

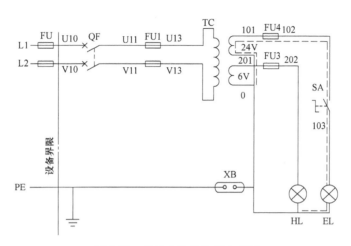

图 6-32　故障 2 的故障最小范围

熔断器 FU4 的 102# 接线柱与 0# 之间的电压是否正常，如果所测的电压值不正常，则说明熔断器 FU4 的熔丝已断。

3）如果熔断器 FU4 的 102# 接线柱与 0# 之间的电压正常，就检测转换开关 SA 的 102# 接线柱与 0# 之间的电压是否正常，若电压不正常，则说明故障是连接熔断器 FU4 和转换开关 SA 之间的 102# 连线接触不良。

4）如果转换开关 SA 的 102# 接线柱与 0# 之间的电压正常，就检测转换开关 SA 的 103# 接线柱与 0# 之间的电压是否正常，如果电压不正常，说明故障是转换开关 SA 的触点接触不良。如果电压值正常，则说明故障是连接转换开关 SA 与照明灯 EL 之间的 103# 连线接触不良。

>> **操作提示**　　在检测照明灯螺口灯头两端的电压时，应注意不能将螺口灯头中的中心弹簧片与金属螺纹圈短路，否则会扩大故障，严重时会损坏变压器。

【检查评议】

对任务实施的完成情况进行检查，并将结果填入任务测评表（参见表 6-13）。

【问题及防治】

学生在进行 CA6140 型普通车床照明、信号灯电气控制线路故障检修的过程中，时常会遇到如下问题：

问题 1：在检修信号灯 HL 不亮的电气故障时，直接断开电源开关 QF，用电阻测量法检测指示灯两端的通路。

后果：由于信号指示灯 HL 与变压器 6V 二次绕组直接构成回路，如果直接用电阻测量法测量信号指示灯 HL 两端的通路，将会产生误判。

预防措施：由于信号指示灯 EL 与控制电源变压器距离较远，采用电阻测量法比较麻烦，因此提倡采用电压测量法进行检测。如果一定要采用电阻测量法，必须要断开回路，例如，可拔下熔断器 FU3 或者将信号灯拧下再进行检测。

问题 2：在检测照明灯 EL 不亮时，直接打开壁龛门对照明电气控制线路进行检测。

后果：电气故障的维修要求是在机床电气设备发生故障后，电气维修人员必须能及时、熟练、准确、安全地查出故障，并迅速将其排除，尽早恢复设备的正常运行。如果故障在电气控制箱外部，但检测时却直接去进行电气控制箱里的电气线路检测，会延长故障的检修时间。

预防措施：当照明灯 EL 不亮时，应首先采用直观法，观察灯泡的灯丝是否烧断，然后再用电压测量法进行检测，由外部检测开始，最后才检测电气控制箱里的电路。如果故障在壁龛门外，就可很快地将故障排除，节省排故时间。

项目七

M7130型平面磨床电气控制线路的安装与维修

知识目标：1. 了解 M7130 型平面磨床的结构、作用和运动形式。

2. 熟悉 M7130 型平面磨床电气控制线路的组成及工作原理。

3. 熟悉构成 M7130 型平面磨床的操纵手柄、按钮和开关的功能。

4. 能正确识读 M7130 型平面磨床的元器件的位置、线路的大致走向。

能力目标：能对 M7130 型平面磨床进行基本操作、电气控制线路安装及调试。

素质目标：养成独立思考和动手操作的习惯，培养小组协调能力和互相学习的精神。

【工作任务】

M7130 型平面磨床是一种用砂轮磨削加工各种零件的平面的精密机床，如图 7-1 所示。该磨床操作方便，磨削精度和表面质量都比较高，适于磨削精密零件和各种工具，并可做镜面磨削。本次工作任务是：通过观摩操作，认识 M7130 型平面磨床。具体任务要求如下：

1）识别 M7130 型平面磨床主要部件，清楚元器件位置及线路布线走向。

2）通过磨床的磨削加工演示，观察磨床的主运动、辅助运动，主要观察各种运动的操纵、电动机的运转状态及传动情况。

3）细心观察体会电磁吸盘与砂轮机和液压泵电动机之间的联锁关系。

4）在教师指导下进行 M7130 型平面磨床充磁、退磁、起停、工作台往复运动、砂轮机的横向进给及升降等操作。

5）在教师指导下，能够进行 M7130 型平面磨床电气控制线路的安装与调试。

【相关理论】

一、M7130 型平面磨床的型号规格

M7130 型平面磨床的型号规格及含义如下：

图 7-1　M7130 型平面磨床外形图

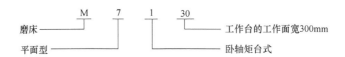

磨床 ——— M 7 1 30 ——— 工作台的工作面宽300mm

平面型 ——— ——— 卧轴矩台式

二、M7130 型平面磨床的外形结构及运动形式

M7130 型平面磨床是卧轴矩形工作台式，其外形结构如图 7-2 所示，主要由床身、工作台、电磁吸盘、砂轮架（又称磨头）、滑座和立柱等部分组成。它的主运动是砂轮的快速旋转，辅助运动是工作台的纵向往复运动以及砂轮的横向和垂直进给运动。工作台每完成纵向往返运动，砂轮架横向进给一次，从而能连续地加工整个平面。当整个平面磨完一遍后，砂轮架在垂直于工件表面的方向移动一次，称为吃刀运动。通过吃刀运动，可将工件尺寸磨到所需的尺寸。其主要运动形式及控制要求见表 7-1。

图 7-2　M7130 型平面磨床外形结构图

表 7-1　M7130 型平面磨床主要运动形式及控制要求

运动类型	运动形式	控制要求
主运动	砂轮的旋转运动	1. 为保证磨削加工质量，要求砂轮有较高的转速，通常采用两极笼型异步电动机 2. 为提高主轴的刚度，简化机械结构，一般采用装入式电动机，将砂轮直接装到电动机轴上 3. 砂轮电动机只要求单方向旋转，可采用直接起动，无需调速和制动
进给运动	工作台的纵向往复运动	1. 因为液压传动换向平稳，易于实现无级调速，所以液压泵电动机 M3 拖动液压泵使工作台在液压作用下做纵向往返运动 2. 由装在工作台前侧的换向挡铁碰撞床身上的液压换向开关控制工作台进给方向
	砂轮架的横向进给运动	1. 在磨削的过程中，工作台每换向一次，砂轮架就横向进给一次 2. 在修正砂轮或调整砂轮的前后位置时，可连续横向移动 3. 砂轮架的横向进给运动既可由液压传动，也可由手轮来操作
	砂轮架的升降运动	1. 滑座沿立柱导轨垂直升降运动，以调整砂轮架的上下位置，或改变砂轮磨削工件时的磨削量 2. 垂直进给运动是通过操作手轮由机械传动装置实现的

（续）

运动类型	运动形式	控制要求
辅助运动	工件的夹紧与放松	1. 工件可以用螺钉和压板直接固定在工作台上 2. 在工作台上也可以装电磁吸盘，将工件吸附在电磁吸盘上。因此，要有充磁和退磁控制环节。为保证安全，电路中设有弱磁保护，当电磁吸盘吸力不足时，三台电动机随即停止
	工作台的快速移动	工作台能在纵向、横向和垂直三个方向做快速移动，它由液压传动机构实现
	工件的冷却	冷却泵电动机 M2 拖动冷却泵旋转供给切削液；要求砂轮电动机 M1 和冷却泵电动机要实现顺序控制

三、M7130 型平面磨床电气控制线路分析

M7130 型平面磨床电路的电路原理图由主电路、控制线路、电磁吸盘电路和照明电路四部分组成，如图 7-3 所示。

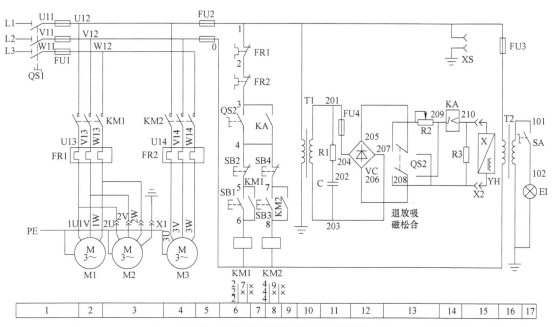

图 7-3　M7130 平面磨床电路原理图

1. 主电路分析

M7130 型平面磨床的主电路如图 7-4 所示，图中有三台电动机，M1 为砂轮电动机，由接触器 KM1 控制，拖动砂轮高速旋转，实现对工件磨削加工，熔断器 FU1 作为短路保护，热继电器 FR1 作为过载保护；M2 为冷却泵电动机，由接触器 KM1 和接插器 X1 控制，M1 起动后 M2 才能起动，M2 带动冷却泵为磨削加工过程中供应切削液，从而达到降低工件和砂轮温度的目的，同样也是由 FU1 和 FR1 分别作为 M2 的短路和过载保护；M3 为液压泵电动机，由交流接触器 KM2 控制，为液压系统提供动力，带动工作台往返运动以及砂轮架进

给运动，M3 的短路保护由熔断器 FU1 实现，过载保护由热继电器 FR2 实现。

2. 控制线路分析

控制线路如图 7-5 所示。在控制线路中，FU2 为控制线路的短路保护。控制线路包括砂轮控制和液压泵控制两部分。热继电器 FR1 和 FR2 常闭触点串联使用，目的是当砂轮电动机或液压泵电动机任何一个过载时，两台电动机都要停止工作。转换开关 QS2 为电磁吸盘的控制开关，其工作位置有"吸合""放松""退磁"三个，其 6 区常开触点和欠电流继电器 KA 在 8 区的常开触点并联，其作用是只有两个常开触点有一闭合，砂轮电动机和液压泵电动机才能起动。SB1 为砂轮机起动按钮，SB2 为砂轮机停止按钮；SB3 为液压泵起动按钮，SB4 为液压泵停止按钮。

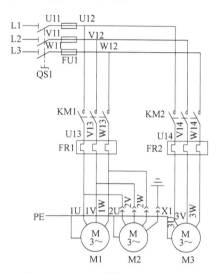

图 7-4　M7130 型平面磨床主电路

工作过程如下：

（1）砂轮电动机的工作原理　当 QS2 常开触点（6 区）或 KA 常开触点（8 区）闭合，按下 SB1，KM1 线圈得电，主触点闭合，M1 电动机起动，辅助常开触点（7 区）闭合自锁，按下 SB2，KM1 线圈断电，主触点分开，M1 电动机停止。

（2）液压泵电动机的工作原理　按下 SB3，KM2 线圈得电，主触点闭合，M3 电动机起动，辅助常开触点（9 区）闭合自锁，按下 SB4，KM2 线圈断电，主触点分开，M3 电动机停止。

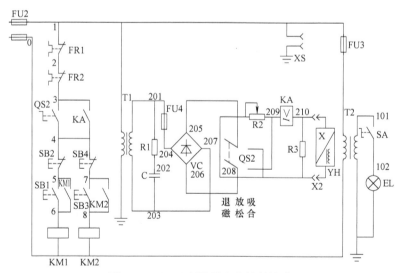

图 7-5　M7130 型平面磨床控制线路

3. 电磁吸盘电路分析

电磁吸盘是通过电磁吸引力将铁磁材料吸引固定来进行磨削加工的装置，其结构如图 7-6 所示。电磁吸盘的外壳是由钢制的箱体和盖板组成。在箱体内部有多个凸起的芯体，每个芯体上绕有电磁线圈，当线圈通入直流电后，使芯体被磁化形成磁极，当工件放上后会被同时磁化与电磁吸盘相吸引，工件被牢牢吸住。

图 7-6　电磁吸盘结构图

电磁吸盘电路如图 7-7 所示，由整流电路、控制线路和保护电路三部分组成。

T1 为整流变压器，它将 220V 的交流电压降为 145V 后，送至桥式整流器 UC，整流输出 110V 的直流电压供给电磁洗盘的线圈。电阻 R1 和电容器 C 用来吸收交流电网的瞬时过电压和整流回路通断时在整流变压器 T1 二次侧产生的过电压，起到对整流装置的保护。FU4 为整流回路的短路保护；KA 为欠电流继电器，其作用是一旦电磁吸盘线圈失电或电压降低，KA 的线圈因电压变化而释放其位于 8 区的常开触点 3 和 4，从而使正在工作的电动机 M1、M2、M3 停止工作，防止工件脱出发生事故；可变电阻器 R2 的作用是在电磁吸盘"退磁"时，用来限制反向去磁电流的大小，防止反向去磁电流过大而造成电磁吸盘反向充磁。YH 为电磁吸盘线圈，它通过插接件 X2 与控制线路相连接，与其并联的电阻 R3 为电磁吸盘的放电电阻，因为电磁吸盘的线圈电感很大，当电磁吸盘由接通变为断开时，线圈两端会产生很高的自感电动势，很容易使线圈或其他元器件损坏，故电阻 R3 在电磁吸盘断电瞬间给线圈提供放电回路。QS2 为电磁吸盘线圈的控制开关，它有"退磁"、"放松"和"吸合"三个位置。

电磁吸盘的控制过程如下：

将转换开关 QS2 扳至"吸合"位置时，触点 205 与 208 闭合，触点 206 与 209 闭合，110V 直流电压通过 205 与 208 的闭合触点，经过 X2 插接件进入线圈后，经 KA 欠电流继电器线圈，再通过 206 与 209 的闭合触点形成回路，从而使电磁吸盘产生磁场吸住工件。欠电流继电器 KA 因得到额定电压工作，其常开触点（8 区）闭合，为砂轮机和液压泵的起动做好准备。

当工件加工完毕，砂轮机和液压泵停止工作后，将 QS2 扳至"放松"位置，此时 QS2 的所有触点都断开，电磁吸盘线圈

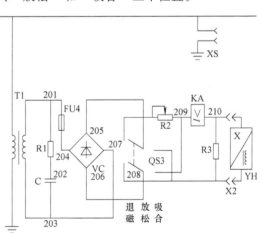

图 7-7　电磁吸盘电路

断电。因为工件具有剩磁而不能取下，故需进行退磁。将 QS2 扳至"退磁"位置时，触点 205 与 207 闭合，触点 206 与 208 闭合，110V 直流电压通过 205 与 207 的闭合触点，经过限流电阻 R2 再经过 KA 欠电流继电器线圈和 X2 插接件后，反向进入线圈，再通过 206 与 208 的闭合触点形成回路，使电磁吸盘线圈通入反方向电流而"退磁"。退磁结束后，将 QS2 扳至"放松"位置，即可取下工件。对于不宜退磁的工件，可将交流去磁器的插头插在床身

上的插座 XS，将工件放在去磁器上去磁即可。

如工件用夹具固定在工作台上，不需要电磁吸盘时，应将电磁吸盘 YH 的插头 X2 从插座上拔掉，同时将转换开关 QS2 扳至"退磁"位置，此时 QS2 位于 6 区的触点 3 和 4 闭合，接通电动机 M1、M2、M3 控制线路。

4. 照明电路分析

照明电路由照明变压器 T2、开关 SA 和照明灯 EL 组成。照明变压器 T2 将 380V 的交流电压降为 36V 的安全电压供给照明灯。FU3 为照明电路提供短路保护。

5. M7130 型平面磨床电气接线图（见图 7-8）

【任务准备】

实施本任务所需准备的工具、仪表及设备

1）工具：扳手、螺钉旋具、尖嘴钳、剥线钳、电工刀、验电笔和铅笔及绘图工具等。

2）仪表：万用表、绝缘电阻表、钳形电流表。

3）设备：M7130 型平面磨床。

4）M7130 平面磨床的电器元件及耗材器材明细表见表 7-2。

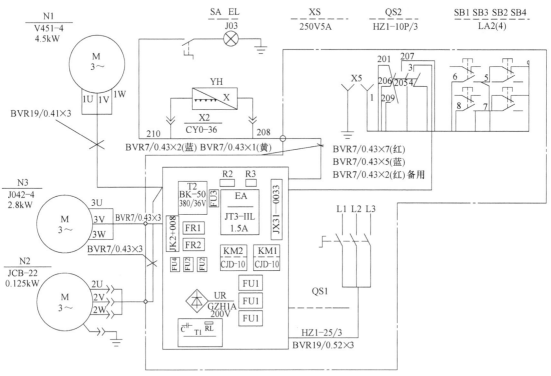

图 7-8 M7130 型平面磨床电气接线图

【任务实施】

一、分析绘制元器件布置图和接线图

通过观察 M7130 型平面磨床的结构和控制元器件，绘制出元器件布置图。

表 7-2　M7130 平面磨床的电器元件及耗材器材明细表

符号	电器元件名称	型号	规格	数量	用途
M1	砂轮电动机	W451-4	4.5kW,1440r/min	1	驱动砂轮
M2	冷却泵电动机	JCB-22	0.125kW,2790r/min	1	驱动冷却泵
M3	液压泵电动机	JO42-4	2.8kW,1450r/min	1	驱动液压泵
QS1	电源开关	HZ1-25/3		1	引入电源
QS2	转换开关	HZ1-10P/3		1	控制电磁吸盘
SA	照明灯开关			1	控制照明灯
SB1	按钮	LA2	绿色	1	起动 M1
SB2	按钮	LA2	红色	1	停止 M1
SB3	按钮	LA2	绿色	1	起动 M3
SB4	按钮	LA2	红色	1	停止 M3
FU1	熔断器	RL1-60/30	60A,熔体 30A	1	总电源短路保护
FU2	熔断器	RL1-15	15A,熔体 5A	1	控制线路短路保护
FU3	熔断器	BLX-1	1A	1	照明电路短路保护
FU4	熔断器	RL1-15	15A,熔体 5A	1	整流电路短路保护
FR1	热继电器	JR10-10	9.5A	1	M1 过载保护
FR2	热继电器	JR10-10	6.1A	1	M3 过载保护
KM1	接触器	CJ0-10	380V,10A	1	控制 M1、M2
KM2	接触器	CJ0-10	380V,10A	1	控制 M3
T1	整流变压器	BK-400	400VA,220/145V	1	降压整流
T2	照明变压器	BK-50	50VA,380/36V	1	降压照明
UR	整流器	GZH	1A,200V	1	输出直流电压
KA	欠电流继电器	JT3-11L	1.5A	1	欠电流保护
YH	电磁吸盘		1.2A,110V	1	吸持工件
R1	电阻	GF	6W,125Ω	1	放电保护
R2	电位器	GF	50W,1000Ω	1	限制退磁电流
R3	电阻	GF	50W,500Ω	1	放电保护
X1	接插器	CY0-36		1	连接 M2
X2	接插器	CY0-36		1	连接电磁吸盘
XS	插座		250V,5A	1	交流退磁器用
C	电容		600V,5μF	1	放电保护
EL	照明灯	JD3		1	工作照明
TC	退磁器	TC1TH/H		1	工件退磁
	木螺钉	φ3mm×20mm;φ3mm×15mm		60	
	别径压端子	UT2.5-4,UT1-4		100	
	行线槽	TC3025,长 34 cm,两边打 φ3.5mm 孔		2	
	塑料软铜线	BVR-1.5		若干	
	塑料软铜线	BVR-1.0		若干	
	塑料软铜线	BVR-0.75		若干	
	绝缘电阻表	型号自定,或 500V,0～200MΩ		1	
	钳形电流表	0～50A		1	
	劳保用品	绝缘鞋、工作服等		1	

二、根据元器件布置图逐一核对所有低压电器元件

按照元器件布置图在机床上逐一找到所有电器元件，并在图样上逐一做出标识。操作要求如下：

1）此项操作断电进行。

2）在核对过程中，观察并记录该电器元件的型号及安装方法。

3）观察每个电器元件的电路连接方法。

4）使用万用表测量各元器件触点操作前后的通断情况并做记录。

三、M7130 型平面磨床电气控制线路的安装

根据如图 7-3 所示的电路原理图和如图 7-8 所示的电气接线图进行电气线路的安装。具体安装调试步骤参考项目六任务二。

四、操作并调试 M7130 型平面磨床

在教师的指导下，按照下述操作方法，完成对 M7130 型平面磨床的操作与调试。

1. 开机前的准备工作

1）检查机床各部件（外观）是否完好。

2）检查各操作按钮、手柄是否在原位。

3）按设备润滑图表进行注油润滑，检查油标油位。

4）手动磨头升降、横向移动、工作台，拖板移位，观察各运动部件是否轻快。

2. 开机操作调试方法步骤

1）合上磨床电源总开关 QS1。

2）将开关 SA 打到闭合状态，机床工作照明灯 EL 亮，此时说明机床已处于带电状态，不要随意用手触摸机床电气部分，防止人身触电事故。

3）将转换开关 QS2 扳至"退磁"位置。

4）按下按钮 SB3 起动液压泵电动机 M3。

5）操作工作台纵向运动手轮，使工作台纵向运动至床身两端换向挡铁位置，观察工作台是否能够自动返回。

6）扳动快速移动操作手柄，观察工作台纵向、横向和垂直 3 个方向的快速进给情况。

7）操作手轮，观察砂轮架的横向进给情况。

8）将工件放在电磁吸盘上，将转换开关 QS2 扳至"吸合"位置，检查工件固定情况。

9）工件固定牢固后，按下按钮 SB1，起动砂轮电动机，待砂轮电动机工作稳定后，进行加工（工件加工需在机加工教师指导下进行）。

10）接通接插器 X1，使冷却泵电动机在砂轮电动机起动后运转，为加工面提供切削液。

11）加工完毕后，按下按钮 SB2，停止砂轮电动机。

12）按下按钮 SB4，停止液压泵电动机。

13）将转换开关 QS2 扳至"退磁"位置，退磁结束后，将转换开关 QS2 扳至"放松"位置，将工件取下。

14）关闭机床电源总开关 QS1。

15）擦拭机床，清理机床周围杂物，打扫卫生，按设备润滑图表进行注油。

【检查评议】

对任务实施的完成情况进行检查，并将结果填入任务测评表（参考表6-10）。

任务二 **M7130型平面磨床照明线路、砂轮、冷却泵和液压泵电动机控制线路的电气故障维修**

> **知识目标：** 1. 熟悉M7130型平面磨床照明线路的组成及工作原理。
> 　　　　　　 2. 熟悉M7130型平面磨床砂轮、冷却泵、液压泵电动机控制线路的组成及工作原理。
> **能力目标：** 能完成M7130型平面磨床照明线路、砂轮、冷却泵及液压泵电动机控制线路常见故障的检修。
> **素质目标：** 养成独立思考和动手操作的习惯，培养小组协调能力和互相学习的精神。

【工作任务】

M7130型平面磨床在使用过程中，由于电路老化、机械磨损、电气磨损或操作不当等原因，不可避免地会导致机床电气设备发生故障，从而影响机床的正常工作。因此，本次任务的主要内容是：按照常用机床电气设备的维修要求、故障检修和维修的步骤，完成对M7130型平面磨床的照明线路、砂轮、冷却泵和液压泵电动机控制线路常见电气故障的检修。

【相关理论】

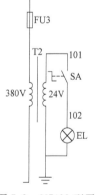

图7-9　M7130型平面磨床照明线路

一、M7130型平面磨床照明线路分析

M7130型平面磨床照明系统主要由照明变压器T2、熔断器FU3、开关SA和照明灯EL组成。M7130型平面磨床照明电路图如图7-9所示。

照明线路的控制过程如下：

首先合上总电源开关QS1，然后将照明灯开关SA扳至"接通"位置，照明变压器T2得电，照明灯EL亮。当需要熄灯时，只要将SA扳至"断开"位置即可。

二、砂轮、冷却泵、液压泵电动机控制线路分析

砂轮、冷却泵、液压泵电动机电气控制线路如图7-10所示。在主电路中，FU1为熔断器，主要对主电路进行短路保护。主电路的3台电动机，分别是砂轮电动机M1（拖动砂轮旋转）、冷却泵电动机M2（提供切削液）和液压泵电动机M3（拖动液压泵）。接触器KM1控制电动机M1的起停，热继电器FR1对电动机M1进行过载保护。接触器KM2控制电动机

M3 的起停，热继电器 FR2 对电动机 M3 进行过载保护。冷却泵电动机 M2 的控制是通过接插器 X1 和电动机 M1 的电源线相连，拔插 X1 来实现的，并和电动机 M1 在主电路上实现顺序控制。

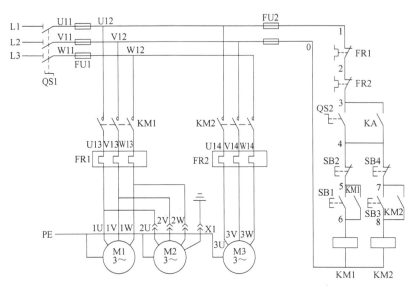

图 7-10   砂轮、冷却泵、液压泵电动机电气控制线路

在控制线路中，FU2 对控制线路实现短路保护。控制线路中热继电器 FR1 和 FR2 常闭触点串联使用，目的是当砂轮电动机或液压泵电动机有任何一个过载时，两台电动机都要停止工作。转换开关 SQ2 为电磁吸盘的控制开关，其工作位置有"吸合""放松""退磁" 3 个，其 6 区常开触点和欠电流继电器 KA 在 8 区的常开触点并联，当两个常开触点有任一个闭合时，砂轮电动机和液压泵电动机才能起动。SB1 为砂轮电动机起动按钮，SB2 为砂轮电动机的停止按钮，SB3 为液压泵电动机起动按钮，SB4 为液压泵电动机的停止按钮。

砂轮、冷却泵、液压泵电动机电气控制过程如下：

1. 砂轮电动机 M1 的控制

当转换开关 QS2 的常开触点（6 区）闭合，或电磁吸盘得电工作，欠电流继电器 KA 线圈得电吸合，其常开触点（8 区）闭合时，按下起动按钮 SB1，接触器 KM1 线圈得电并自锁，KM1 主触点闭合，砂轮电动机 M1 得电起动连续运转，按下停止按钮 SB2，KM1 失电，各触点立即恢复初始状态，M1 失电停止运转。

2. 冷却泵电动机 M2 的控制

按下起动按钮 SB1，砂轮电动机 M1 起动后，插上接插器 X1，冷却泵电动机 M2 随即起动运行。

3. 液压泵电动机 M3 的控制

按下起动按钮 SB3，接触器 KM2 线圈得电并自锁，KM2 主触点闭合，液压泵电动机 M3 得电起动连续运转，通过液压机构带动工作台纵向进给和砂轮架横向进给以及垂直进给；按下停止按钮 SB4，KM2 线圈失电，KM2 各触点立即恢复初始状态，M3 失电停止运转。

【任务准备】

实施本任务教学所使用的实训设备及工具材料可参考表 7-3。

表 7-3　实训设备及工具材料

序号	分类	名称	型号规格	数量	单位	备注
1	工具	电工常用工具		1	套	
2	仪表	万用表	MF47 型	1	块	
3		绝缘电阻表	500 V	1	只	
4		钳形电流表		1	只	
5	设备器材	M7130 型平面磨床或模拟机床线路板		1	台	

【任务实施】

一、指认 M7130 型平面磨床照明线路和砂轮、冷却泵、液压泵电动机控制线路

在教师的指导下，根据前面任务测绘出的 M7130 型平面磨床的电气接线图和元器件位置图，在磨床上找出照明电路和砂轮、冷却泵、液压泵电动机控制线路实际走线路径，并与如图 7-9 所示和如图 7-10 所示的电路图进行比较，为故障分析和检修做好准备。

二、M7130 型平面磨床照明线路常见故障分析与检修

M7130 型平面磨床照明线路常见故障为照明灯不亮，其故障分析及故障检修如图 7-11 所示。

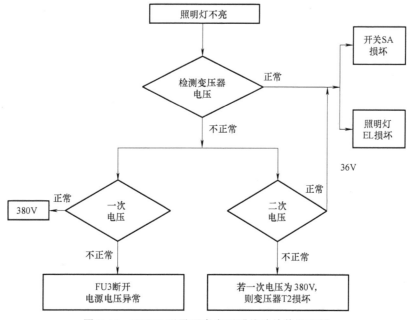

图 7-11　M7130 型平面磨床照明线路检修流程图

三、砂轮、冷却泵电动机控制线路常见故障分析与检修

1. M7130 型平面磨床砂轮、冷却泵、液压泵电动机主电路的故障检修

M7130 型平面磨床砂轮、冷却泵、液压泵电动机主电路的故障检修与 CA6140 型普通车床主电路的故障检修相似，在此不再赘述。所不同的是 M7130 型平面磨床冷却泵电动机是通过接插器 X1 和电动机 M1 引入线并联，同砂轮电动机 M1 实现主电路顺序控制。如砂轮电动机工作正常，而冷却泵不工作或转速很慢并发出"嗡嗡"声，应首先检查接插器 X1 是否接触良好，若接插器没有问题，则检查冷却泵电动机 M2 的接线是否脱落，绕组是否烧坏。

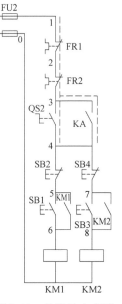

图 7-12　故障最小范围

2. M7130 型平面磨床砂轮、液压泵电动机控制线路故障检修

【故障现象】　在电磁吸盘正常工作的情况下，分别按下起动按钮 SB1、SB3 后，砂轮电动机和液压泵电动机都不转（不能起动）。

【故障分析】　采用逻辑分析法对故障现象进行分析可知，砂轮电动机和液压泵电动机不能起动运转的原因是接触器 KM1 和 KM2 未能吸合造成。可用虚线画出该故障的最小范围，如图 7-12 所示。

【故障检修】　根据图 7-12 所示的最小故障范围，采用电压测量法和电阻测量法配合进行检修。

想一想

① 在电磁吸盘正常工作的情况下，按下按钮 SB1，接触器 KM1 不吸合，砂轮不转；按下按钮 SB3，接触器 KM2 吸合，液压泵电动机正常运行（砂轮电动机 M1、冷却泵电动机 M2 不正常、液压泵电动机正常）。画出故障最小范围，并说出故障检修方法。

② 在电磁吸盘正常工作的情况下，按下按钮 SB1，接触器 KM1 吸合，砂轮运转；按下按钮 SB3，接触器 KM2 不吸合，液压泵电动机不转（砂轮电动机 M1、冷却泵电动机 M2 正常、液压泵电动机不正常）。画出故障最小范围，并说出故障检修方法。

③ 在电磁吸盘和液压泵电动机正常工作的情况下，按下按钮 SB1，接触器 KM1 吸合，砂轮运转；松开按钮 SB1，接触器 KM1 断开，砂轮停下。画出故障最小范围，并说出故障检修方法。

【检查评议】

对任务实施的完成情况进行检查，并将结果填入任务测评表（参见表 6-13）。

任务三　　M7130型平面磨床电磁吸盘的常见电气故障维修

知识目标： 1. 了解电流继电器结构及工作原理。

2. 熟悉电磁吸盘的结构及工作原理。

能力目标： 能完成 M7130 型平面磨床电磁吸盘常见故障的检修。

素质目标： 养成独立思考和动手操作的习惯，培养小组协调能力和互相学习的精神。

【工作任务】

M7130 型平面磨床的电磁吸盘是用来固定工件的一种夹具，其夹紧迅速、操作快速方便。因此本次任务的内容是：按照常用机床电气设备的维修要求、故障检修和维修的步骤，完成对 M7130 型平面磨床电磁吸盘线路常见故障的维修。

【相关理论】

一、M7130 型平面磨床电磁吸盘整流电路分析

M7130 型平面磨床电磁吸盘整流电路主要由整流桥 UC、整流变压器 T1、熔断器 FU4、电阻 R1 和电容器 C1 组成，其电路如图 7-13 所示（具体控制过程在本项目任务一中已述）。

二、M7130 型平面磨床电磁吸盘控制线路分析

M7130 型平面磨床电磁吸盘控制线路主要由转换开关 QS2、吸盘线圈、欠电流继电器 KA、退磁电阻 R2、放电电阻 R3 和接插器 X2 组成，其电路如图 7-14 所示（具体控制过程在本项目任务一中已述）。

1. 电流继电器

反映输入量为电流的继电器叫做电流继电器。电流继电器的线圈串联在被测电路中，当通过线圈的电流达到预定值时，其触点动作。常用的电流继电器分为过电流继电器和欠电流继电器。常见的电流继电器如图 7-15 所示，电流继电器线圈和触点符号如图 7-16 所示。

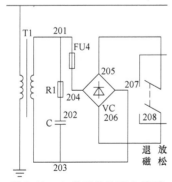

图 7-13　电磁吸盘整流电路图

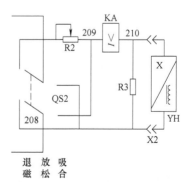

图 7-14　电磁吸盘控制线路图

（1）过电流继电器　当通过继电器的电流超过预定值时就动作的继电器称为过电流继

电器。在正常工作中，流过线圈的电流为正常负荷电流，继电器不动作，当流过线圈的电流超过整定值时，继电器动作，其常开触点闭合，常闭触点断开。过电流继电器常在控制系统中作过电流和短路保护。

图 7-15　电流继电器

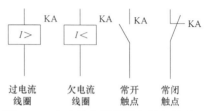

图 7-16　电流继电器线圈和触点符号图

（2）欠电流继电器　当通过继电器的电流减小到低于其整定值时就动作的继电器称为欠电流继电器。在正常工作中，流过线圈的电流为正常负荷电流，继电器动作，其常开触点闭合，常闭触点断开，当流过线圈电流降低到某一值时，继电器衔铁释放，使其触点复位，即常开触点断开，常闭触点闭合。欠电流继电器常用于直流回路的断线保护，如直流电动机励磁回路的断电保护，机床电磁吸盘的弱磁保护。

（3）电流继电器的型号含义

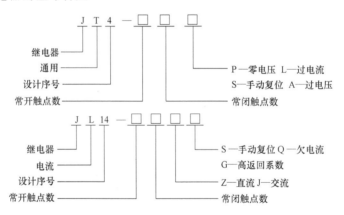

M7130 型平面磨床使用的是 JT3-11L 型欠电流继电器，其作用是当电磁吸盘断电或电磁吸盘线圈电流过小（即产生吸力不足）时，串联在吸盘线圈电路中的欠电流继电器线圈带动衔铁动作，使位于 8 区的 KA 常开触点断开，停止正在工作的砂轮机和液压泵，防止工件飞出伤人。

【任务准备】

实施本任务教学所使用的实训设备及工具材料可参考表 7-3。

【任务实施】

一、指认 M7130 型平面磨床电磁吸盘整流电路、电磁吸盘控制线路

在教师的指导下，根据前面任务测绘出的 M7130 型平面磨床的电气接线图和元器件位

置图，在磨床上找出电磁吸盘整流电路、电磁吸盘控制线路实际走线路径，并与如图 7-13 所示和如图 7-14 所示的电路图进行比较，为故障分析和检修做好准备。

二、M7130 型平面磨床电磁吸盘整流电路常见故障分析与检修

【故障现象】　整流器输出直流电压偏低或没有，导致电磁吸盘无吸力或吸力不足。

【故障分析】　因熔断器 FU4 熔断而造成电磁吸盘断电无吸引力，主要原因是整流器 UC 短路，使整流变压器二次电流太大，造成 FU4 熔断。整流变压器 UC 输出电压低，主要原因是个别整流二极管发生断路或短路，如整流桥臂有一侧不工作，会造成输出电压降低一半。造成整流元器件损坏的主要因为元器件过电压或过热。电磁吸盘线圈电感量很大，当放电电阻 R3 损坏或断路时，当线圈断开时产生的瞬时高压会击穿整流二极管；整流二极管本身热容量很小，当整流器过载时，因电流过大造成元器件急剧升温，也会造成二极管烧坏。

【故障检修】　电磁吸盘整流电路故障检修步骤如图 7-17 所示。

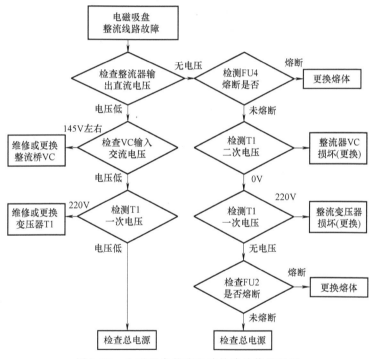

图 7-17　电磁吸盘整流电路故障检修流程图

三、M7130 型平面磨床电磁吸盘电路常见故障分析与检修

首先由教师在 M7130 型平面磨床（或模拟实训装置）电磁吸盘电路上人为设置自然故障点 1～2 处，然后，在教师的指导下，让学生分组自行完成故障点的检修实训任务。M7130 型平面磨床电磁吸盘电路常见故障现象和故障检修如下：

【故障现象】　电磁吸盘无吸力或吸力不足；电磁吸盘退磁效果差，退磁后工件难以取下。

【故障分析】　一是整流电路故障无直流电压输出，造成吸盘线圈不工作；二是吸盘线圈本身断路或损坏。造成吸盘吸力不足原因主要有：一是电源或整流器故障，供给吸盘线圈

直流电压低；二是吸盘线圈本身局部短路，使电感量降低从而造成吸引力降低。造成电磁吸盘退磁不好的原因主要有：一是退磁电压过高，二是退磁时间太长或太短，三是退磁电路断开，工件没有退磁。

【故障检修】 电磁吸盘电路故障检修步骤如图 7-18 所示。

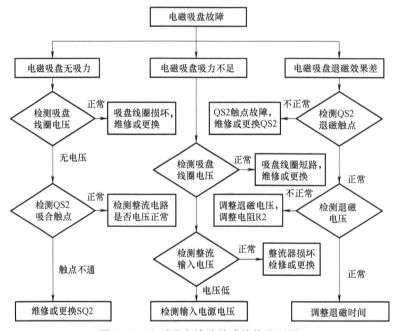

图 7-18 电磁吸盘线路故障检修流程图

>> 操作提示

① 用万用表电阻档测各触点通断时，注意防止与其并联的其他回路对它的影响，电阻档位一般选 R×1 或 R×10。

② 用万用表检测整流二极管时，要断电进行。

③ 电压测量时，在不清楚该处电压等级大小时，先选高档位测量，避免烧坏万用表。

④ 测量吸盘线圈好坏时，要将线圈从电路上断开后再测量。

⑤ 在吸盘线圈损坏时，若通电测量整流电路是否正常，可用 110V、100W 的白炽灯做负载。

⑥ 整流器更换时，注意输入、输出端的连接顺序，即整流二极管的极性。

【检查评议】

对任务实施的完成情况进行检查，并将结果填入任务测评表（参见表 6-13）。

项目八

Z3040型摇臂钻床电气控制线路的安装与维修

知识目标：1. 了解钻床的功能、结构及加工特点。

2. 熟悉 Z3040 型摇臂钻床电气控制线路的组成及工作原理，能正确识读 Z3040 型摇臂钻床电气控制线路的原理图、接线图和布置图。

3. 熟悉构成 Z3040 型摇臂钻床的操纵手柄、按钮和开关的功能。

4. 熟悉 Z3040 型摇臂钻床元器件的位置、线路的大致走向。

5. 熟悉 Z3040 型摇臂钻床电气控制线路的特点，掌握电气控制线路的动作原理。

能力目标：1. 能对 Z3040 型摇臂钻床进行基本操作及调试。

2. 能对 Z3040 型摇臂钻床控制线路进行安装与调试。

3. 能够对钻床进行操作并清楚摇臂升降、夹紧放松等各运动中行程开关的作用及其逻辑关系。

素质目标：养成独立思考和动手操作的习惯，培养小组协调能力和互相学习的精神。

【工作任务】

钻床是一种孔加工机床，可以用来进行钻孔、扩孔、铰孔、攻螺纹及修刮端面等多种形式的加工。钻床种类很多，有台钻、立式钻床、卧式钻床、数控钻床等。摇臂钻床是一种立式钻床，它适用于单件或批量生产中带有多孔大型零件的孔加工，是一般机械加工车间常用的机床。如图 8-1 所示就是 Z3040 型摇臂钻床的外形图。本次工作任务是：通过观摩操作，认识 Z3040 型摇臂钻床。具体任务要求如下：

1）识别 Z3040 型摇臂钻床主要部件，清楚元器件位置及电路布线走向。

2）掌握构成 Z3040 型摇臂钻床的操纵手柄、按钮和开关的功能。

3）通过安装控制线路和对钻床进行操作，了解摇臂升降、夹紧放松等各运动中行程开关的作用及其逻辑关系。

【相关理论】

一、Z3040 型摇臂钻床结构及运动形式

Z3040 型摇臂钻床是一种立式钻床，主要有床身、立柱、摇臂、主轴箱及工作台组成，

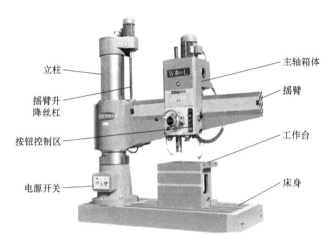

图 8-1　Z3040 型摇臂钻床外形图

其外形如图 8-1 所示。

Z3040 型摇臂钻床的运动形式主要有：

（1）主轴带刀具的旋转与进给运动　主轴的转动与进给运动由一台三相交流异步电动机（3kW）驱动，主轴的转动方向由机械及液压装置控制。

（2）各运动部分的移位运动　主轴在三维空间的移位运动有主轴箱沿摇臂方向的水平移动（平动）；摇臂沿外立柱的升降运动（摇臂的升降运动由一台 1.1kW 笼型三相异步电动机拖动）；外立柱带动摇臂沿内立柱的回转运动（手动）等三种，各运动部件的移位运动用于实现主轴的对刀移位。

（3）移位运动部件的夹紧与放松　摇臂钻床的三种对刀移位装置对应三套夹紧与放松装置，对刀移动时，需要将装置放松，机加工过程中，需要将装置夹紧。三套夹紧装置分别为摇臂夹紧（摇臂与外立柱之间）；主轴箱夹紧（主轴箱与摇臂导轨之间）；立柱夹紧（外立柱和内立柱之间）。通常主轴箱和立柱的夹紧与放松同时进行。摇臂的夹紧与放松则要与摇臂升降运动结合进行。

二、Z3040 型摇臂钻床电气控制线路分析

Z3040 型摇臂钻床电路由主电路、控制线路和照明信号电路三部分组成，电路图如图 8-2所示。

1. 主电路分析

Z3040 型摇臂钻床共有 4 台三相异步电动机，其中主轴电动机 M1 由接触器 KM1 控制，热继电器 FR1 作过载保护，主轴的正反转是通过机械系统来实现的。摇臂升降电动机 M2 由接触器 KM2 和 KM3 控制，FU2 作短路保护。立柱松紧电动机 M3 由接触器 KM4 和 KM5 控制，FU2 作短路保护。冷却泵电动机 M4 由转换开关 SA1 控制，摇臂上的电气设备电源通过转换开关 QS 引入，本机床的电源是三相 380V，50Hz。

2. 控制线路分析

考虑安全可靠和满足照明灯的要求，采用控制变压器 T 降压供电，其一次侧为交流 380V，二次侧为 127V、36V、6.3V，其中 127V 电压供给控制线路，36V 电压控制局部照明

电源，6.3V 作为信号指示电源。

（1）主轴电动机 M1 的控制　主轴电动机 M1 的起、停由按钮 SB1、SB2 和接触器 KM1 线圈及自锁触点来控制。

按下起动按钮 SB2（2-3），接触器 KM1 线圈通电吸合并 KM1（2-3）常开触点实现自锁，其主触点 KM1（2 区）接通主拖动电动机的电源，主电动机 M1 旋转。需要使主电动机停止工作时，按停止按钮 SB1（1-2），接触器 KM1 断电释放，主电动机 M1 被切断电源而停止工作。主电动机采用热继电器 FR1（4-0）作过载保护，采用熔断器 FU1 作短路保护。

主电动机的工作指示由 KM1（101-104）的辅助常开触点控制指示灯 HL1 来实现，当主电动机在工作时，HL1 亮。

（2）摇臂升降电动机的控制　摇臂的放松、升降及夹紧的工作过程是通过控制按钮 SB3（或 SB4）、接触器 KM2 和 KM3、位置开关 SQ1、SQ2 和 SQ3、控制电动机 M2 和 M3 来实现的。摇臂升降运动必须在摇臂完全放松的条件下进行，升降过程结束后应将摇臂夹紧固定。

摇臂升降运动的动作过程为：摇臂放松——摇臂升降——摇臂夹紧。（注意：夹紧必须在摇臂停止时进行）

当工件与钻头相对位置不合适时，可将摇臂升高或者降低，要使摇臂上升，按下上升控制按钮 SB3（1-5），断电延时继电器 KT（6-0）线圈通电，同时 KT（1-17）动合触点使电磁铁 YA 线圈通电，接触器 KM4 线圈通电，电动机 M3 正转，高压油进入摇臂松开油腔，推动活塞和菱形块实现摇臂的松开。同时活塞杆通过弹簧片压下位置开关，使 SQ3 常闭（6-13）断开，接触器 KM4 线圈断电（摇臂放松过程结束），SQ3 常开（6-7）闭合，接触器 KM2 线圈得电，主触点闭合接通升降电动机 M2，带动摇臂上升。由于此时摇臂已松开，SQ4（101-102）被复位，HL1 灯亮，表示松开指示。松开按钮 SB3，KM2 线圈断电，摇臂上升运动停止，时间继电器 KT 线圈断电（电磁铁 YA 线圈仍通电），当延时结束即升降电动机完全停止时，KT 延时闭合动断触点（17-18）闭合，KM5 线圈得电，液压泵电动机反相序接通电源而反转，压力油从另一条油路进入摇臂夹紧油腔，反方向推动活塞和菱形块，使摇臂夹紧。摇臂做夹紧运动，时间继电器整定时间到后 KT 动合延时断开触点（1-17）断开，接触器 KM5 线圈和电磁铁 YA 线圈断电，电磁阀复位，液压泵电动机 M3 断电停止工作，摇臂上升运动结束。

摇臂下降的过程与上升工作原理是相似的，请读者自行分析。

为了使摇臂的上升或下降不致超出允许的极限位置，在摇臂上升和下降的控制线路中分别串入位置开关 SQ1 和 SQ2 作限位保护。

（3）立柱的夹紧与放松　Z3040 型摇臂钻床夹紧与放松机构液压原理如图 8-3 所示。

图 8-3 中液压泵采用双向定量泵。液压泵电动机在正反转时，驱动液压缸中活塞的左右移动，实现夹紧装置的夹紧与放松运动。电磁换向阀 HF 的电磁铁 YA 用于选择夹紧与放松的现象，电磁铁 YA 的线圈不通电时电磁换向阀工作在左工位，接触器 KM4、KM5 控制液压泵电动机的正反转，实现主轴箱和立柱（同时）的夹紧与放松；电磁铁 YA 线圈通电时，电磁换向阀工作在右工位，接触器 KM4、KM5 控制液压泵电动机的正反转，实现摇臂的夹紧与放松。

根据液压回路原理，电磁换向阀 YA 线圈不通电时，液压泵电动机 M3 的正反转使主轴箱和立柱同时放松或夹紧。具体操作过程如下：

按下按钮 SB5（1-14），接触器 KM4 线圈（15-16）通电，液压泵电动机 M3 正转（YA

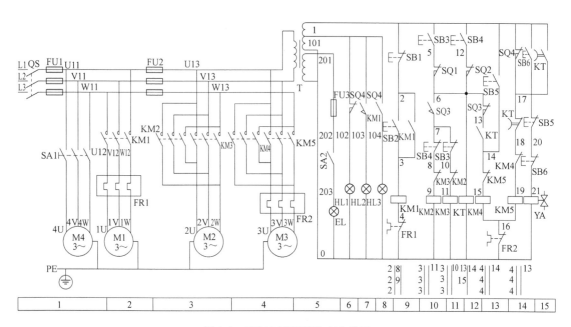

电源 冷却泵电动机	主轴电动机	摇臂升降电动机	液压泵电动机	变压器 照明	松开 指示	夹紧 指示	主轴 工作	主轴	上升	下降	延时	松开	夹紧	摇臂松紧
1	2	3	4	5	6	7	8	9	10	11	12	13	14	15

图 8-2　Z3040 型摇臂钻床电路图

不通电），主轴箱和立柱的夹紧装置放松，完全放松后位置开关 SQ4 不受压，指示灯 HL1 做主轴箱和立柱的放松指示，松开按钮 SB5，KM4 线圈断电，液压泵电动机 M3 停转，放松过程结束。HL1 放松指示状态下，可手动操作外立柱带动摇臂沿内立柱回转动作以及主轴箱摇臂长度方向水平移动。

按下按钮 SB6（1-17），接触器 KM5 线圈（19-16）通电，主轴箱和立柱的夹紧装置夹紧，夹紧后压下位置开关 SQ4（101-103），指示灯 HL2 为夹紧指示，松开按钮 SB6，接触器 KM5 线圈断电，主轴箱和立柱的夹紧状态保持。在 HL2 的夹紧指示灯状态下，可以进行孔加工（此时不能手动移动）。

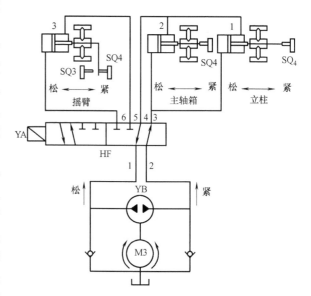

图 8-3　Z3040 型摇臂钻床夹紧与放松机构液压原理图

3. 照明电路和信号灯分析

照明电路电源由变压器 T 将 380V 的交流电压降为 36V 的安全电压来提供。照明灯 EL 由开关 SA2 控制，FU3 为照明电路提供短路保护。信号灯电路电源由变压器 T 将 380V 的交流电压降为 6.3V 的安全电压来提供。电路共有三个指示灯 HL1、HL2、HL3，分别为松开指示灯、夹紧指示灯和主轴工作指示灯，当对应的电机动作时指示灯亮。

4. Z3040 型摇臂钻床的元器件接线图（见图 8-4）

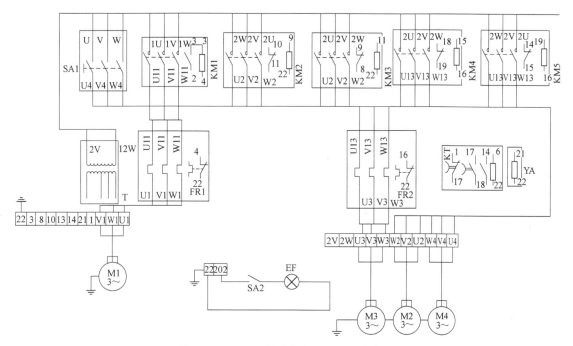

图 8-4　Z3040 型摇臂钻床的元器件接线图

【任务准备】

实施本任务所需准备的工具、仪表及设备

1）工具：扳手、螺钉旋具、尖嘴钳、剥线钳、电工刀、验电笔和铅笔及绘图工具等。

2）仪表：万用表、绝缘电阻表、钳形电流表。

3）设备：Z3040 型摇臂钻床。

4）Z3040 型摇臂钻床的电器元件及耗材器材明细表见表 8-1。

表 8-1　Z3040 型摇臂钻床的电器元件及耗材器材明细表

序号	名称	型号	规格	数量
1	三相异步电动机	Y100L2-4	3.0kW,380V,6.82A,1430r/min	1
2	摇臂升降电动机	Y90S-4	1.1kW,2.01A,1390r/min	1
3	液压泵电动机	JO31-2	0.6kW,1.42A,2880r/min	1
4	冷却泵电动机	JCB-22	0.125kW,0.43A,2790r/min	1
5	组合开关	HZ5-20	三极,500V,20A	1
6	交流接触器	CJ-10	10A,线圈电压127V	1
7	交流接触器	CJ10-5	5A,线圈电压127V	5
8	时间继电器	JSSI	AC127V,DC24V	1
9	热继电器	JR16-20/3	热元器件额定电流11A,整定电流6.82A	1

（续）

序号	名称	型号	规格	数量
10	热继电器	JR16-20/3	热元器件额定电流2.4A,整定电流2.01A	1
11	熔断器	RL1-60	500V,熔体20A	1
12	熔断器	RL1-15	500V,熔体10A	1
13	熔断器	RL1-16	500V,熔体2A	1
14	控制变压器	BK-100	100V·A,380V/127、36、6.3V	1
15	控制按钮	LA-18	5A,红色	2
16	控制按钮	LA-18	5A,绿色	2
17	控制按钮	LA-18	5A,黑色	2
18	位置开关	LX5-11		4
19	信号灯	ZSD-0	6.3V,绿色1、红色1、黄色1	3
20	照明灯,控制开关	JC2	36V,40W	3

【任务实施】

一、分析绘制元器件布置图和接线图

通过观察 Z3040 型摇臂钻床的结构和控制元器件，绘制出元器件布置图。

二、根据元器件布置图逐一核对所有低压电器元件

按照元器件布置图在机床上逐一找到所有电器元件，并在图样上逐一做出标志。操作要求如下：

1）此项操作断电进行。

2）在核对过程中，观察并记录该电器元件的型号及安装方法。

3）观察每个电器元件的电路连接方法。

4）使用万用表测量各元器件触点操作前后的通断情况并做记录。

三、Z3040 型摇臂钻床电气控制线路的安装

根据如图 8-2 所示的电路图和如图 8-4 所示的电气接线图进行电气电路的安装。具体安装过程参考项目六任务二。

四、操作并调试 Z3040 型摇臂钻床

在教师的指导下，按照下述操作方法，完成对 Z3040 型摇臂钻床的操作与调试。

1. 开机前的准备工作

1）检查机床各部件（外观）是否完好。

2）检查各操作按钮、手柄是否在原位。

3）按设备润滑图表进行注油润滑，检查油标油位。

2. 开机操作调试方法步骤

1）合上钻床电源总开关 QS。

2）观察并记录主轴电动机的工作情况。

3）观察并记录摇臂升降电动机的工作情况。

4）观察并记录立柱升降电动机的工作情况。

5）观察并记录冷却泵电动机的工作情况。

6）观察并记录各电器元件工作时电压与电流情况。

7）关闭机床电源总开关 QS。

8）擦拭机床，清理机床周围杂物，打扫卫生，按设备润滑图表进行注油。

【检查评议】

对任务实施的完成情况进行检查，并将结果填入任务测评表（参见表 6-10）。

任务二　Z3040 型摇臂钻床照明指示电路、主轴电动机、冷却泵电动机控制线路的电气故障维修

知识目标：1. 熟悉 Z3040 型摇臂钻床照明指示电路、主轴电动机、冷却泵电动机控制线路的组成及控制过程。
　　　　　2. 熟悉 Z3040 型摇臂钻床照明指示电路的动作原理。
　　　　　3. 熟悉 Z3040 型摇臂钻床主轴电动机控制线路的组成及工作原理。
　　　　　4. 熟悉 Z3040 型摇臂钻床冷却泵电动机控制线路的组成及工作原理。
能力目标：能完成 Z3040 型摇臂钻床主轴电动机、冷却泵电动机控制线路常见故障的维修。
素质目标：养成独立思考和动手操作的习惯，培养小组协调能力和互相学习的精神。

【工作任务】

Z3040 型摇臂钻床的主要控制为对主轴电动机、摇臂升降、立柱夹紧松开、冷却泵等的控制。因此本次任务的内容是：按照常用机床电气设备的维修要求、故障检修和维修的步骤，完成对 Z3040 型摇臂钻床照明指示电路、主轴电动机及冷却泵电动机控制线路常见电气故障的维修。

【相关理论】

一、Z3040 型摇臂钻床照明指示电路分析

Z3040 型摇臂钻床照明电路主要由照明变压器 T、熔断器 FU3、开关 SA2 和照明灯组成；指示电路中，松开夹紧指示灯由位置开关 SQ4 控制，主轴工作指示灯由 KM1 接触器的常开触点控制，其电路如图 8-5 所示。

二、Z3040 型摇臂主轴电动机、冷却泵电动机控制线路分析

Z3040 型摇臂主轴电动机、冷却泵电动机控制线路如图 8-6 所示。

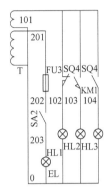

图 8-5　Z3040 型摇臂钻床照明指示线路

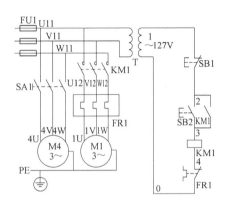

图 8-6　主轴电动机、冷却泵电动机控制线路

1. 主轴电动机控制线路分析

主轴电动机 M1 的控制包括起动控制和停止控制，其工作原理参见本项目任务一。

2. 冷却泵电动机控制线路分析

冷却泵的功率比较小，直接由 SA1 控制。其工作原理参见本项目任务一。

【任务准备】

实施本任务教学所使用的实训设备及工具材料可参考表 8-2。

表 8-2　实训设备及工具材料

序号	分类	名称	型号规格	数量	单位	备注
1	工具	电工常用工具		1	套	
2	仪表	万用表	MF47 型	1	块	
3		绝缘电阻表	500 V	1	只	
4		钳形电流表		1	只	
5	设备器材	Z3040 型摇臂钻床或模拟机床线路板		1	台	

【任务实施】

一、指认 Z3040 型摇臂钻床主轴电动机、冷却泵电动机控制线路

在教师的指导下，根据前面任务测绘出的 Z3040 型摇臂钻床的电气接线图和元器件位置图，在钻床上找出照明指示电路、主轴电动机、冷却泵电动机控制线路实际走线路径，并与如图 8-5 所示和如图 8-6 所示的电路图进行比较，为故障分析和检修做好准备。

二、Z3040 型摇臂钻床照明指示电路电气故障分析与检修

故障为照明灯不亮。故障分析一般从变压器 36V 线圈断线、熔断器 FU3 熔丝熔断或接触不良、开关 SA2 闭合不好、低压灯座线头脱落或有断线处、灯座与灯泡接触不好、36V 低压灯泡烧坏等几方面考虑，其检修流程图如图 8-7 所示。

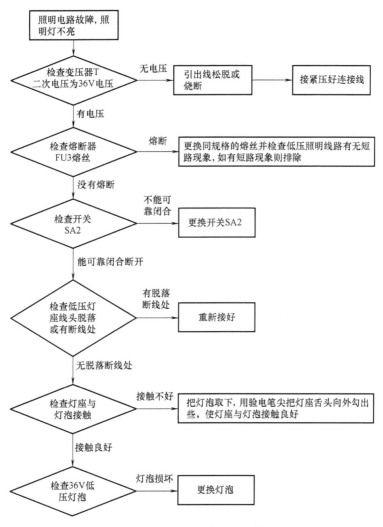

图 8-7 Z3040 型摇臂钻床照明检修流程图

三、Z3040 型摇臂钻床主轴电动机、冷却泵电动机控制线路电气故障分析与检修

1. Z3040 型摇臂钻床主轴电动机线路的故障分析及检修

【故障现象 1】 主轴电动机不转（不能起动），即按下 SB2 起动按钮，M1 电机不能起动。

【故障分析】 此故障要从控制线路和主电路两个方面分别检查。首先检查控制线路：若按下 SB2 按钮，接触器 KM1 无任何反应，说明故障在控制线路。然后检查主轴停止按钮 SB1 常闭触点是否接通，如接通，再检查主轴起动按钮 SB2 是否能正常闭合，如正常，再确认接触器线圈是否完好，正常线圈电阻为几十到几百欧姆。如接触器线圈正常，最后检查 FR1 位于 9 区的常闭触点是否闭合。

若按下 SB2 按钮，接触器 KM1 吸合，则要从主电路进行检查：首先检查 KM1 主触点是否卡阻或接触不良，若 KM1 主触点出线端电压正常，则检查 FR1 热继电器出线电压是否正常，如热继电器出线电压正常，则检查电动机 M1，接线是否脱落，绕组是否烧坏。

【故障检修】 主轴电动机不转检修流程图如图 8-8 所示。

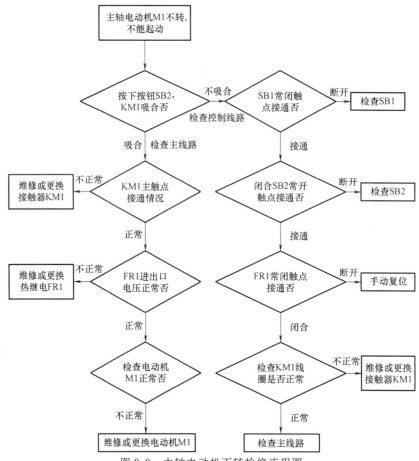

图 8-8 主轴电动机不转检修流程图

【故障现象 2】 主轴电动机 M1 不能停车，即按下停止按钮 SB1 时，M1 不能停止。

【故障分析】 造成这种故障原因大多是接触器 KM1 主触点熔焊；停止按钮击穿或电路中 1、2 两点连接导线短路；接触器铁心表面粘牢污垢。可采用下列方法判明是哪种原因造成 M1 不能停车：若断开 QS，接触器 KM1 释放，则说明故障为 SB1 击穿或导线短接；若接触器过一段时间释放，则故障为铁心表面粘牢污垢；断开 QS，若接触器 KM 不释放，则故障为主触头熔焊。

【故障检修】 若是停止按钮击穿，应更换停止按钮 SB1。若是铁心表面粘牢，应清除铁心表面的污垢；若是主触点熔焊，应修理主触点。

【故障现象 3】 主轴电动机 M1 运行中突然停车。

【故障分析】 造成这种故障的主要原因是由于热继电器 FR1 动作。发生这种故障后，一定要找出热继电器 FR1 动作的原因，排除后才能使其复位。引起热继电器 FR1 动作的原因可能是：负载过重以及 M1 的连接导线接触不良；三相电源不平衡；电源电压较长时间过低等。

【故障检修】 首先用万用表检查三相电源是否正常，然后检查与电动机 M1 连接的导线是否接触良好。

2. Z3040 型摇臂钻床冷却泵电动机线路的故障分析及检修

M4 为冷却泵电动机，它的作用是不断向工件和刀具输送切削液，以降低它们在切削过程中产生的高温，其由转换开关 SA1 控制。

【故障现象】　冷却泵电动机不转（不能起动），即闭合 SA1 开关，M4 电动机不起动。

【故障分析】　闭合开关 QS，测量 SA1 进线端任意两相电源电压，如果电压不正常，检查熔断器 FU1 到 SA1 开关连接点是否有松动或者虚接；如正常，闭合 SA1 开关，测量电动机进线端电压，如果电压不正常，检查 SA1 开关是否损坏以及到电动机之间的接线是否牢靠，如果电压正常，则为电动机故障，检修电动机。

【故障检修】　检修方法与前面任务所述的方法类似，在此不再赘述。

【检查评议】

对任务实施的完成情况进行检查，并将结果填入任务测评表（参见表 6-13）。

任务三　Z3040 型摇臂钻床摇臂升降和主轴箱夹紧松开控制线路的常见故障维修

知识目标：1. 熟悉摇臂升降结构及工作原理。
　　　　　2. 熟悉主轴箱夹紧松开的结构及工作原理。
能力目标：能对 Z3040 型摇臂钻床摇臂升降和主轴箱夹紧松开控制线路常见故障进行维修。
素质目标：养成独立思考和动手操作的习惯，培养小组协调能力和互相学习的精神。

【工作任务】

摇臂钻床电气控制的重点和难点环节是摇臂的升降、立柱与主轴箱的夹紧和松开。Z3040 型摇臂钻床的工作过程是由电气、机械以及液压系统紧密配合实现的。在维修中不仅要注意电气部分能否正常工作，还要关注它与机械、液压部分的协调关系。因此，本次任务的内容是：按照常用机床电气设备的维修要求、故障检修的步骤，完成对 Z3040 型摇臂钻床摇臂的升降与主轴箱的夹紧和松开控制线路的常见故障维修。

【相关理论】

一、Z3040 型摇臂钻床摇臂升降线路分析

Z3040 型摇臂钻床上升下降控制线路如图 8-9 所示，其控制过程及电路原理见本项目任务一。

二、Z3040 型摇臂钻床主轴箱夹紧松开线路分析

Z3040 型摇臂钻床主轴箱夹紧松开控制线路如图 8-10 所示，其控制过程及电路原理见本项目任务一。

【任务准备】

实施本任务教学所使用的实训设备及工具材料可参考表 8-2。

【任务实施】

一、指认 Z3040 型摇臂钻床摇臂升降和主轴箱夹紧松开控制线路

在教师的指导下，根据前面任务测绘出的 Z3040 型摇臂钻床的电气接线图和元器件位置图，在 Z3040 型摇臂钻床上找出摇臂升降和主轴箱夹紧松开控制线路实际走线路径，并与如图 8-9 所示和如图 8-10 所示的电路图进行比较，为故障分析和检修做好准备。

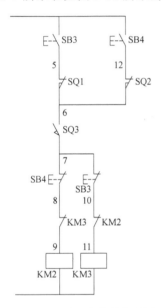

图 8-9　上升下降控制线路图

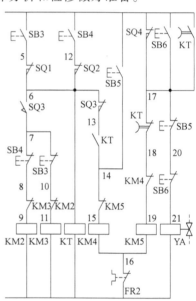

图 8-10　主轴箱夹紧松开控制线路

二、Z3040 型摇臂钻床摇臂升降线路常见故障分析与检修

Z3040 型摇臂钻床摇臂升降线路常见故障主要分为摇臂只能下降不能上升、摇臂只能上升不能下降、摇臂上升和下降全部无动作三种，其分析步骤如图 8-11 所示。下面以其中一个故障为例，说明分析过程。

【故障现象】　摇臂只能下降不能上升。

【故障分析】　此故障分为控制线路故障和主电路故障，按下按钮 SB3 和 SB4 观察接触器 KM2 和 KM3 是否吸合，如接触器不能吸合则故障发生在控制线路。

【故障检修】

控制线路故障：首先检查上升起动按钮 SB3 常开触点是否能正常闭合，再检查行程开关 SQ1 常闭触点是否接通，然后检查 SB4 常闭按钮常闭触点是否闭合，再确定连锁触点 KM3 常闭是否接通，最后检查 KM2 线圈是否完好。

主电路故障：首先确认主轴电动机是否能正常运转，用以确认三相电源是否正常，再检查熔断器 FU2 是否熔断，然后检查接触器 KM2 三组主触点能否正常闭合，然后检查接触器到电动机引线是否有脱落、虚接现象，最后确认电动机是否完好，三相定子绕组之间电阻是否相等，是否断路。

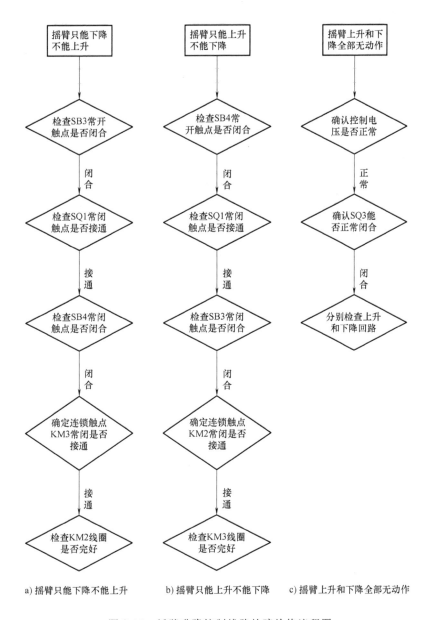

a) 摇臂只能下降不能上升　　　b) 摇臂只能上升不能下降　　　c) 摇臂上升和下降全部无动作

图 8-11　摇臂升降控制线路故障检修流程图

三、Z3040 型摇臂钻床主轴箱夹紧松开控制线路常见故障分析与检修

Z3040 型摇臂钻床主轴箱夹紧松开线路常见故障主要有主轴箱能夹紧不能松开、主轴箱能松开不能夹紧和主轴箱松开夹紧全部不能正常动作三种，其分析步骤如图 8-12 所示。

【检查评议】

对任务实施的完成情况进行检查，并将结果填入任务测评表（参见表6-13）。

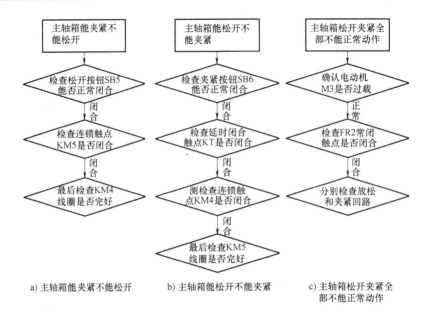

a) 主轴箱能夹紧不能松开　　　　　b) 主轴箱能松开不能夹紧　　　　c) 主轴箱松开夹紧全部不能正常动作

图 8-12　主轴箱夹紧松开控制线路故障检修流程图

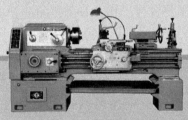

项目九

X62W型万能铣床电气控制线路的安装与维修

【学习目标】

知识目标：1. 熟悉 X62W 型万能铣床的结构、作用和运动形式。

2. 熟悉 X62W 型万能铣床电气控制线路的组成及工作原理。

3. 掌握 X62W 型万能铣床的操纵手柄、按钮和开关的功能。

4. 掌握 X62W 型万能铣床元器件的位置、线路的大致走向。

能力目标：能对 X62W 型万能铣床进行基本操作及调试。

素质目标：养成独立思考和动手操作的习惯，培养小组协调能力和互相学习的精神。

【工作任务】

　　铣床的种类很多，按照结构形式和加工性能的不同，可分为卧式铣床、立式铣床、仿形铣床、龙门铣床、专用铣床和万能铣床等。X62W 型万能铣床是一种多用途卧式铣床，如图 9-1 所示。它可以用圆柱铣刀、圆片铣刀、角度铣刀、成形铣刀及面铣刀等刀具对各种零件进行平面、斜面、沟槽及成型表面的加工，装上分度盘可以铣削齿轮和螺旋面，装上圆工作台可以铣削凸轮和弧形槽等。铣床的控制是机械与电气一体化的控制，本次工作任务就是：通过观摩操作，认识 X62W 型万能铣床。具体任务要求如下：

　　1）识别铣床主要部件，清楚元器件位置及电路布线走向。

　　2）观察主轴停车制动、变速冲动的动作过程，观察两地停止操作、工作台快速移

图 9-1　X62W 型万能铣床外形图

动控制。

3）细心观察体会工作台与主轴之间的联锁关系，纵向操纵、横向操纵与垂直操纵之间的联锁关系，变速冲动与工作台自动进给的联锁关系，圆工作台与工作台自动进给联锁的关系。

4）在教师指导下操作 X62W 型万能铣床。

【相关理论】

一、X62W 型万能铣床型号规格

X62W 型万能铣床的型号规格及含义为：

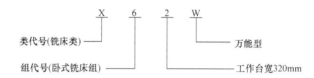

类代号(铣床类)
组代号(卧式铣床组)
万能型
工作台宽320mm

二、X62W 型万能铣床的主要结构及运动形式

X62W 型万能铣床的主要结构如图 9-2 所示。它主要由床身、主轴、刀杆支架、悬梁、刀杆挂脚、工作台、圆形工作台、横溜板、升降台和底座等部分组成。

在铣床床身的前面有垂直导轨，升降台可沿着垂直导轨上下移动；在升降台上面的水平导轨上，装有可在平行主轴轴线方向移动（前后移动）的溜板；溜板上部有可转动的圆形工作台，工作台上有 T 形槽来固定工件，因此，安装在工作台上的工件可以在 3 个坐标上的 6 个方向（上下、左右、前后）调整位置或进给。

铣床的铣削是一种高效率的加工方式。铣床主轴带动铣刀的旋转运动是主运动；铣床工作台的横向（前后）、纵向（左右）和垂直（上下）6 个方向的运动是进给运动；铣床其他的运动，如工作台旋转运动属于辅助运动。X62W 型万能铣床元器件位置如图 9-3 所示。

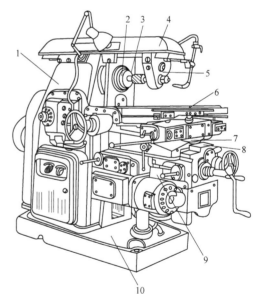

图 9-2　X62W 型万能铣床外形结构图
1—床身　2—主轴　3—刀杆支架　4—悬梁　5—刀杆挂脚
6—工作台　7—圆形工作台　8—横溜板　9—升降台　10—底座

三、X62W 型万能铣床电气控制的特点

X62W 型万能铣床由 3 台电动机驱动，M1 为主轴电动机，担负主轴的旋转运动，即主运动；M2 为进给电动机，机床的进给运动和辅助运动由 M2 驱动；M3 为冷却泵电动机，将切削液输送到机床的切削部位。各运动的电气控制特点如下：

1. 主运动

X62W万能铣床的主运动是主轴带动铣刀的旋转运动。铣削加工有顺铣和逆铣两种方式，所以要求主轴电动机能实现正反转，但考虑到一批工件一般只用一个方向铣削，在加工过程中不需要经常变换主轴旋转的方向，因此，X62W型万能铣床用组合开关 SA3 来改变主轴电动机的电源相序以实现正反转目的。

另外，铣削加工是一种不连续的切削加工方式，为减小振动，主轴上装有惯性轮，但这样就会造成主轴停车困难，为此 X62W 型万能铣床主轴电动机采用电磁离合器制动以实现准确停车。

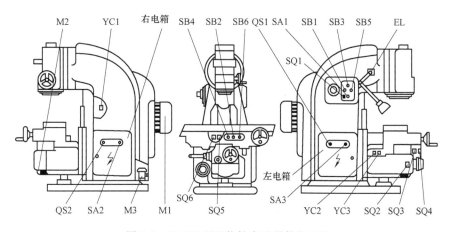

图 9-3　X62W 型万能铣床元器件位置图

2. 进给运动

X62W 型万能铣床的进给运动是指工件随工作台在前后（横向）、左右（纵向）和上下（垂直）6 个方向上的运动以及圆形工作台的旋转运动。

X62W 型万能铣床工作台 6 个方向的进给运动和快速移动，由进给电动机 M2 采用正反转控制，6 个方向的进给运动中同时只能有一种运动产生，采用机械手柄和位置开关配合的方式实现 6 个方向进给运动的联锁；进给快速移动是通过电磁离合器和机械挂档来完成；为扩大加工能力，在工作台上可加装圆形工作台，圆形工作台的回转运动是由进给电动机经传动机构驱动的。

为防止刀具和机床的损坏，要求只有主轴起动后才允许有进给运动；同时为了减小加工件的表面粗糙度，要求进给停止后主轴才能停止或同时停止。

3. 辅助运动

X62W 型万能铣床的辅助运动是指工作台的快速运动及主轴和进给的变速冲动。

X62W 型万能铣床的主轴调速和进给运动调速采用变速盘进行速度选择，为了保证齿轮良好啮合，调整变速盘时采用变速冲动控制。

另外，为了更换铣刀方便、安全，设置换刀专用开关 SA1。换刀时，一方面将主轴制动，另一方面将控制线路切断，避免出现人身事故。

四、X62W 型万能铣床控制原理

X62W 型万能铣床主要由电源电路、主电路、控制线路和照明电路四部分组成，其电气控制原理图如图 9-4 所示。

1. 主轴电动机 M1 的控制

为了方便操作，主轴电动机的起动、停止以及进给电动机的控制均采用两地控制方式，一组安装在工作台上，另一组安装在床身上。

（1）主轴电动机 M1 的起动　主轴电动机起动前根据顺铣、逆铣的要求，将转换开关 SA3 扳到所需的转向位置，然后按下起动按钮 SB1 或 SB2，接触器 KM1 通电吸合并自锁，主轴电动机 M1 起动。KM1 的辅助常开触点（9—10）闭合，接通控制线路的进给线路电源，保证了只有先起动主轴电动机，才可开动进给电动机，避免工件或刀具的损坏。

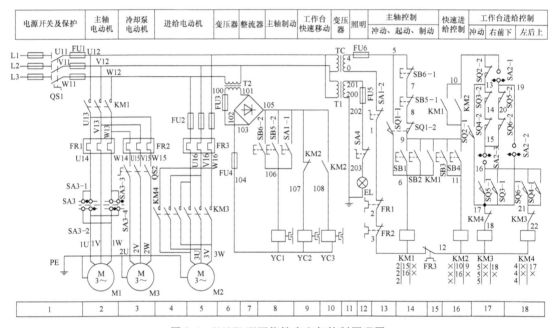

图 9-4　X62W 型万能铣床电气控制原理图

（2）主轴电动机的制动　为了使主轴停车准确，主轴采取电磁离合器制动。该电磁离合器安装在主轴传动链中与电动机轴相连的第一根传动轴上，当按下停止按钮 SB5 或 SB6时，接触器 KM1 断电释放，电动机 M1 失电。按钮按到底时，停止按钮的常开触点 SB5-2或 SB6-2 接通电磁离合器 YC1，离合器吸合，将摩擦片压紧，对主轴电动机进行制动。直到主轴停止转动，才可松开停止按钮。主轴制动时间不超过 0.5s。

（3）主轴变速冲动　主轴变速是通过改变齿轮的传动比进行的，由一个变速手柄和一个变速盘来实现，有 18 级不同转速（30～1500r/min）。为使变速时齿轮组能很好重新啮合，设置变速冲动装置。变速时，先将变速手柄 3 压下，然后向外拉动手柄，使齿轮组脱离啮合；再转动蘑菇形变速手轮，调到所需转速上，将变速手柄复位。在手柄复位过程中，压动位置开关 SQ1，SQ1 的常闭触点（8—9）先断开，常开触点（5—6）后闭合，接触器 KM1线圈瞬时通电，主轴电动机瞬时点动，使齿轮系统抖动一下，达到良好啮合。当手柄复位后，SQ1 复位，断开了主轴瞬时点动线路，完成变速冲动工作。变速冲动控制示意图如图9-5所示。

（4）主轴换刀控制　在主轴更换铣刀时，为避免人身事故，将主轴置于制动状态，即将主轴换刀制动转换开关 SA1 转到"接通"位置，其常开触点 SA1-1 接通电磁离合器 YC1，将电动机轴抱住，主轴处于制动状态；其常闭触点 SA1-2 断开，切断控制回路电源，保证了上刀或换刀时，机床没有任何动作。当上刀、换刀结束后，将 SA1 扳回"断开"位置。

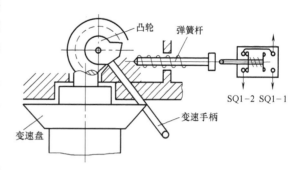

图 9-5　变速冲动控制示意图

2. 进给电动机 M2 的控制

工作台的进给运动分为工作进给和快速进给。工作进给只有在主轴起动后才可进行，快速进给是点动控制，即使不起动主轴也可进行。工作台的 6 个方向的运动都是通过操纵手柄和机械联动机构带动相应的位置开关，控制进给电动机 M2 正转或反转来实现的。在正常进给运动控制时，圆形工作台控制转换开关 SA2 应转至断开位置。SQ5、SQ6 控制工作台的向右和向左运动，SQ3、SQ4 控制工作台的向前、向下和向后、向上运动。

进给驱动系统用了两个电磁离合器 YC2 和 YC3，都安装在进给传动链中的第 4 根轴上。当左边的离合器 YC2 吸合时，连接上工作台的进给传动链；当右边的离合器 YC3 吸合时，连接上快速移动传动链。

（1）工作台的纵向（左、右）进给运动　起动主轴，当纵向进给手柄扳向右边时，联动机构将电动机的传动链拨向工作台下面的丝杠，使电动机的动力通过该丝杠作用于工作台，同时压下位置开关 SQ5，接触器 KM3 线圈通过（10—SQ2-2—13—SQ3-2—14—SQ4-2—15—SA2-3—16—SQ5-1—17—KM4 常闭触点—18—KM3 线圈）路径得电吸合，进给电动机 M2 正转，带动工作台向右运动。

当纵向进给手柄扳向左时，SQ6 被压下，接触器 KM4 线圈得电，进给电动机 M2 反转，工作台向左运动。

进给到位将手柄扳至中间位置，SQ5 或 SQ6 复位，KM3 或 KM4 线圈断电，电动机的传动链与左右丝杠脱离，M2 停转。若在工作台左右极限位置装设限位挡铁，当挡铁碰撞到手柄连杆时，把手柄推至中间位置，电动机 M2 停转，实现终端保护。

（2）工作台的垂直（上、下）与横向（前、后）进给运动　工作台的垂直与横向进给运动由一个十字进给手柄操纵，该手柄有五个位置，即上、下、前、后、中间。当手柄向上或向下时，传动机构将电动机传动链和升降台上下移动丝杠相联；向前或向后时，传动机构将电动机传动链与溜板下面的丝杠相联；手柄在中间位时，传动链脱开，电动机停转。手柄扳至前、下位置，压下位置开关 SQ3；手柄扳至后、上位置，压下位置开关 SQ4。

将十字手柄扳到向上（或向后）位，SQ4 被压下，接触器 KM4 得电吸合，进给电动机 M2 反转，带动工作台做向上（或向后）运动。KM4 线圈得电路径为：10—SA2-1—19—SQ5-2—20—SQ6-2—15—SA2-3—16—SQ4-1—21—KM3 常闭触点—22—KM4 线圈。

同理，将十字手柄扳到向下（或向前）位，SQ3 被压下，接触器 KM3 得电吸合，进给电动机 M2 正转，带动工作台做向下（或向前）运动。

（3）进给变速冲动　进给变速只有各进给手柄均在零位时才可进行。在改变工作台进给速度时，为使齿轮易于啮合，需要进给电动机瞬时点动一下。其操作顺序是：先将进给变速的蘑菇形手柄拉出，转动变速盘，选择好速度，然后将手柄继续向外拉到极限位置，随即推回原位，变速结束。就在手柄拉到极限位置的瞬间，位置开关 SQ2 被压动，SQ2-2 先断开，SQ2-1 后接通，接触器 KM3 经（10—SA2-1—19—SQ5-2—20—SQ6-2—15—SQ4-2—14—SQ3-2—13—SQ2-1—17—KM4 常闭触点—18—KM3 线圈）路径得电，进给电动机瞬时正转。在手柄推回原位时 SQ2 复位，故进给电动机只突动一下。

（4）工作台快速移动　为提高劳动生产效率，减少生产辅助工时，在不进行铣削加工时，可使工作台快速移动。当工作台工作进给时，再按下快速移动按钮 SB3 或 SB4（两地控制），接触器 KM2 得电吸合，其常闭触点（9 区）断开电磁离合器 YC2，将齿轮传动链与进给丝杠分离；KM2 常开触点（10 区）接通电磁离合器 YC3，将电动机 M2 与进给丝杠直接搭合。YC2 的失电以及 YC3 的得电，使进给传动系统跳过了齿轮变速链，电动机直接驱动丝杠套，工作台按进给手柄的方向快速进给。松开 SB3 或 SB4，KM2 断电释放，快速进给过程结束，恢复原来的进给传动状态。

由于在接触器 KM1 的常开触点（16 区）上并联了 KM2 的一个常开触点，故在主轴电动机不起动的情况下，也可实现快速进给调整工件。

（5）圆形工作台的控制　当需要加工螺旋槽、弧形槽和弧形面时，可在工作台上加装圆形工作台。使用圆形工作台时，先将圆形工作台转换开关 SA2 扳到"接通"位置，再将工作台的进给操纵手柄全部扳到中间位，按下主轴起动按钮 SB1 或 SB2，接触器 KM1 得电吸合，主轴电动机 M1 起动，接触器 KM3 线圈经（10—SQ2-2—13—SQ3-2—14—SQ4-2—15—SQ6-2—20—SQ5-2—19—SA2-2—17—KM4 常闭触点—18—KM3 线圈）路径得电吸合，进给电动机 M2 正转，带动圆形工作台做旋转运动。圆形工作台只能沿一个方向做回转运动。

> **>> 操作提示**
>
> 进给变速和圆形工作台工作时，两个进给操作手柄必须处于中间位置，起动电路途经 SQ3～SQ6 四个位置开关的常闭触点，扳动工作台任一进给手柄，都会使 M2 停止工作，实现了机械与电气配合的联锁控制。

3. 冷却泵及照明电路控制

主轴电动机起动后，扳动组合开关 QS2 可控制冷却泵电动机 M3。

铣床照明电路由变压器 T1 提供 24V 电压，由开关 SA4 控制，熔断器 FU5 作为照明电路的短路保护。

【任务准备】

实施本任务所需准备的工具、仪表及设备

1）工具：扳手、螺钉旋具、尖嘴钳、剥线钳、电工刀、验电器等。

2）仪表：万用表、绝缘电阻表、钳形电流表等。

3）设备：X62W 型万能铣床。

4）X62W 型万能铣床的电器元件明细表见表 9-1。

表 9-1　X62W 型万能铣床电器元件明细表

代号	元件名称	型号	规格	数量
M1	主轴电动机	Y132M-4-B3	7.5kW,1450r/min	1
M2	进给电动机	Y90L-4	1.5kW,1440r/min	1
M3	冷却泵电动机	JCB-22	125W,2790r/min	1
KM1	交流接触器	CJ20-20	20A,线圈电压110V	1
KM2~KM4	交流接触器	CJ20-10	10A,线圈电压110V	3
FU1	熔断器	RL1-60A	60A,熔体50A	3
FU2	熔断器	RL1-15A	15A,熔体10A	3
FU3、FU6	熔断器	RL1-15A	15A,熔体4A	2
FU4、FU5	熔断器	RL1-15A	15A,熔体2A	2
FR1	热继电器	JR16-20-3D	整定电流16A	1
FR2	热继电器	JR16-20-3D	整定电流0.43A	1
FR3	热继电器	JR16-20-3D	整定电流3.4A	1
QS1	电源总开关	HZ10-60/3J	60A,380V	1
QS2	冷却泵开关	HZ10-10/3J	10A,380V	1
SA1	换刀制动开关	HZ10-10/3J	10A,380V	1
SA2	圆工作台开关	HZ10-10/3J	10A,380V	1
SA3	主轴换向开关	HZ10-60/3J	60A,500V	1
TC	控制变压器	BK-150	150V·A,380/110V	1
T1	照明变压器	BK-50	50V·A,380/24V	1
T2	整流变压器	BK-100	100V·A,380/36V	1
VC	整流器	2CZ×4	5A,50V	1
SB1~SB6	按钮	LA2		6
SQ1~SQ2	冲动位置开关	LX3-11K	开启式	2
SQ3~SQ4	位置开关	LX3-131	单轮自动复位	2
SQ5~SQ6	位置开关	LX3-11K	开启式	2
YC1~YC3	电磁离合器	B1DL-Ⅱ		3
EL	照明灯	JC-25	40W,24V	1

【任务实施】

一、指认 X62W 型万能铣床的主要结构和操作部件

通过观摩 X62W 型万能铣床实物与如图 9-6 所示的正面操纵部件位置图和如图 9-7 所示的左侧面操作部件位置图进行对照，认识 X62W 型万能铣床的主要结构和操作部件。

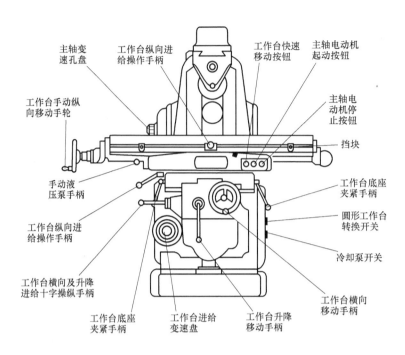

图 9-6　X62W 型万能铣床正面操纵部件位置图

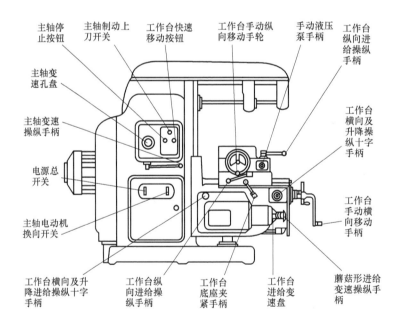

图 9-7　X62W 型万能铣床左侧面操纵部件位置图

二、熟悉 X62W 型万能铣床的电器设备名称、型号规格、代号及位置

首先切断设备总电源，然后在教师指导下，根据电器元件明细表和位置图熟悉 X62W 型万能铣床的电器设备名称、型号规格、代号及位置。

1. 左右门上的电器识别

左右门上的电器明细表见表9-2、表9-3，位置图如图9-8、图9-9所示。

表 9-2　左门上的电器明细表

序号	电器名称	型号规格	代号	数量
1	电源总开关	HZ10-60/3J,60A,380V	QS1	1
2	主轴换向开关	HZ10-60/3J,60A,380V	SA3	1
3	熔断器	RL1-60,60A,熔体50A	FU1	3
4	熔断器	RL1-15,15A,熔体10A	FU2	3
5	接线端子排	10节	XT1	1

表 9-3　右门上的电器明细表

序号	电器名称	型号规格	代号	数量
1	圆工作台开关	HZ10-10/3J,10A,380V	SA2	1
2	冷却泵开关	HZ10-10/3J,10A,380V	QS2	1
3	整流变压器	BK-100,100V·A,380/36V	T2	1
4	整流器	2CZ×4,5A,50V	VC	1
5	接线端子排	15节	XT4	1

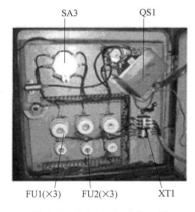

图9-8　左门上电器位置图

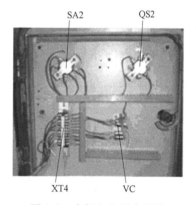

图9-9　右门上电器位置图

2. 左右壁龛内的电器识别

左右壁龛内的电器明细表见表9-4、表9-5，位置图如图9-10、图9-11所示。

表 9-4　左壁龛内的电器明细表

序号	电器名称	型号规格	代号	数量
1	交流接触器	CJ10-20,20A,线圈电压110V	KM1	1
2	交流接触器	CJ10-10,10A,线圈电压110V	KM2 KM3 KM4	3
3	热继电器	RJ16-20/3D,整定电流16A	FR1	1
4	热继电器	RJ16-20/3D,整定电流0.43A	FR2	1
5	热继电器	RJ16-20/3D,整定电流3.4A	FR3	1
6	接线端子排	20节	XT2	1

表 9-5　右壁龛内的电器明细表

序号	电器名称	型号规格	代号	数量
1	控制变压器	BK-150,150V·A,380/110V	TC	1
2	照明变压器	BK-50,50V·A,380/24V	T1	1
3	整流变压器	BK-100,100V·A,380/36V	T2	1
4	熔断器	RL1-15,15A,熔体 4A	FU3 FU6	2
5	熔断器	RL1-15,15A,熔体 2A	FU4 FU5	2
6	接线端子排	20 节	XT3	1

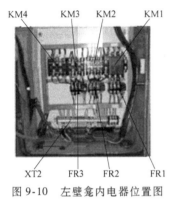

图 9-10　左壁龛内电器位置图

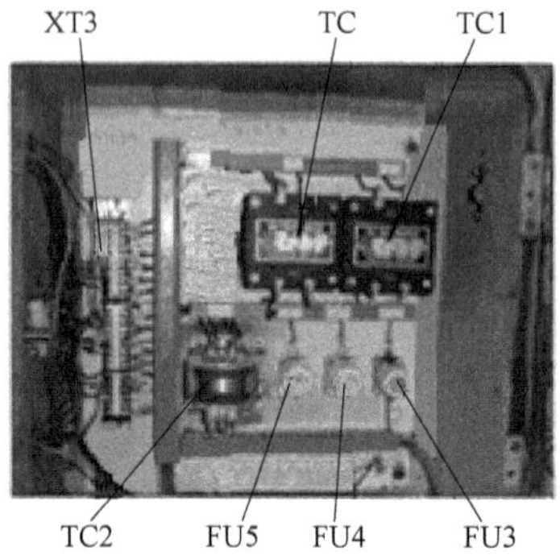

图 9-11　右壁龛内电器位置图

3. 左侧面按钮板上的电器识别

左侧面按钮板上的电器明细表见表 9-6,位置图如图 9-12 所示。

表 9-6　左侧面按钮板上的电器明细表

序号	电器名称	型号规格	代号	数量
1	主轴起动按钮	LA2	SB2	1
2	主轴停止按钮	LA2	SB6	1
3	工作台快速进给按钮	LA2	SB4	1
4	主轴冲动位置开关	LX3-11K　开启式	SQ1	1

4. 纵向工作台床鞍上的电器识别

纵向工作台床鞍上的电器明细表见表 9-7,位置图如图 9-13 所示。

表 9-7　纵向工作台床鞍上的电器明细表

序号	电器名称	型号规格	代号	数量
1	主轴起动按钮	LA2	SB1	1
2	主轴停止按钮	LA2	SB5	1
3	工作台快速进给按钮	LA2	SB3	1
4	工作台纵向(左、右)运动位置开关	LX3-11K　开启式	SQ5 SQ6	2

5. 升降台上部分电器识别

工作台的垂直与横向运动由一个十字进给手柄操纵,该手柄有五个位置,即上、下、前、后、中间。当手柄向上或向下时,传动机构将电动机传动链和升降台上下移动丝杠相连;向前或向后时,传动机构将电动机传动链与溜板下面的丝杠相连;手柄在中间位置时,传动链脱开,电动机停转。手柄扳至前、下位置,压下位置开关 SQ3;手柄扳至后、上位置,压下位置开关 SQ4。升降台上部分电器明细表见表 9-8,位置图如图 9-14 所示。

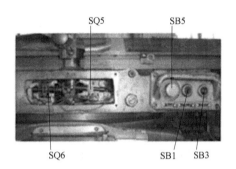

图 9-12　铣床左侧面按钮板上电器位置图　　　　图 9-13　铣床纵向工作台床鞍上电器位置图

表 9-8　升降台上部分电器明细表

序号	电器名称	型号规格	代号	数量
1	工作台冲动位置开关	LX3-11K　开启式	SQ2	1
2	工作台的垂直(上、下)与横向(前、后)进给位置开关	LX3-131　单轮自动复位	SQ3(下、前) SQ4(上、后)	2

图 9-14　铣床纵向升降台上部分电器位置图

6. 其他电器的识别

其他电器的明细表见表 9-9，请读者自行对照实物确定它们在铣床上的位置。

表 9-9　其他电器明细表

序号	电器名称	型号规格	代号	数量
1	工作台常速、快速进给电磁离合器	BIDL-Ⅱ	YC1 YC2	2
2	主轴制动电磁离合器	BIDL-Ⅱ	YC3	1
3	工作照明灯	JC-25,40W,24V	EL	1
4	主轴电动机	Y132M-4-B3,7.5kW,1440r/min	M1	1
5	进给电动机	Y90L-4,7.5kW,1440r/min	M2	1
6	冷却泵电动机	JCB-22,125W,2790r/min	M3	1

四、X62W 型万能铣床试车的基本操作方法和步骤

1. 开机前的准备工作

1）将主轴变速操纵手柄向右推进原位。

2）将工作台纵向进给操纵手柄置"中间"位置。

3）将工作台横向及升降进给十字操纵手柄置"中间"位置。

4）将冷却泵转换开关 SQ2 置"断开"位置。

5）将圆形工作台转换开关 SA2 置"断开"位置。

6）将换刀开关 SA1 置"换刀"位置。

2. 试机操作调试方法步骤

1）合上铣床电源总开关 QS1。

2）将开关 SA4 置于"开"位置状态，机床工作照明灯 EL 灯亮，此时说明机床已处于带电状态，同时告诫操作者该机床电气部分不能随意用手触摸，防止人身触电事故。

3）将主轴换向开关 SA3 扳至所需要的旋转方向上（如果主轴需顺时针方向旋转时，将主轴换向开关置"顺"；反之置"倒"；中间为"停"）。

4）装上或更换铣刀后，将换刀开关 SA1 置"放松"位置。

5）调整主轴转速。将主轴变速操纵手柄向左拉开，使齿轮脱离；手动旋转变速盘使箭头对准变速盘上所需要的转速刻度，再将主轴变速操纵手柄向右推回原位，同时压动行程开关 SQ1，使主轴电动机出现短时转动，从而使改变传动比的齿轮重新啮合。

6）主轴起动操作。按下主轴电动机起动按钮 SB1（或 SB2），主轴电动机 M1 起动，主轴按预定方向、预选速度带动铣刀转动。

7）调整进给转速。将蘑菇形进给变速操纵手柄拉出，使齿轮间脱离，转动工作台进给变速盘至所需要的进给速度档，然后再将蘑菇形进给变速操纵手柄迅速推回原位。蘑菇形进给变速操纵手柄在复位过程中压动瞬时点动位置开关 SQ2，此时进给电动机 M2 作短时转动，从而使齿轮系统产生一次抖动，使齿轮顺利啮合。在进给变速时，工作台纵向进给移动手柄和工作台横向及升降操纵十字手柄均应置中间位置。

8）工件与主轴对刀操作。预先固定在工作台上的工件，根据需要将工作台纵向进给操纵手柄或横向及升降操纵十字手柄置某一方向，则工作台将按选定方向正常移动；若按下快速移动按钮 SB3 或 SB4，使工作台在所选方向作快速移动，检查工件与主轴所需的相对位置是否到位（这一步也可在主轴不起动的情况下进行）。

9）将冷却泵转换开关 QS2 置"开"位置，冷却泵电动机 M3 起动，输送切削液。

10）工作台进给运动。分别操作工作台纵向进给操纵手柄或横向及升降操纵十字手柄，可使固定在工作台上的工件随着工作台做 3 个坐标 6 个方向（左、右、前、后、上、下）上的进给运动；需要快速进给时，再按下 SB3 或 SB4，工作台快速进给运动。

11）加装圆形工作台时，应将工作台纵向进给操纵手柄和横向及升降操纵十字手柄置"中间"位置，此时可以将圆形工作台转换开关 SA2 置"接通"，圆形工作台转动。

12）加工完毕后，按下主轴停止按扭 SB5 或 SB6，主轴随即制动停止。

13）机床工作照明灯 EL 的开关置于"断开"位置，使铣床工作照明灯 EL 熄灭。

14）断开铣床电源总开关 QS1，试车结束。

五、X62W 型万能铣床电气控制线路的安装

1. 分析绘制元器件布置图和接线图

通过观察 X62W 型万能铣床的结构和控制元器件，绘制出元器件布置图。

2. 根据元器件布置图逐一核对所有低压电器元件

按照元器件布置图在机床上逐一找到所有电器元件，并在图样上逐一做出标志。操作要求如下：

1）此项操作断电进行。

2）在核对过程中，观察并记录该电器元件的型号及安装方法。

3）观察每个电器元件的电路连接方法。

4）使用万用表测量各元件触点操作前后的通断情况并做记录。

3. 进行 X62W 型万能铣床电气控制线路的安装

根据如图 9-4 所示的电气原理图以及图 9-8 ～ 图 9-14 所示的电器位置图进行电气线路的安装。

【检查评议】

对任务实施的完成情况进行检查，任务测评参考表 6-10。

【问题及防治】

学生在进行 X62W 型万能铣床试车操作过程中，时常会遇到如下几个问题：

问题 1：当按下停止按钮 SB5 或 SB6 后，主轴电动机未能准确制动停车。

原因：停止按钮 SB5 或 SB6 未按到底，或者是松手太快。因为为了使主轴停车准确，主轴采用电磁离合器制动。该电磁离合器安装在主轴传动链中与电动机轴相连的第一根轴上，当按下停止按钮 SB5 或 SB6 时，如果未按到底，此时只有接触器 KM1 断电释放，电动机 M1 失电，但电动机未能立即停止，将做惯性运动。只有将按钮按到底时，停止按钮常开触点 SB5-2 或 SB6-2 接通电磁离合器 YC1，离合器吸合，将摩擦片压紧，对主轴电动机进行制动。另外，一般主轴制动时间不超过 0.5s，所以，按下的停止按钮必须等到主轴停止转动才可松开。

预防措施：主轴停车时，停止按钮 SB5 或 SB6 必须按到底，同时必须等到主轴停止转动才可松开。

问题 2：当进行完主轴变速冲动后，重新按下主轴起动按钮 SB1 或 SB2 后，主轴不能起动。

原因：没有将主轴变速手柄完全复位。因为铣床的主轴变速是通过改变齿轮的传动比进行的，它由一个变速手柄和一个变速盘来实现 18 级不同转速（30 ～ 1500r/min）。为使变速时齿轮组能很好重新啮合，设置变速冲动装置。变速时，先将变速手柄下压，然后往外拉动手柄，使齿轮组脱离；再转动蘑菇形变速手轮，调到所需转速上，再将变速手柄复位。在手柄复位过程中，压动位置开关 SQ1，SQ1 的常闭触点先断开，常开触点后闭合，主轴控制接触器 KM1 线圈瞬时通电，主轴电动机做瞬间点动，使齿轮系统抖动一下，达到良好的啮合。当手柄完全复位后，SQ1 复位，断开了主轴瞬时点动电路，完成变速冲动工作，才能重新按下起动按钮，使主轴按变速后的转速起动运行。如果主轴变速手柄复位不到位（即 SQ1 的常开触点虽然复位断开了，而 SQ1 的常闭触点未能良好地复位闭合），即使完成了变速冲动

工作，但重新按下起动按钮后，由于 SQ1 的常闭触点未接通，所以不能使接触器 KM1 线圈再次通电，主轴不能按变速后的转速起动运行。

预防措施： 在进行主轴变速时，一定要将拉出的变速手柄完全推回，使冲动位置开关 SQ1 完全复位，方可重新起动变速后的主轴。

想一想

　　如果在进行工作台变速冲动调速后，重新操作工作台按变速后的速度进行进给运动，工作台却不能运动。试分析原因，并提出预防措施。

任务二　X62W 型万能铣床主轴和冷却泵电动机控制线路的电气故障维修

【学习目标】

知识目标： 1. 熟悉排除冷却泵电动机控制线路常见电气故障的方法和步骤。
　　　　　　2. 熟悉排除 X62W 型万能铣床主轴电动机起动、冲动控制线路常见电气故障的方法和步骤。
能力目标： 能完成 X62W 型万能铣床主轴、冷却泵电动机控制线路常见故障的维修。
素质目标： 养成独立思考和动手操作的习惯，培养小组协调能力和互相学习的精神。

【工作任务】

　　X62W 型万能铣床的主要控制为对主轴电动机、冷却泵电动机和进给电动机的控制，本任务是分析排除 X62W 铣床主轴电动机起动、冲动、冷却泵电动机起动的常见故障。

【相关理论】

　　从如图 9-4 所示的电气原理图简化后的主轴电动机 M1 和冷却泵电动机 M3 的控制线路如图 9-15 所示。

一、主轴电动机 M1 的控制线路分析

　　主轴电动机 M1 的控制包括起动控制、制动控制、换刀控制和变速冲动控制。

1. 主轴电动机 M1 的起动控制

　　主轴起动前，首先选择好主轴的转速，接着将主轴换向开关 SA3 扳到所需要的转向，然后合上铣床电源总开关 QS1。其工作原理如下：

　　KM1 线圈得电回路为：TC（4）→FU6→5→SB6-1→7→SB5-1→8→SQ1-2→9→SB1（或

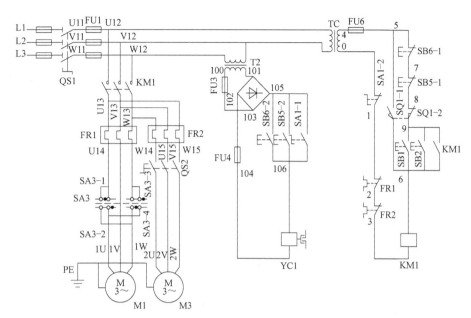

图 9-15　主轴电动机和冷却泵电动机控制线路图

SB2）→6→KM1 线圈→TC1（0）。

2. 主轴电动机 M1 停车及制动控制

当铣削完毕，需要主轴电动机 M1 停止时，为使主轴能迅速停车，控制线路采用电磁离合器 YC1 对主轴进行停车制动。其工作原理如下：

3. 主轴换铣刀控制

主轴电动机 M1 停转后并不处于制动状态，主轴仍可自由转动。在主轴更换铣刀时，为避免主轴转动，造成更换困难，应将主轴制动。其方法是将主轴制动换刀开关 SA1 扳向换刀位置（即松紧开关 SA1 置"夹紧"位置），SA1-2 常开触点（105-106）闭合，电磁离合器 YC1 得电，将主轴电动机 M1 制动；同时 SA1-1 常闭触点（0-1）断开，切断了控制线路，机床无法起动运行，从而保证了人身安全。

主轴制动、换刀开关 SA1 的通断状态见表 9-10。

表 9-10　主轴制动、换刀开关 SA1 的通断状态

触点	接线端标号	所在图区	操 作 位 置	
			主轴正常工作	主轴换刀制动
SA1-1	0-1	12	+	-
SA1-2	105-106	8	-	+

4. 主轴变速冲动控制

主轴变速冲动控制线路较为简单，主要是利用变速手柄与冲动行程开关 SQ1 通过机械上的联动机构进行控制的，其控制过程在本项目任务一已做介绍，在此不再赘述。

二、冷却泵电动机 M2 的控制线路分析

1. 冷却泵电动机 M2 的起动控制

只有当主轴电动机 M1 起动后，KM1 的主触点闭合后才可起动冷却泵电动机 M2。其工作原理如下：

M1 起动后→合上 SQ2→M2 起动运转

2. 冷却泵电动机 M2 停止

工作原理如下：

关断 QS2→M2 脱离电源停止运转

【任务准备】

实施本任务教学所使用的实训设备及工具材料可参考表 9-11。

表 9-11　实训设备及工具材料

序号	分类	名　　称	型 号 规 格	数量	单位	备注
1	工具	电工常用工具		1	套	
2	仪表	万用表	MF47 型	1	块	
3		绝缘电阻表	500 V	1	只	
4		钳形电流表		1	只	
5	设备器材	X62W 型铣床或模拟机床线路板		1	台	

【任务实施】

一、指认 X62W 型万能铣床主轴、冷却泵电动机控制线路

在教师的指导下，根据前面任务测绘出的 X62W 型万能铣床的电气接线图和位置图，在铣床上找出主轴、冷却泵电动机控制线路实际走电路径，并与如图 9-15 所示的电路图进行比较，为故障分析和检修做好准备。

二、X62W 型万能铣床主轴控制线路电气故障分析与检修

1. 主轴电动机 M1 不能起动

【故障现象】　合上电源开关 QS1，合上照明灯开关 SA4，照明灯 EL 亮，按下起动按钮 SB1（或 SB2），主轴电动机 M1 正、反转都转得很慢甚至不转，并发出"嗡嗡"声。

【故障分析】　采用逻辑分析法对故障现象进行分析可知，当按下起动按钮 SB1（或 SB2）后，主轴电动机 M1 转得很慢甚至不转，并发出"嗡嗡"声，说明接触器 KM1 已吸合，电气故障为典型的电动机断相运行，因此故障范围应在主轴电气控制的主回路上。由于万能铣床的主轴电动机 M1 和冷却泵电动机 M3 采取的是顺序控制，因此，在通过逻辑分析法画出故障最小范围时应从下面两种情况进行分析：

（1）合上 QS2 后，冷却泵电动机 M3 运行正常，此时可用虚线画出该故障的最小范围，如图 9-16 所示。

【故障检修 1】　当试机时，发现是电动机断相运行，应立即将 SA3 扳到中间"停止"位置，使主轴电动机 M1 脱离电源，避免主轴电动机"带病"工作，然后根据如图 9-16 所

示的故障最小范围，以主轴换向开关 SA3 为分界点，分别采用电压测量法和电阻测量法进行故障检测。在采用电阻测量法测量回路时应在断开电源的情况下进行操作。

（2）合上 QS2 后，冷却泵电动机 M3 运行也不正常，此时可用虚线画出该故障的最小范围，如图 9-17 所示。

【故障检修 2】　当试机时，发现是主轴电动机 M1 和冷却泵电动机 M3 同时断相运行，应立即按下停止按钮 SB5 或 SB6，使接触器 KM1 主触点分断，使主轴电动机 M1 脱离电源，避免主轴电动机"带病"工作，然后根据如图 9-17 所示的故障最小范围，以接触器 KM1 主触点为分界点，分别采用电压测量法和电阻测量法进行故障检测。在采用电阻测量法测量回路时应在断开电源的情况下进行操作。

想一想

①合上电源开关 QS1，合上照明灯开关 SA4，照明灯 EL 亮，按下起动按钮 SB1（或 SB2），在顺铣时，主轴电动机转动正常，但在逆铣时，主轴电动机 M1 转得很慢甚至不转，并发出"嗡嗡"声。试画出故障最小范围，并说出检修方法。

②合上电源开关 QS1，合上照明灯开关 SA4，照明灯 EL 亮，按下起动按钮 SB1（或 SB2），在逆铣时，主轴电动机转动正常，但在顺铣时，主轴电动机 M1 转得很慢甚至不转，并发出"嗡嗡"声。试画出故障最小范围，并说出检修方法。

2. 主轴停车没有制动作用

主轴停车无制动作用，常见的故障点有：交流回路中 FU3、T2，整流桥，直流回路中的 FU4、YC1、SB5-2（或 SB6-2）等。故障检查时可先将主轴换向开关 SA3 扳到停止位置，然后按下 SB5（或 SB6），仔细听有无 YC1 得电离合器动作的声音，具体检修流程如图 9-18 所示。

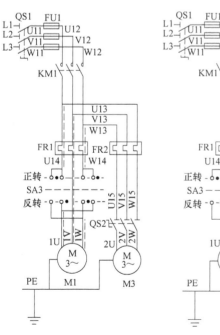

图 9-16　故障最小范围

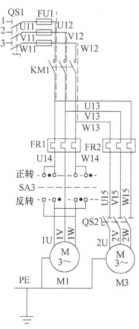

图 9-17　故障最小范围

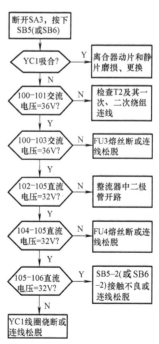

图 9-18　主轴停车无制动故障检修流程

>> **提示**　　该故障检修测量时应注意万用表交直流量程转换，不能一个表笔在直流端，另一表笔在交流端，否则易造成测量过程的短路事故。YC1 的直流电阻为 24～26Ω。

【检查评议】

对任务的完成情况进行检查，任务测评表参见表 6-13。

任务三　　X62W 型万能铣床进给控制线路的常见电气故障维修

【学习目标】

知识目标： 1. 熟悉排除 X62W 型万能铣床工作台上下、左右、前后进给控制线路常见故障的方法和步骤。

2. 熟练排除 X62W 型万能铣床工作台快速进给控制线路常见电气故障的方法和步骤。

3. 熟练排除 X62W 型万能铣床圆形工作台常见电气故障的方法和步骤。

能力目标： 能完成 X62W 型万能铣床进给控制线路常见故障的检修。

素质目标： 养成独立思考和动手操作的习惯，培养小组协调能力和互相学习的精神。

【工作任务】

X62W 型万能铣床工作台前后、左右和上下 6 个方向上的进给运动是通过两个操纵手柄、快速移动按钮、电磁离合器 YC2、YC3 和机械联动机构控制相应的行程开关使进给电动机 M2 正转或反转，实现工作台的常速或快速移动的，并且 6 个方向的运动是联锁的，不能同时接通。本任务是分析排除 X62W 型万能铣床进给控制线路的常见故障。

【相关理论】

从如图 9-4 所示的 X62W 型万能铣床电气原理图简化后的进给电动机 M3 的电气控制线路如图 9-19 所示。

X62W 型万能铣床工作台的 6 个方向进给运动分别由接触器 KM3 和 KM4 进行控制，其中：右、下、前 3 个方向由接触器 KM1 控制，左、上、后 3 个方向由接触器 KM2 控制，工作台 6 个方向进给运动的电流路径如图 9-20 所示。

1. 工作台的纵向（左、右）进给运动

简化后的工作台纵向（左、右）进给运动控制线路如图 9-21 所示，工作台的纵向（左、右）进给运动是通过水平工作台纵向操纵手柄和行程开关组合控制的，控制关系见表 9-12。其控制过程如下：

起动条件：十字（横向、垂直）操纵手柄置"居中"位置（行程开关 SQ3、SQ4 不受压）；控制圆形工作台的选择转换开关 SA2 置于"断开"的位置；纵向手柄置"居中"位

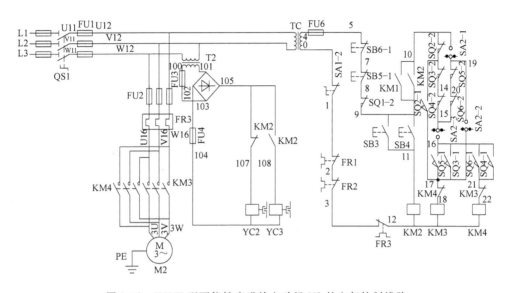

图 9-19 X62W 型万能铣床进给电动机 M3 的电气控制线路

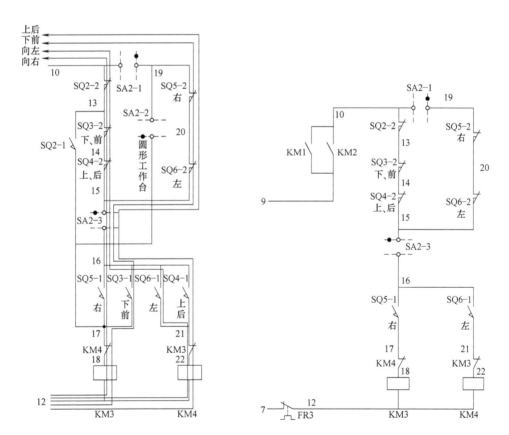

图 9-20 工作台 6 个方向进给运动的电流路径 图 9-21 工作台纵向（左、右）进给运动控制线路

置（行程开关 SQ5、SQ6 不受压）；主轴电动机 M1 首先已起动，即接触器 KM1 得电吸合并自锁，其辅助常开触点 KM1（9-10）闭合，接通进给控制线路电源。

表 9-12　水平工作台纵向（左、右）进给操纵手柄位置及其控制关系

手柄位置	行程开关动作	接触器动作	电动机 M3 转向	传动链搭合丝杠	工作台运动方向
向右	SQ6	KM3	正转	左右进给丝杠	向右
居中	—		停止	—	停止
向左	SQ5	KM4	反转	左右进给丝杠	向左

（1）工作台向左进给运动控制

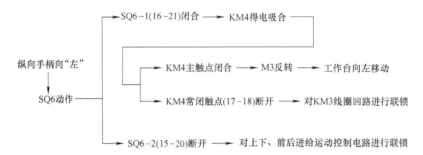

（2）工作台向右进给运动控制　工作台向右进给控制与工作台向左进给控制相似，参与控制的电器是行程开关 SQ5 和接触器 KM3，请读者根据图 9-21 所示的控制线路自行分析。

2. 工作台垂直（上、下）和横向（前、后）进给运动

简化后的工作台垂直（上、下）和横向（前、后）进给运动控制线路如图 9-22 所示，工作台上下和前后进给运动的选择和联锁通过十字操纵手柄和行程开关 SQ3、SQ4 组合控制，控制关系见表 9-13。其控制过程如下：

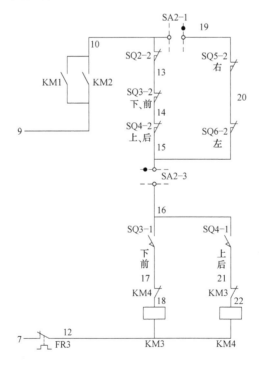

图 9-22　工作台垂直（上、下）和横向（前、后）进给运动控制线路

表 9-13　工作台垂直（上、下）和横向（前、后）进给操纵手柄位置及其控制关系

手柄位置	行程开关动作	接触器动作	电动机 M3 转向	传动链搭合丝杠	工作台运动方向
向上	SQ4	KM4	反转	上下进给丝杠	向上
向下	SQ3	KM3	正转	上下进给丝杠	向下
居中	—	—	停止	—	停止
向前	SQ3	KM3	正转	前后进给丝杠	向前
向后	SQ4	KM4	反转	前后进给丝杠	向后

起动条件：左右（纵向）操纵手柄置"居中"位置（SQ5、SQ6 不受压）；控制圆形工作台转换开关 SA2 置于"断开"位置；十字（横向、垂直）操纵手柄置"居中"位置（行程开关 SQ3、SQ4 不受压）；主轴电动机 M1 首先已起动（即接触器 KM1 得电吸合）。

（1）工作台向上和向后的进给

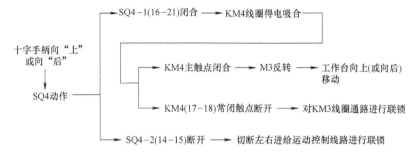

（2）工作台向下和向前的进给　工作台向下、向前进给控制与工作台向上、向后进给控制相似，请读者自行分析。

值得一提的是，工作台左右进给操纵手柄与上下、前后进给操纵手柄具有联锁控制关系，即在两个手柄中，只能进行其中一个进给方向上的操作，当一个操纵手柄被置定在某一进给方向后，另一个操纵手柄必须置于"中间"位置，否则将无法实现进给运动。如当把左右进给操纵手柄扳向"左"时，又将十字进给操纵手柄扳置向"下"进给方向，则位置开关 SQ5 和 SQ3 均被压下，触点 SQ5-2 和 SQ3-2 均分断，断开了接触器 KM3 和 KM4 的线圈通路，进给电动机 M3 只能停转，保证了操作安全。

3. 圆形工作台进给运动

为了扩大铣床的加工范围，可在铣床工作台上安装附件圆形工作台，进行对圆弧或凸轮的铣削加工。简化后的圆形工作台进给运动控制线路如图 9-23 所示，其控制过程如下：

起动条件：首先将纵向（左、右）和十字（横向、垂直）操纵手柄置于"中间"位置（行程开关 SQ3 ~ SQ6 均未受压，处于原始状态）；主轴电动机 M1 首先已起动，即接触器

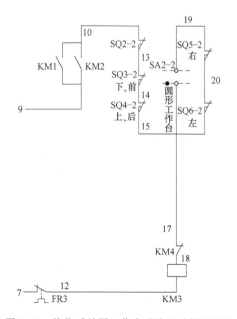

图 9-23　简化后的圆工作台进给运动控制线路

KM1 得电吸合并自锁，其辅助常开触点 KM1（9-10）闭合，接通圆形工作台进给控制线路电源。

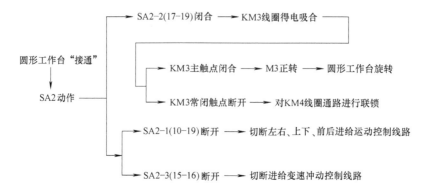

需要圆形工作台停止工作时，只需按下停止按钮 SB1 或 SB2，此时 KM1、KM3 相继失电释放，电动机 M3 停转，圆形工作台停止回转。

4. 工作台进给变速时的瞬时点动（即进给变速冲动）

简化后工作台进给变速时的瞬时点动（即进给变速冲动）控制线路如图 9-24 所示。

工作台进给变速冲动与主轴变速冲动一样，是为了便于变速时齿轮的啮合，进给变速冲动由蘑菇形进给变速手柄配合行程开关 SQ2 来实现，但进给变速时不允许工作台作任何方向的运动，其控制过程如下：

起动条件：主轴电动机 M1 先已起动，即接触器 KM1 得电吸合并自锁，其辅助常开触点 KM1（9-10）闭合，接通进给控制线路电源。

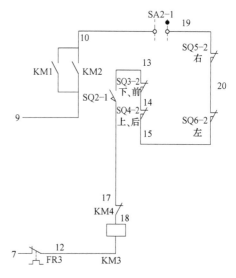

图 9-24　简化后工作台进给变速冲动控制线路

变速时，先将蘑菇形变速手柄拉出，使齿轮脱离啮合，转动变速盘至所选择的进给速度档，然后用力将蘑菇形变速手柄向外拉到极限位置，再将蘑菇形变速手柄复位。

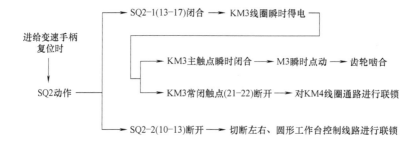

5. 工作台的快速运动

工作台的快速运动，是由各个方向的操纵手柄与快速按钮 SB3 或 SB4 配合控制的。如果需要工作台在某个方向快速运动，应将工作台操纵手柄扳向相应的方向位置。其控制过程如下：

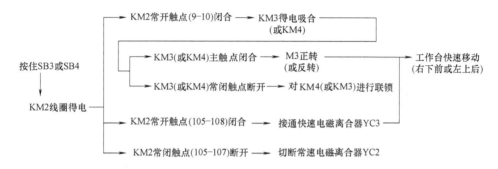

松开快速按钮 SB3 或 SB4，接触器 KM3 或 KM4 失电释放，快速电磁离合器 YC3 失电释放，常速电磁离合器 YC2 得电吸合，工作台快速运动停止，继续以常速在这个方向上运动。

【任务准备】

实施本任务教学所使用的实训设备及工具材料可参考表 9-11。

【任务实施】

一、指认 X62W 型万能铣床进给控制线路

在教师的指导下，根据前面任务测绘出的 X62W 型万能铣床的电气接线图和电器位置图，在 X62W 型万能铣床进给控制线路实际走电路径，并与如图 9-19 所示的电路图进行比较，为故障分析和检修做好准备。

二、X62W 型万能铣床进给控制线路常见故障分析与检修

首先由教师在 X62W 型万能铣床（或模拟实训装置）的进给控制线路上，人为设置自然故障点，并进行故障分析和故障检修操作示范，让学生仔细观察教师示范检修过程。然后，在教师的指导下，让学生分组自行完成故障点的检修。X62W 型万能铣床进给控制线路常见故障现象和检修方法如下：

1. 主轴电动机起动，进给电动机就转动，但扳动任一进给操作手柄，都不能进给

造成这一现象的原因是圆形工作台转换开关 SA2 拨到了"接通"位置。进给手柄置于中间位置时，起动主轴，进给电动机 M2 工作，扳动任一进给操作手柄，都会切断 KM3 的通电回路，使进给电动机停转。只要将 SA2 拨到"断开"位置，就可正常进给。

2. 工作台各个方向都不能进给

主轴工作正常，进给方向均不能进给，故障多出现在公共点上，可通过试车现象缩小故障范围，判断故障位置，再进行测量。一般检修流程如图 9-25 所示。

3. 工作台能上下进给，但不能左右进给

工作台上下进给正常，而左右进给均不工作，表明故障多出现在左右进给的公共通道 17 区（10→SQ2-2→13→SQ3-2→14→SQ4-2→15）之间。检修时，首先检查垂直与横向进

给十字操作手柄是否置于中间位置，是否压出 SQ3 或 SQ4；在两个进给手柄在中间位置时，操作工作台变速冲动是否正常，若正常则表明故障在变速冲动位置开关 SQ2-2 常闭触点接触不良或其连接线松脱，否则故障多在 SQ3-2、SQ4-2 常闭触点及其连线上。

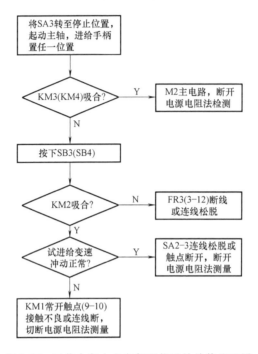

图 9-25　工作台各个方向都不能进给检修流程图

>> **操作提示**

　　在采用电阻法测量检修该故障时，应注意断开 6 个方向运动的控制回路，否则会造成误判。具体方法有如下两种：

　　①首先断开总电源开关 QS1，然后将圆形工作台开关 SA2 拨到"接通"位置，使 SA2-1 处于断开状态，切断 6 个方向运动回路，然后再进行检查。

　　② 在不起动主轴的前提下，将纵向进给手柄置于任意故障位置，断开互锁的一条并联通道，然后再采用电压法或电阻法测量找出故障的具体位置。

想一想

　　工作台左右进给正常，而上下、前后进给均不工作。试画出故障最小范围，并说出检修方法。

【检查评议】

　　对任务的完成情况进行检查，任务测评表参见表 6-13。

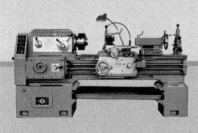

项目十

T68型卧式镗床电气控制线路的安装与维修

【学习目标】

知识目标：1. 了解 T68 型卧式镗床的结构、作用和运动形式。
　　　　　2. 熟悉 T68 型卧式镗床电气电路的组成及工作原理。
　　　　　3. 熟悉构成 T68 型卧式镗床的操纵手柄、按钮和开关的功能。
　　　　　4. 能正确识读 T68 型卧式镗床的元器件的位置、电路的大致走向。
能力目标：能对 T68 型卧式镗床进行基本操作及调试。
素质目标：养成独立思考和动手操作的习惯，培养小组协调能力和互相学习的精神。

【工作任务】

　　T68 型卧式镗床是一种多用途金属加工机床，如图 10-1 所示。该镗床不但能钻孔、镗

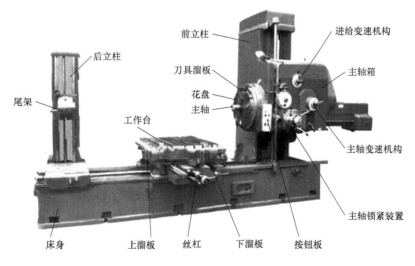

图 10-1　T68 型卧式镗床

孔、扩孔，还能铣削平面、端面和内外圆，加工精度高，属于精密机床。本次工作任务是：通过观摩操作，掌握 T68 型卧式镗床的主要结构和运动形式；能正确识读 T68 型卧式镗床电气控制线路原理图以及能正确操作、调试 T68 型卧式镗床。

【相关理论】

一、认识 T68 型卧式镗床

1. T68 型卧式镗床的型号含义

T68 型卧式镗床的型号含义为：

2. T68 型卧式镗床的主要结构及运动形式

T68 型卧式镗床的主要结构如图 10-1 所示。它主要由床身、主轴箱、前立柱、带尾架的后立柱、下溜板、上溜板和工作台等部分组成。其主要操纵部件位置图如图 10-2 所示。

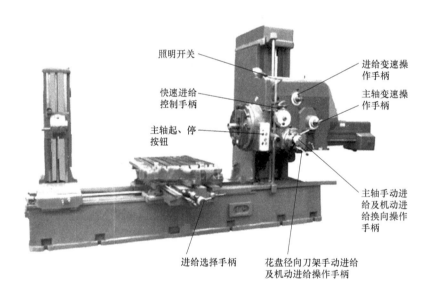

图 10-2　T68 型卧式镗床主要操纵部件位置图

T68 型卧式镗床的主要运动形式包括主运动、进给运动和辅助运动。

（1）主运动　包括镗床主轴和花盘的旋转运动。

（2）进给运动　包括镗床主轴的轴向进给，花盘上刀具溜板的径向进给，工作台的横向和纵向进给，主轴箱沿前立柱导轨的升降运动（垂直进给）。

（3）辅助运动　包括镗床工作台的回转，后立柱的轴向水平移动，尾座的垂直移动及各部分的快速移动。

3. T68 型卧式镗床电气控制的特点

1）机床的主运动和进给运动共用一台双速电动机 M1。低速时可直接起动；高速时，采用先低速而后自动转为高速运行的二级控制，以减小起动电流。

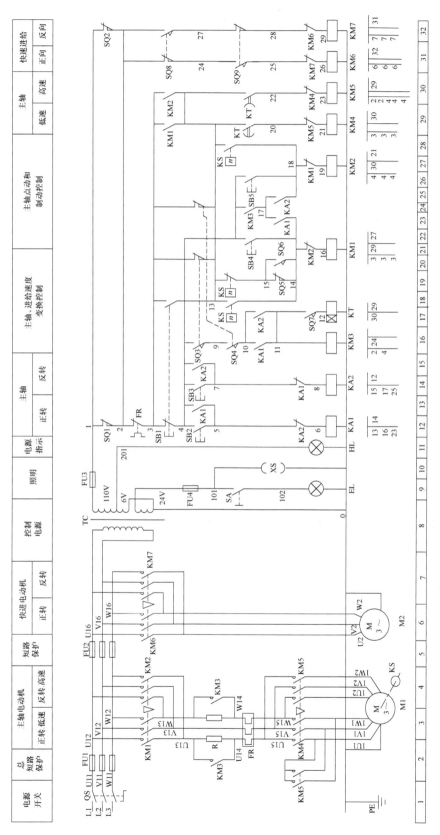

图 10-3　T68 型卧式镗床电气原理图

2）主电动机 M1 能正反向运行，并能正反向点动及反接制动。在点动、制动以及变速过程的脉动时，电路均可串入限流电阻 R，以减小起动电流和制动电流。

3）主轴和进给变速均可在运动中进行。主轴变速时，电动机的脉动旋转通过位置开关 SQ1、SQ2 完成，进给变速通过位置开关 SQ3、SQ4 以及速度继电器 KS 共同完成。

4）为缩短机床加工的辅助工作时间，主轴箱、工作台、主轴通过电动机 M2 驱动其快速移动，它们之间的进给有机械和电气联锁保护。

二、T68 型卧式镗床电气控制线路分析

T68 型卧式镗床电气原理图如图 10-3 所示。

1. 主电路分析

主轴电动机 M1 是一台双速电动机，用来驱动主轴旋转运动以及进给运动。接触器 KM1、KM2 分别实现正、反转控制，接触器 KM3 实现制动电阻 R 的切换，KM4 实现低速控制和制动控制，使电动机定子绕组接成三角形（△），此时的电动机转速为 1440r/min，KM5 实现高速控制，使电动机 M1 定子绕组接成双星形（YY），此时的电动机转速为 2880r/min，熔断器 FU1 作为短路保护，热继电器 FR 作为过载保护。

快速进给电动机 M2 用来驱动主轴箱、工作台等部件快速移动，它由接触器 KM6、KM7 分别控制实现正反转，由于短时工作，故不需要过载保护，熔断器 FU2 作为短路保护。

2. 控制线路分析

控制线路由控制变压器 TC 提供 110V 电压作为电源，熔断器 FU3 作为短路保护。主轴电动机 M1 的控制包括正反转控制、制动控制、高低速控制、点动控制以及变速冲动控制。T68 型卧式镗床在工作过程中，各个位置开关处于相应的通、断状态。

各位置开关的作用及工作状态说明见表 10-1。

表 10-1　T68 型卧式镗床位置开关的作用及工作状态

位置开关	作　用	工作状态
SQ1	工作台、主轴箱进给联锁保护	工作台、主轴箱进给时，触点断开
SQ2	主轴进给联锁保护	主轴进给时，触点断开
SQ3	主轴变速	主轴没变速时，常开触点被压合，常闭触点断开
SQ4	进给变速	进给没变速时，常开触点被压合，常闭触点断开
SQ5	主轴变速冲动	主轴变速后，手柄推不上时触点被压合
SQ6	进给变速冲动	进给变速后，手柄推不上时触点被压合
SQ7	高、低速转换控制	高速时触点被压合，低速时断开
SQ8	反向快速进给	反向快速进给时，常开触点被压合，常闭断开
SQ9	正向快速进给	正向快速进给时，常开触点被压合，常闭断开

【任务准备】

实施本任务所需准备的工具、仪表及设备

1）工具：扳手、螺钉旋具、尖嘴钳、剥线钳、电工刀、验电笔和铅笔及绘图工具等。

2）仪表：万用表、绝缘电阻表、钳形电流表。

3）设备：T68 型卧式镗床。

4）T68 型卧式镗床的电器元件明细表见表 10-2。

表 10-2　T68 型卧式镗床电器元件明细表

元件代号	图上区号	名称	型号规格	数量	用途	备注
M1	3	主轴电动机	JD02-51-4/2,5.5/7.5kW	1	主传动用	1460/2880r/min、D2
M2	6	快速进给电动机	J02-32-4,3kW,1430r/min	1	机床各部分的快速移动	D2
QS	1	组合开关	HZ2-60/3,60A,三极	1	电源引入	
SA	9	组合开关	HZ2-10/3,10A,三极	1	照明开关	
FU1	2	熔断器	RL1-60/40	3	总短路保护	配熔体40A
FU2	5	熔断器	RL1-15/15.4	3	M2短路保护	
FU3	9	熔断器	RL1-15/15.4	1	110V控制线路短路保护	
FU4	9	熔断器	RL1-15/15.4	1	照明电路短路保护	
KM1	21	交流接触器	CJ0-40,线圈电压110V,50Hz	1	控制M1正转	
KM2	27	交流接触器	CJ0-40,线圈电压110V,50Hz	1	控制M1反转	
KM3	16	交流接触器	CJ0-20,线圈电压110V,50Hz	1	控制M1(短接R)	
KM4	29	交流接触器	CJ0-40,线圈电压110V,50Hz	1	控制M1低速	
KM5	30	交流接触器	CJ0-40,线圈电压110V,50Hz	1	控制M1高速	
KM6	31	交流接触器	CJ0-20,线圈电压110V,50Hz	1	控制M2正转	
KM7	32	交流接触器	CJ0-20,线圈电压110V,50Hz	1	控制M2反转	
KT	17	时间继电器	JS7-2A,线圈电压110V,50Hz	1	控制M1高低速	整定时间3s
KA1	12	中间继电器	JZ7-44,线圈电压110V,50Hz	1	控制M1正转	
KA2	14	中间继电器	JZ7-44,线圈电压110V,50Hz	1	控制M1反转	
TC	8	控制变压器	BK-300,380V/110V、24V、6V	1	控制电源	
FR	3	热继电器	JR0-10/3D,整定电流16A	1	M1过载保护	
KS	4	速度继电器	JY-1,500V、2A	1	主轴制动用	
R	3	电阻器	ZB-0.9、0.9Ω	2	限流电阻	
SB1	12	按钮	LA2,380V、5A	1	主轴停止	
SB2	12	按钮	LA2,380V、5A	1	主轴正向起动	
SB3	14	按钮	LA2,380V、5A	1	主轴反向起动	
SB4	22	按钮	LA2,380V、5A	1	主轴正向点动	
SB5	26	按钮	LA2,380V、5A	1	主轴反向点动	
SQ1	12	行程开关	LX1-11H	1	主轴联锁保护	
SQ2	32	行程开关	LX3-11K	1	主轴联锁保护	
SQ3	16	行程开关	LX1-11K	1	主轴变速控制	开启式
SQ4	16	行程开关	LX1-11K	1	进给变速控制	开启式
SQ5	19	行程开关	LX1-11K	1	主轴变速控制	开启式
SQ6	20	行程开关	LX1-11K	1	进给变速控制	开启式
SQ7	17	行程开关	LX5-11	1	高速控制	
SQ8	31	行程开关	LX3-11K	1	反向快速进给	开启式
SQ9	31	行程开关	LX3-11K	1	正向快速进给	开启式
XS	10	插座	T型	1		专用插座
EL	9	机床工作灯	K-1　螺口	1	工作照明	配24V、40W灯泡
HL	11	指示灯	DX1-0　白色	1	电源指示	配6V、0.15A灯泡

【任务实施】

一、分析绘制元器件布置图和接线图

通过观察 T68 型卧式镗床的结构和控制元器件的位置，绘制出元器件布置图，如图 10-4 所示。

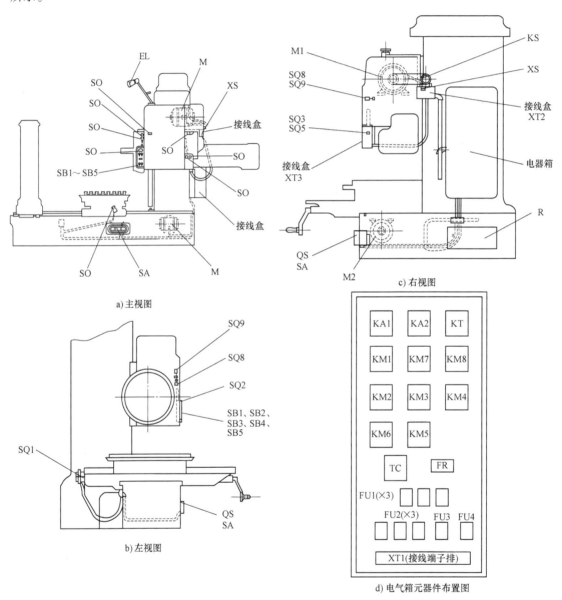

图 10-4　T68 型卧式镗床的元器件布置图

二、根据元器件布置图逐一核对所有低压电器元件

按照元器件布置图在机床上逐一找到所有电器元件，并在图样上逐一做出标志。操作要求如下：

1）此项操作断电进行。

2）在核对过程中，观察并记录该电器元件的型号及安装方法。

3）观察每个电器元件的电路连接方法。

4）使用万用表测量各元件触点操作前后的通断情况并做记录。

三、测绘 T68 型卧式镗床的电气接线图

根据测绘步骤测绘出的 T68 型卧式镗床的电气接线图，如图 10-5 所示。

四、T68 型卧式镗床电气控制线路的安装

根据如图 10-1 所示的电气原理图和如图 10-5 所示的电气接线图进行电气线路的安装。

五、操作并调试 T68 型卧式镗床

操作调试 T68 型卧式镗床的方法步骤如下：

（1）先检查各锁紧装置，并置于"松开"的位置

（2）选择好所需要的主轴转速（拉出手柄转动 180°，旋转手柄，选定转速后，推回手柄至原位即可）

（3）选择好进给所需要的进给转速（拉出进给手柄转动 180°，旋转手柄，选定转速后，推回手柄至原位即可）

（4）合上电源开关，电源指示灯亮，再把照明开关合上，局部工作照明灯亮

（5）调整主轴箱的位置　进给选择手柄置于位置"1"，向外拉快速操作手柄，主轴箱向上运动，向里推快速操作手柄，主轴箱向下运动，松开快速操作手柄，主轴箱停止运动。

（6）调整工作台的位置

1）进给选择手柄从位置"1"顺时针扳到位置"2"，向外拉快速操作手柄，上溜板带动工作台向左运动，向里推快速操作手柄，上溜板带动工作台向右运动，松开快速操作手柄，工作台停止运动。

2）进给选择手柄从位置"2"顺时针扳到位置"3"，向外拉快速操作手柄，下溜板带动工作台向前运动，向里推快速操作手柄，下溜板带动工作台向后运动，松开快速操作手柄，工作台停止运动。

（7）主轴电动机正、反向点动控制

1）按下正向点动按钮，主轴电动机正向低速转动，松开正向点动按钮，主轴电动机停转。

2）按下反向点动按钮，主轴电动机反向低速转动，松开反向点动按钮，主轴电动机停转。

（8）主轴电动机正、反向低速转动控制

1）按下正向起动按钮，主轴电动机正向低速转动，按下停止按钮，主轴电动机反接制动而迅速停车。

2）按下反向起动按钮，主轴电动机反向低速转动，按下停止按钮，主轴电动机反接制动而迅速停车。

（9）主轴电动机正、反向高速转动控制

1）将主轴变速操作手柄转至"高速"位置，拉出手柄转动 180°，旋转手柄，选定转速后，推回手柄至原位即可。）

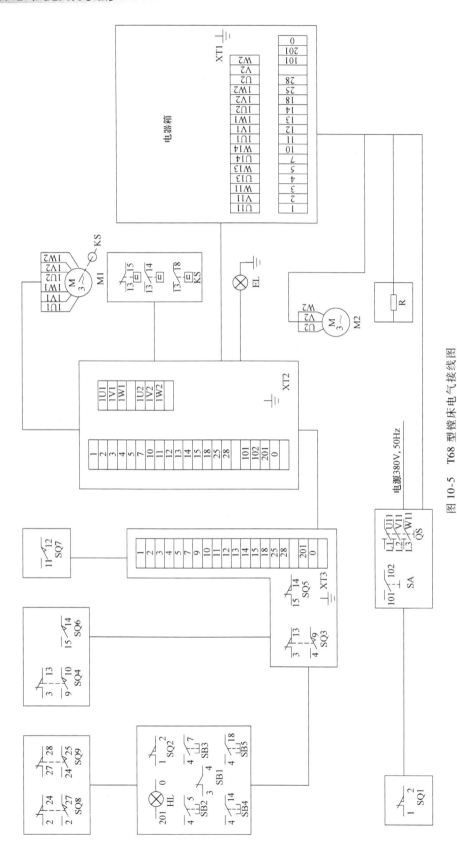

图 10-5 T68 型镗床电气接线图

2）按下正向起动按钮，主轴电动机正向低速起动，主轴电动机经延时起动后，转为高速运行，按下停止按钮，主轴电动机实行反接制动而迅速停车。

3）按下反向起动按钮，主轴电动机反向低速起动，经延时起动后，主轴电动机转为高速运行，按下停止按钮，主轴电动机实行反接制动而迅速停车。

（10）主轴变速控制　主轴需要变速时可不必按停止按钮，只要将主轴变速机构操作手柄拉出转动180°，旋转手柄，选定转速后，推回手柄至原位即可。

（11）进给变速控制　需要进给变速时可不必按停止按钮，只要将进给变速机构操作手柄拉出转动180°，旋转手柄，选定转速后，推回手柄至原位即可。

【检查评议】

对任务实施的完成情况进行检查，任务测评表参见表 6-10。

任务二　T68 型卧式镗床主轴起动、点动及制动控制线路的电气故障维修

【学习目标】

知识目标： 1. 了解 T68 型卧式镗床主轴起动、点动及制动控制的工作原理。
　　　　　2. 掌握 T68 型卧式镗床主轴起动、点动及制动电气控制线路常见电气故障的分析和检测方法。
能力目标： 能熟练检修 T68 型卧式镗床主轴起动、点动及制动电气控制线路的常见故障。
素质目标： 养成独立思考和动手操作的习惯，培养小组协调能力和互相学习的精神。

【工作任务】

T68 型卧式镗床的主轴电动机 M1 的控制包括正反转控制、制动控制、高低速控制、点动控制以及变速冲动控制。其主轴调速范围大，故主轴电动机采用"△—YY"双速电动机，用于拖动主运动和进给运动。

本次任务是：通过常用机床电气设备的维修要求、检修方法和维修的步骤，进行 T68 型镗床主轴电动机点动控制、正反转控制以及制动控制线路电气故障检修。

【相关理论】

一、主轴电动机起动及点动电气控制线路

1. 主轴点动控制

T68 型卧式镗床主轴电动机 M1 的点动控制主要由正、反转点动按钮 SB3、SB4 和正、反转接触器 KM1、KM2 和接触器 KM4 组成在低速档接线下的点动控制，其电气控制线路如图 10-6 所示。

（1）主轴电动机正向点动控制　主轴电动机正向点动控制是由正向点动按钮 SB4、接触

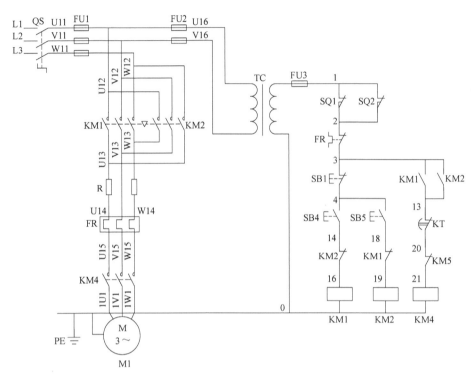

图 10-6 主轴电动机 M1 点动控制线路

器 KM1 和 KM4（使 M1 形成三角形，低速运转）实现的。其工作原理如下：

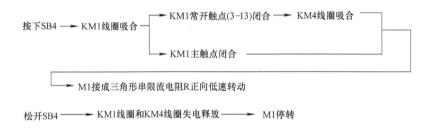

（2）主轴电动机反向点动控制 主轴电动机反向点动控制与正向点动控制的动作过程相似，但参与控制的电气是反向点动按钮 SB5 和接触器 KM2 和 KM4，其工作原理读者可自行分析，在此不再赘述。

2. 主轴电动机正、反向低速运行控制

正常工作时，变速位置开关 SQ1 ~ SQ4 皆被压下，它们的常开触点闭合，而常闭触点断开。正、反转起动按钮 SB2、SB3，正、反转起动的中间继电器 KA1、KA2 及正、反转控制接触器 KM1、KM2 组成主轴的起动控制线路，如图 10-7 所示。

（1）主轴电动机低速正转控制 位置开关 SQ1、SQ3 未被压下，触点处于断开状态，SQ1、SQ3 常闭触点处于闭合状态，其工作原理如下：

（2）主轴电动机低速反转控制 主轴电动机低速反转控制与低速正转控制类似，但参与控制的电器是反向起动按钮 SB3、中间继电器 KA2、接触器 KM2、KM3 和 KM4，其工作原理读者可自行分析，在此不再赘述。

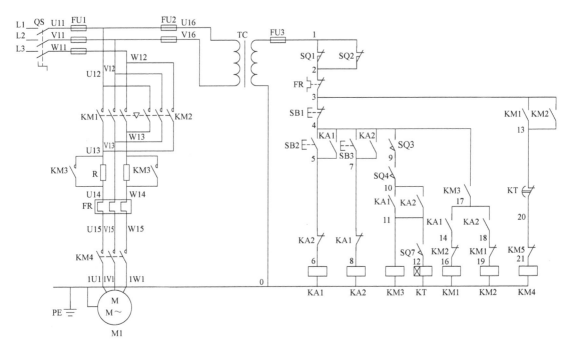

图 10-7 主轴电动机正、反向低速运行控制线路

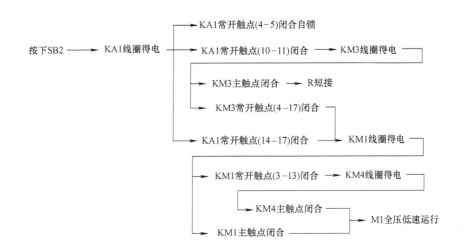

3. 主轴电动机正、反向高速运行控制

简化后的主轴电动机正、反向高速运行控制线路图,如图 10-8 所示。为了减小起动电流,在进行主轴电动机正、反向高速运行控制时,先低速起动后,再转为高速运行。

(1) 高速正转运行控制 操作时,首先将变速盘转至"高速"位置,压下限位开关 SQ7,其常开触点 SQ7 (11-12) 闭合。其工作原理如下:

(2) 高速反转运行控制 高速反转运行控制与高速正转运行控制类似,但参与控制的电器为反转高速起动按钮 SB3、中间继电器 KA2、接触器 KM2、KM3 和 KM4、KM5,其工作原理读者可自行分析,在此不再赘述。

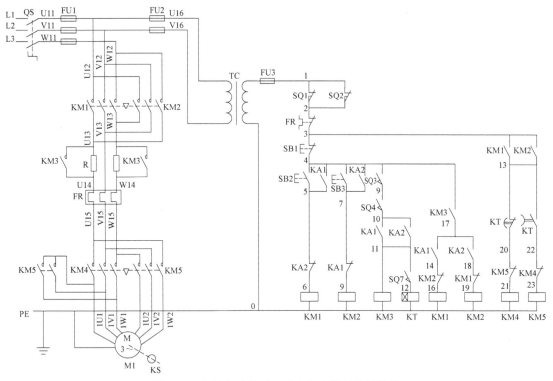

图 10-8　主轴电动机正、反向高速运行控制线路

【低速起动】

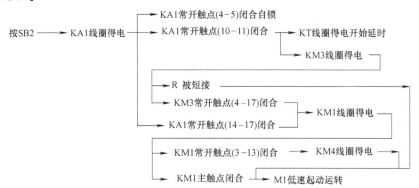

【高速运行】

二、主轴反接制动电气控制线路

T68 型卧式镗床主轴电动机停车制动采用由速度继电器 KS、串电阻的双向低速反接制动。如 M1 为高速转动，则转为低速后再制动。其简化后的控制线路如图 10-9 所示。

1. 主轴电动机高速正转反接制动控制

主轴电动机 M1 高速运转时（参见图 10-8 所示），位置开关 SQ7（11-12）常开触点闭合，KA1、KM3、KM1、KT、KM5 等线圈均得电动作。当主轴正转速度高于 120r/min 时，

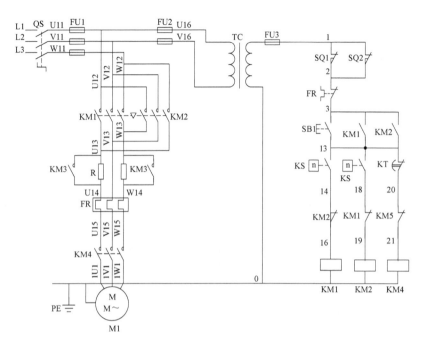

图 10-9　T68 型卧式镗床主轴电动机停车制动控制线路

速度继电器 KS 的正转常开触点 KS（13-18）闭合，为停车时反接制动做好准备；当需要停止时，只需按下停止按钮 SB1，即可实现反接制动停车，其工作原理如下：

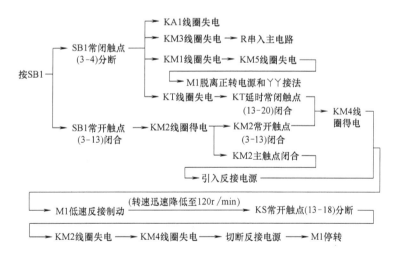

2. 主轴电动机高速反转反接制动控制

主轴电动机高速反转反接制动控制的制动过程与高速正转反接制动控制的制动过程相似，但参与控制的电器是速度继电器的反转常开触点 KS（13-14）、接触器 KM1 和 KM4。其工作原理读者可自行分析，在此不再赘述。

三、主轴电动机常见电气故障分析与检修

主轴电动机最常见的故障为 M1 不能正常运转。主要有以下几种现象：

1. 主轴只有一个方向能起动，另一个方向不能起动

主要原因是不能起动方向的按钮和接触器的故障。

2. 主轴正、反转都不能起动

检查熔断器 FU1 和 FU2、热继电器 FR 是否完好，最后再检查接触器 KM3 能否吸合，因为无论正、反转，高速或低速，都必须通过 KM3 的动作才能起动。

3. 主轴电动机只有低速档，没有高速档

这种故障主要是由于时间继电器 KT 失灵，KT 延时闭合触点接触不好，或者位置开关 SQ7 安装位置移动，造成 SQ7 总是处于断开状态。

4. 主轴电动机起动在高速档，但运行在低速档

这种故障主要是由于时间继电器 KT 动作后，延时部分不动作，可能延时胶木推杆断裂或推动装置不能推动延时触点动作，造成 KM4 一直处于通电吸合状态，而 KM5 不能通电吸合。

5. 电动机高速档时，在低速起动后不能向高速转移而自动停止

这种故障主要是由于时间继电器 KT 动作后，KT 延时闭合触点接触不良，KM4 常闭触点（30 区）接触不良，KM5 线圈不能吸合等均会造成电动机低速起动后而自动停车。

主轴电动机常见故障的分析和处理方法和车床、铣床大致相同。首先要观察故障现象，然后运用逻辑分析法判断故障范围，如图 10-10 所示是按下起动按钮 SB2 后，电动机 M1 不能正常运转的检修流程。

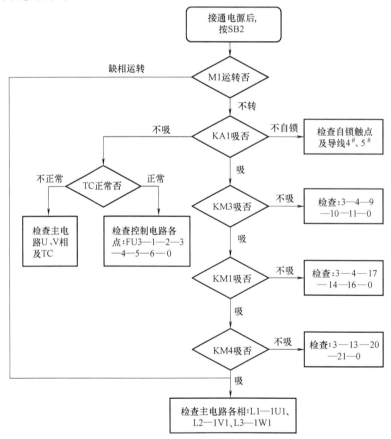

图 10-10　主轴电动机检修流程

【任务准备】

实施本任务教学所使用的实训设备及工具材料可参考表10-3。

表10-3　实训设备及工具材料

序号	分类	名　　称	型号规格	数量	单位	备注
1	工具	电工常用工具		1	套	
2	仪表	万用表	MF47型	1	块	
3		绝缘电阻表	500V	1	只	
4		钳形电流表		1	只	
5	设备器材	T68型卧式镗床或模拟机床线路板		1	台	

【任务实施】

一、指认T68型镗床主轴起动、点动及制动电气控制线路

在教师的指导下，根据前面任务测绘出的T68型镗床的电气接线图和电器位置图，在镗床上找出主轴起动、点动及制动的电气控制线路实际走电路径，并与如图10-3所示的电路图进行比较，为故障分析和检修做好准备。

二、T68型镗床主轴起动、点动及制动电气控制线路

首先由教师在T68型卧式镗床（或镗床模拟实训装置）的主轴起动、点动及制动控制线路上，人为设置自然故障点，并进行故障分析和故障检修操作示范，让学生仔细观察教师示范检修过程。然后，在教师的指导下，让学生分组自行完成故障点的检修。T68型卧式镗床主轴起动、点动及制动的电气控制线路常见故障现象和检修方法如下。

1. 主轴电动机M1主电路故障分析及检修

【故障现象】　合上电源开关QS，按下低速正向起动按钮SB2时，KA1、KM3、KM1和KM4依次得电，电动机M1正向低速起动运转，然后按下停止按钮SB1，M1不能立即停转，仍然沿着原来的方向继续转动；再按下低速反向起动按钮SB3时，KA2、KM3、KM2和KM4也依次得电，但电动机M1不能反向起动运行，继续沿着原来的方向转动，并发出"嗡嗡"声。

【故障分析】　遇到该故障现象时，应立即按下主轴停止按钮SB1或切断电源；然后通过逻辑分析法可用点画线画出该故障的最小范围，如图10-11所示。

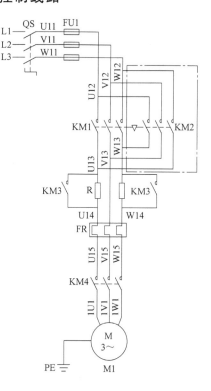

图10-11　故障最小范围

【检修方法】 从图 10-11 所示的故障最小范围可知，这是反转主电路的故障，检修时，可以接触器 KM2 的主触点为分界点，主触点的上方采用电压测量法进行测量，主触点的下方采用万用表测量通路的办法进行测量，找出故障点，然后排除故障。

想一想

若按下低速反向起动按钮 SB3 时，KA2、KM3、KM2 和 KM4 依次得电，电动机 M1 反向低速起动运转，然后按下停止按钮 SB1，M1 不能立即停转，仍然沿着原来的方向继续转动；再按下低速正向起动按钮 SB2 时，KA1、KM3、KM1 和 KM4 也依次得电，但电动机 M1 不能正向起动运行，继续沿着原来的方向转动，并发出"嗡嗡"声。试画出故障最小范围，并说出检修方法。

2. 主轴电动机控制线路故障分析及检修

【故障现象】 在低速起动时，按下正转低速起动按钮 SB2，主轴电动机 M1 不能起动，但按下正转点动按钮 SB4 时，主轴电动机 M1 能起动运转。

【故障分析】 通过逻辑分析法可知，造成这一故障的主要电器元件是中间继电器 KA1，因此，试机时应观察按下正转低速起动按钮 SB2，中间继电器 KA1 是否动作。若中间继电器 KA1 不动，则故障最小范围如图 10-12a 所示。若按下正转低速起动按钮 SB2，中间继电器 KA1 动作，则故障最小范围如图 10-12b 所示。

【检修方法】 根据如图 10-12 所示的故障最小范围，可以采用电压测量法或者采用验电笔测量法进行检测。可参照前面任务所介绍的检测方法进行操作，在此不再赘述。

想一想

在低速起动时，按下反转低速起动按钮 SB3，主轴电动机 M1 不能起动，但按下反转点动按钮 SB5 时，主轴电动机 M1 能起动运转。试画出故障最小范围，并说出检修方法。

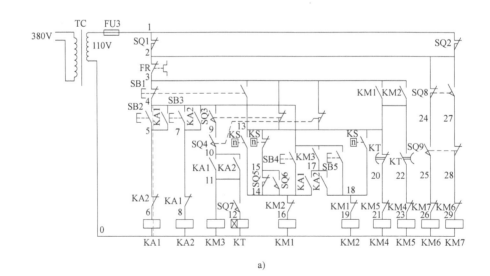

图 10-12　故障最小范围

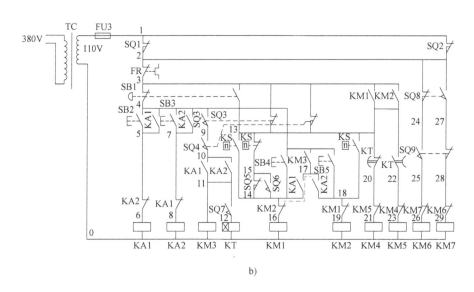

b)

图 10-12　故障最小范围（续）

【检查评议】

对任务的完成情况进行检查，任务测评表参见表 6-13。

任务三　T68 型卧式镗床主轴变速或进给变速时冲动线路、刀架升降及辅助线路的故障维修

【学习目标】

知识目标： 1. 了解 T68 型镗床主轴变速或进给变速时冲动线路、刀架升降及辅助线路的工作原理。

2. 掌握 T68 型镗床主轴变速或进给变速时冲动线路、刀架升降及辅助线路常见电气故障的分析和检测方法。

能力目标： 能熟练检修 T68 型镗床主轴变速或进给变速时冲动线路、刀架升降及辅助线路的常见故障。

素质目标： 养成独立思考和动手操作的习惯，培养小组协调能力和互相学习的精神。

【工作任务】

T68 型镗床的主运动与进给运动的速度变换，是用变速操作盘来调节改变变速传动系统而得到的。T68 型镗床主轴变速和进给变速既可在主轴与进给电动机中预选速度，也可在电动机运行中进行变速。

本次任务是：通过常用机床电气设备的维修要求、检修方法和维修的步骤，进行 T68 型镗床主轴变速或进给变速时冲动线路、刀架升降及辅助线路电气故障检修。

【相关理论】

一、主轴变速或进给变速冲动线路

T68 型镗床主轴变速和进给变速分别由各自的变速孔盘机构进行调速。调速既可在主轴电动机 M1 停车时进行，也可在 M1 转动时进行（先自动使 M1 停车调速，再自动使 M1 转动）。调速时，使 M1 冲动以方便齿轮顺利啮合。

1. 主轴变速原理分析

M1 停车时主轴变速冲动线路，如图 10-13 所示。

（1）变速孔盘机构操作过程

①手柄在原位——②拉出手柄—转动孔盘齿轮啮合③推入手柄

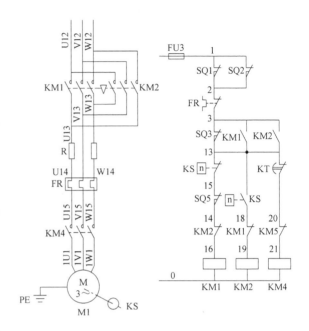

图 10-13　M1 停车时主轴变速冲动线路

（2）电路控制过程

①原速（低速或高速）——②反接制动^{冲动}③原速（低速或再转高速）

（3）M1 在主轴变速时的冲动控制

1）手柄在原位：M1 停转，KS 常闭触点（13-15）闭合，位置开关 SQ3 和 SQ5 被压动，它们的常闭触点 SQ3（3-13）和常闭触点 SQ5（15-14）分断。

2）拉出手柄，转动变速盘：SQ3 和 SQ5 复位，KM1 线圈经（1—2—3—13—15—14—16—0）得电，KM4 线圈经（1—2—3—13—20—21—0）得电动作，M1 经限流电阻 R（KM3 未得电）接成三角形低速正向旋转。

当 M1 转速升高到一定值（120r/min）时，KS 常闭触点（13-15）分断，KM1 线圈失电释放，M1 脱离正转电源；由于 KS 常开触点（13-18）闭合，KM2 线圈经（1—2—3—13—18—19—0）得电动作，M1 反接制动。

当 M1 转速下降到一定值（100r/min）时，KS 常开触点（13-18）分断，KM2 线圈失电释放；KS 常闭触点闭合，KM1 线圈又得电动作，M1 又恢复起动。

M1 重复上述过程，间歇地起动与反接制动，处于冲动状态，有利于齿轮良好啮合。

3）推回手柄：只有在齿轮啮合后，才可能推回手柄。压动 SQ3 和 SQ5，SQ3 常开触点（4-9）闭合，SQ3 常闭触点（3-13）和 SQ5 常闭触点（15-14）分断，切断 M1 的电源，M1 停转。

（4）M1 在高速正向转动时主轴变速控制

1）手柄在原位：压动 SQ3 和 SQ5。这时 M1 在 KA1、KM3、KT、KM1、KM5 等线圈得电动作，KS1 常开触点（13-18）闭合的情况下高速正向转动。

2）拉出手柄，转动变速孔盘：SQ3 和 SQ5 复位，它们的常开触点分断，SQ3 常闭触点

（3-13）和 SQ5 常闭触点（15-14）闭合，使 KM3、KT1 线圈失电，进而使 KM1、KM5 线圈也失电，切断 M1 的电源。

继而 KM2 和 KM4 线圈得电动作，M1 串入限流电阻 R 反接制动。当制动结束，由于 KS 常闭触点（13-15）闭合，KM1 线圈得电控制 M1 正向低速冲动，以利齿轮啮合。

3）推回手柄：如齿轮已啮合，才可能推回手柄。SQ3 和 SQ5 又被压动，KM3、KT、KM1、KM4 等线圈得电动作，M1 先正向低速起动，后在 KT 的控制下，自动变为高速（改变后的转速）转动。

2. 进给变速原理分析

进给变速工作原理与主轴变速时相似。拉出进给变速手柄，使限位开关 SQ4 和 SQ6 复位，推入手柄则压动它们。

3. 实际走电路径分析

（1）主电路部分　与主轴点动控制线路相同，不再重述。

（2）控制线路部分　KM1 线圈回路如下：

FR常闭触点 $\xrightarrow{3^{\#}}$ XT1 $\xrightarrow{3^{\#}}$ XT2 $\xrightarrow{3^{\#}}$ XT3 $\xrightarrow{3^{\#}}$ SQ3常闭触点 $\xrightarrow{13^{\#}}$ XT3 $\xrightarrow{13^{\#}}$

$13^{\#}$ XT2 $\xrightarrow{13^{\#}}$ KS常闭触点 $\xrightarrow{15^{\#}}$ XT2 $\xrightarrow{15^{\#}}$ XT3 $\xrightarrow{15^{\#}}$ SQ5常闭触点 $\xrightarrow{14^{\#}}$

$14^{\#}$ XT3 $\xrightarrow{14^{\#}}$ XT2 $\xrightarrow{14^{\#}}$ XT1 $\xrightarrow{14^{\#}}$ KM2常闭触点 $\xrightarrow{16^{\#}}$ KM1线圈 $\xrightarrow{0^{\#}}$ TC(110V)

KM2 线圈回路如下：

FR常闭触点 $\xrightarrow{3^{\#}}$ XT1 $\xrightarrow{3^{\#}}$ XT2 $\xrightarrow{3^{\#}}$ XT3 $\xrightarrow{3^{\#}}$ SQ3常闭触点 $\xrightarrow{13^{\#}}$ XT3 $\xrightarrow{13^{\#}}$

$13^{\#}$ XT2 $\xrightarrow{13^{\#}}$ KS常开触点 $\xrightarrow{18^{\#}}$ XT2 $\xrightarrow{18^{\#}}$ XT1 $\xrightarrow{18^{\#}}$ KM1常闭触点 $\xrightarrow{16^{\#}}$

$16^{\#}$ KM2线圈 $\xrightarrow{0^{\#}}$ TC(110V)

KM4 线圈回路与主轴点动控制线路相同，不再重述。

二、刀架升降线路

1. T68 型镗床刀架升降线路原理分析

T68 型镗床主轴刀架升降线路如图 10-14 所示。

具体是先将有关手柄扳动，接通有关离合器，挂上有关方向的丝杠，然后由快速操纵手柄压动位置开关 SQ8 或 SQ9，控制接触器 KM6 或 KM7 线圈动作，使快速移动电动机 M2 正转或反转，拖动有关部件快速移动。

1）将快速移动手柄扳到"正向"位置，压动 SQ9，SQ9 常开触点（24-25）闭合，KM6 线圈经（1—2—24—25—26—0）得电动作，M2 正向转动。

将手柄板到中间位置，SQ9 复位，KM6 线圈失电释放，M2 停转。

2）将快速手柄扳到"反向"位置，压动 SQ8，KM7 线圈得电动作，M2 反向转动。

2. 主轴箱、工作台和主轴机动进给联锁

为防止工作台、主轴箱与主轴同时机动进给，损坏机床或刀具，在电气线路上采取了相互联锁措施。联锁是通过两个并联的限位开关 SQ1 和 SQ2 来实现的。

当工作台或主轴箱的操作手柄板在机动进给时，压动 SQ1，SQ1 常闭触点（1-2）分断；此时如果将主轴或花盘刀架操作手柄板在机动进给时，压动 SQ2，SQ2 常闭触点（1-2）分断。两个限位开关的常闭触点都分断，切断了整个控制线路的电源，于是 M1 和 M2 都不能运转。

三、辅助线路（照明指示电路）

控制变压器 TC 的二次侧分别输出 24V 和 6V 电压（照明指示电路参见图 10-3 中 9 区、10 区、11 区），作为机床照明灯和指

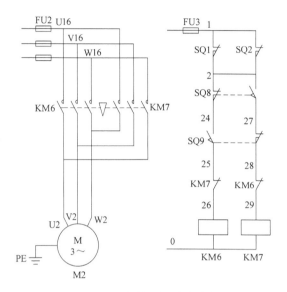

图 10-14　主轴刀架升降线路

示灯的电源。EL 为机床的低压照明灯，由开关 SA 控制，FU4 作短路保护；HL 为电源指示灯，当机床电源接通后，指示灯 HL 亮，表示机床可以工作。

四、常见电气故障分析

1. 主轴变速或进给变速冲动电气控制线路常见电气故障

T68 型镗床主轴变速电气故障有主轴变速手柄拉出后，主轴电动机 M1 不能冲动；或者变速完毕，合上手柄后，主轴电动机 M1 不能自动开车。

当主轴变速手柄拉出后，通过变速机构的杠杆、压板使位置开关 SQ3 动作，主轴电动机断电而制动停车。速度选好后推上手柄、位置开关动作，使主轴电动机低速冲动。位置开关 SQ3 和 SQ5 装在主轴箱下部，由于位置偏移、触点接触不良等原因而完不成上述动作。又因 SQ3、SQ5 是由胶木塑压成型的，由于质量等原因，有时绝缘击穿，造成手柄拉出后，SQ3 尽管已动作，但由于短路接通，使主轴仍以原来转速旋转，此时变速将无法进行。

2. 刀架升降电气控制线路常见电气故障

这部分电路比较简单，若无快速进给，则检查位置开关 SQ8 及 SQ9 和接触器 KM6 或 KM7 的触点和线圈是否完好；有时还需要检查一下机构是否正确地压动位置开关即可。

【任务准备】

实施本任务教学所使用的实训设备及工具材料可参考表 10-3。

【任务实施】

一、熟悉 T68 型镗床主轴变速或进给变速时冲动电路、刀架升架及辅助线路控制线路

在教师的指导下，根据前面任务测绘出的 T68 型镗床的电气接线图和电器位置图，在镗

床上找出主轴变速或进给变速时冲动线路、刀架升降及辅助线路控制线路实际走线路径，并与如图10-3所示的线路图进行比较，为故障分析和检修做好准备。

二、故障分析与检修

首先由教师在T68型镗床（或模拟实训装置）的电路上，人为设置自然故障点，并进行故障分析和故障检修操作示范，让学生仔细观察教师示范检修过程。然后，在教师的指导下，让学生分组自行完成故障点的检修实训任务。

【故障现象1】　合上电源开关QS，主轴变速手柄拉出后，M1能反接制动，但制动为零时不能进行低速冲动。

【故障分析】　根据故障现象，可判断故障原因是SQ3、SQ5位置移动，触点接触不良等致使SQ3（3-13）、SQ5（14-15）不能闭合或KS常闭触点不能闭合。读者可自行画出故障的最小范围。

【故障检修】　采用电压测量法分段进行检查，如图10-15所示。具体方法步骤如下：

1）万用表选择开关拨至交流"250V"档。

2）将黑表笔接在选择的参考点TC（0#）上。

3）合上电源开关QS，拉出主轴变速手柄，红表笔依次测量以下各点：

① 热继电器FR常闭触点（3#），测得电压值110V为正常；

② 接线端子XT1（3#），测得电压值110V为正常；

③ 接线端子XT2（3#），测得电压值110V为正常；

④ 接线端子XT3（3#），测得电压值110V为正常；

⑤ 位置开关SQ3常闭触点（3#），测得电压值110V为正常；

⑥ 位置开关SQ3常闭触点（13#），测得电压值110V为正常；

⑦ 接线端子XT3（13#），测得电压值110V为正常；

⑧ 接线端子XT2（13#），测得电压值110V为正常；

⑨ 速度继电器KS常闭触点（13#），测得电压值110V为正常；

⑩ 速度继电器KS常闭触点（15#），测得电压值0V不正常，说明故障就在此处，KS常闭触点开路。断开电源开关QS，更换或修复速度继电器KS常闭触点。

【故障现象2】　合上电源开关QS，按下按钮SB2，主轴电动机M1起动运转，拉出主轴变速手柄，主轴电机M1仍以原来转向和转速旋转，M1不能冲动。

【故障分析】　根据故障现象，可判断故障

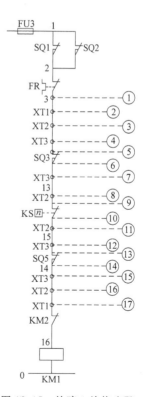

图10-15　故障1检修步骤

原因是 SQ3 常闭触点不能分断而造成。

【故障检修】 采用电阻法测量检查。具体检修方法步骤如下：

1）万用表选择开关拨至"R×10"档，调零。

2）断开电源开关 QS，检查 SQ3 常闭触点（3-13），拉出主轴变速手柄，测量 SQ3 常闭触点（3-13），正常时应该不导通，否则为不正常。

【故障现象 3】 合上电源开关 QS，将快速移动手柄扳到"正向"位置（即向外拉手柄），M2 运转；将手柄板到中间位置，M2 停转；将快速移动手柄扳到"反向"位置（即向里推手柄），无吸合声，M2 不运转。

【故障分析】 由于 M2 正转运行正常，反转运行不正常，并且 KM7 不吸合，可判断故障原因在以下的电流回路：

SQ8常闭触点 —$2^{\#}$→ SQ8常开触点 —$27^{\#}$→ SQ9常闭触点 —$28^{\#}$→ XT3 —$28^{\#}$→

→ XT2 —$28^{\#}$→ XT1 —$28^{\#}$→ KM6常闭触点 —$29^{\#}$→ KM7线圈 —$0^{\#}$→ KM6线圈

【故障检修】 采用电压测量法分段进行检查，如图 10-16 所示。具体方法步骤如下：

1）万用表选择开关拨至交流"250V"档。

2）将红表笔接在选择的参考点 TC（110V）上。

3）合上电源开关 QS，拉出主轴变速手柄，黑表笔依次测量以下各点：

① KM7 线圈（$0^{\#}$），测得电压值 110V 为正常；

② KM7 线圈（$29^{\#}$），测得电压值 110V 为正常；

③ KM6 常闭触点（$29^{\#}$），测得电压值 110V 为正常；

④ KM6 常闭触点（$28^{\#}$），测得电压值 110V 为正常。

⑤ 接线端子 XT1（$28^{\#}$），测得电压值 110V 为正常；

⑥ 接线端子 XT2（$28^{\#}$），测得电压值 110V 为正常；

⑦ 接线端子 XT3（$28^{\#}$），测得电压值 0V 不正常，说明故障就在此处，接线端子 XT2 与接线端子 XT3 之间的连接导线开路（$28^{\#}$）。断开 QS，更换 $28^{\#}$ 导线。

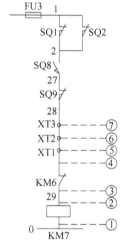

图 10-16 故障 3 检修步骤

【检查评议】

对任务的完成情况进行检查，任务测评表参见表 6-13。

参 考 文 献

［1］ 冯志坚，邢贵宁. 常用电力拖动控制线路安装与维修［M］. 北京：机械工业出版社，2012.

［2］ 徐铁，田伟. 电力拖动基本控制线路［M］. 北京：机械工业出版社，2012.

［3］ 李敬梅. 电力拖动控制线路与技能训练［M］. 北京：中国劳动社会保障出版社，2007.

［4］ 杨杰忠. 电气基本控制线路的安装与检修［M］. 北京：清华大学出版社，2014.

［5］ 王兵. 常用机床电气检修［M］. 北京：中国劳动社会保障出版社，2006.